直流换流站运检技能培训教材

换流站运维

国家电网有限公司设备管理部
国家电网有限公司直流技术中心

组编 ●

中国电力出版社
CHINA ELECTRIC POWER PRESS

图书在版编目（CIP）数据

换流站运维 / 国家电网有限公司设备管理部, 国家
电网有限公司直流技术中心组编. -- 北京 ：中国电力出
版社, 2025. 6. -- (直流换流站运检技能培训教材).
ISBN 978-7-5198-9366-8

Ⅰ. TM63

中国国家版本馆 CIP 数据核字第 2024H85C85 号

出版发行：中国电力出版社
地　　址：北京市东城区北京站西街 19 号（邮政编码 100005）
网　　址：http://www.cepp.sgcc.com.cn
责任编辑：雍志娟
责任校对：黄　蓓　于　维
装帧设计：郝晓燕
责任印制：石　雷

印　　刷：三河市万龙印装有限公司
版　　次：2025 年 6 月第一版
印　　次：2025 年 6 月北京第一次印刷
开　　本：710 毫米×1000 毫米　16 开本
印　　张：18.75
字　　数：295 千字
定　　价：110.00 元

编 委 会

前 言

截至 2024 年 12 月，国家电网公司国内在运直流工程 35 项，其中特高压 16 项，常规直流 14 项（其中背靠背 4 项），柔直 5 项（其中背靠背 1 项），换流站 69 座。公司系统海外代维直流 3 项（美丽山 1 期、美丽山 2 期、默拉直流工程）。随着西部"沙戈荒"风电光伏基地和藏东南水电大规模开发外送，特高压直流将迎来新一轮大规模、高强度建设，预计到 2030 年将新建 26 回直流工程。其中到 2025 年将建成金上—湖北、陇东—山东等直流，开工库布齐—上海、乌兰布和—河北京津冀、腾格里—江西、巴丹吉林—四川、柴达木—广西等 5 回直流工程；到 2030 年，再新建雅鲁藏布江大拐弯送出、内蒙古、甘肃、陕西"沙戈荒"新能源基地送出共 17 回直流。直流输电规模快速增长和直流输电技术日益复杂，使部分省公司直流技术人员不足、新工程运检人员储备不足、直流专家型人才缺乏的问题日益凸显。

为加强直流换流站运检人员技能培训，国网直流技术中心受国网设备部委托，组织湖北、上海、江苏、甘肃、四川、湖南、安徽、冀北、山东公司和相关设备制造厂家专家，在收集、整理、分析大量技术资料的基础上，结合现场经验，经过多轮讨论、审查和修改，最终形成了《直流换流站运检技能培训教材》。整个系列教材包括换流站运维、换流变压器、开关类设备、直流控制保护及测量、换流阀及阀控、阀冷却系统、柔性直流输电、调相机以及换流站消防九个分册。编写力求贴合现场实际且服务于现场实际，突出实用性、创新性、指导性原则。

由于编写时间仓促，编写工作中难免有疏漏之处，竭诚欢迎广大读者批评指正。

编 者

2025 年 4 月

目 录
CONTENTS

第一篇

理论知识

第一章 概 述

一、高压直流输电的发展

按照换流器件载体的不同，直流输电的发展大体可以划分为汞弧换流阀阶段（1935—1977）、晶闸管换流阀阶段（1970—至今）、新型半导体换流设备阶段（1997—至今）三个时期。与国外相比，我国直流输电的发展起步较晚，但发展较快，跨越了汞弧阀换流时期，直接从晶闸管换流开始。

1987年，舟山直流输电工程单极投入运行（−100kV、50MW），线路总长54.1km，其中直流架空线42.1km，海底电缆12km，这是我国首次自主设计、研制、施工和调试的工业性试验工程，工程全部采用国产设备。

1989年，葛洲坝—上海±500kV 直流输变电工程投入运行（±500kV、1200MW、1045km），这是我国首条±500kV跨区联网输电工程。

2010年，向家坝—上海±800kV 特高压直流输电示范工程（±800kV、6400MW、1907km）、云南—广东±800kV 特高压直流输电示范工程（±800kV、5000MW、1373km）等的正式投入运行，标志着我国电力技术、装备制造达到国际先进水平。

2019年，昌吉—古泉±1100kV 特高压直流输电示范工程（±1100kV、12000MW、3319km）投入运行，一举成为世界上电压等级最高、输送容量最大、输送距离最远、技术水平最先进的电力超级工程，成为我国在特高压输电领域持续创新的重要里程碑。

截至目前，我国在直流输电领域已走在世界前列，成为世界直流输电第一大国。

二、直流输电系统分类

直流输电系统按结构可分为两端（或端对端）直流输电系统和多端直流输

电系统两大类。两端直流输电系统是只有一个整流站（送端）和一个逆变站（受端）的直流输电系统，即只有一个送端和一个受端，它与交流系统只有两个连接端口，是结构最简单的直流输电系统。多端直流输电系统与交流系统有三个或三个以上的连接端口，它有三个或三个以上的换流站。其中背靠背直流系统是输电线路长度为零（即无直流输电线路）的两端直流输电系统。按电压等级分为高压直流输电系统和特高压直流输电系统。高压直流输电系统是指直流母线最高电压低于±800kV 的直流输电系统；特高压直流输电系统是指直流母线最高电压大于等于±800kV 的直流输电系统。根据换流器类型和换流器关断是否受控可分为常规直流输电系统、柔性直流输电系统以及混合直流输电系统。采用汞弧换流阀和晶闸管换流阀的直流输电系统依靠电流过零点实现关断，属于常规直流输电系统。使用新型半导体换流设备的直流输电系统可以控制换流元器件关断电流，属于柔性直流输电系统。部分采购新型半导体换流设备的直流输电系统兼具常规直流和柔性直流的优点，有效解决无功支撑和换相失败问题。

第二章 电气接线图

一、特高压直流系统

目前公司范围内特高压直流输电系统均采用两端直流输电系统结构，主要由整流站、逆变站和直流输电线路三部分组成。

二、特高压直流系统电气一次接线图（见图 1-2-1）

（一）特高压换流站交流系统电气一次接线图（见图 1-2-2）

特高压换流站交流系统主接线一般采用 3/2 接线方式，主要连接设备为交流线路、换流变压器、交流滤波器大组母线等。以 ±800kV 武汉换流站为例，500kV 交流场为 3/2 接线方式，包含：4 回交流线路、4 回换流器、6 大组交流滤波器，交流滤波器场共包括 15 组 HP12/24 型滤波器、4 组 HP3 型滤波器、3 组 SC 并联电容器。

（二）特高压换流站直流系统电气一次接线图（见图 1-2-3）

特高压换流站直流场分为极 I、极 II 直流场、双极公共区域，由平波电抗器、直流滤波器、直流转换开关和刀闸、站内接地极等设备组成。

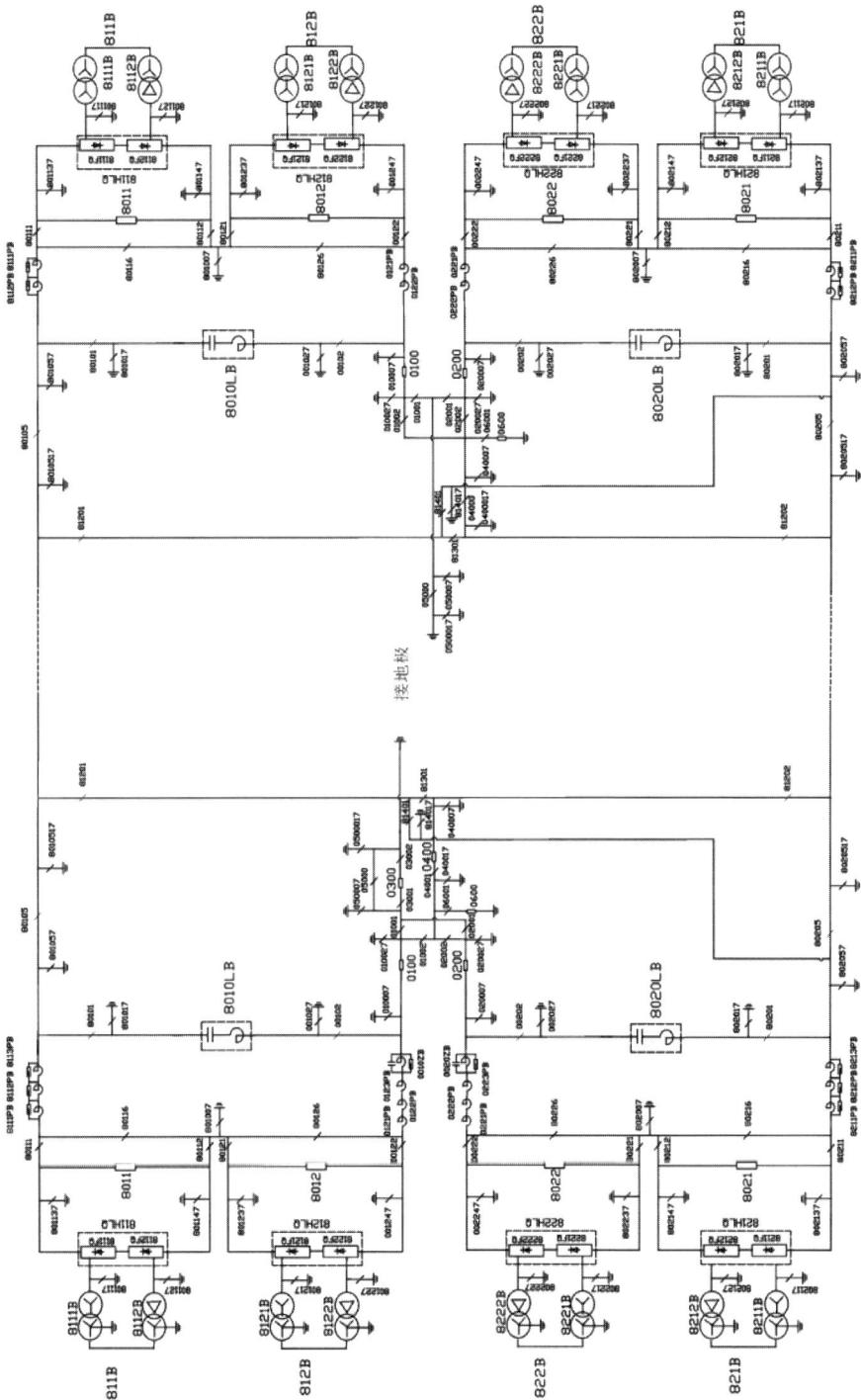

图 1 - 2 - 1 特高压直流系统电气一次接线图

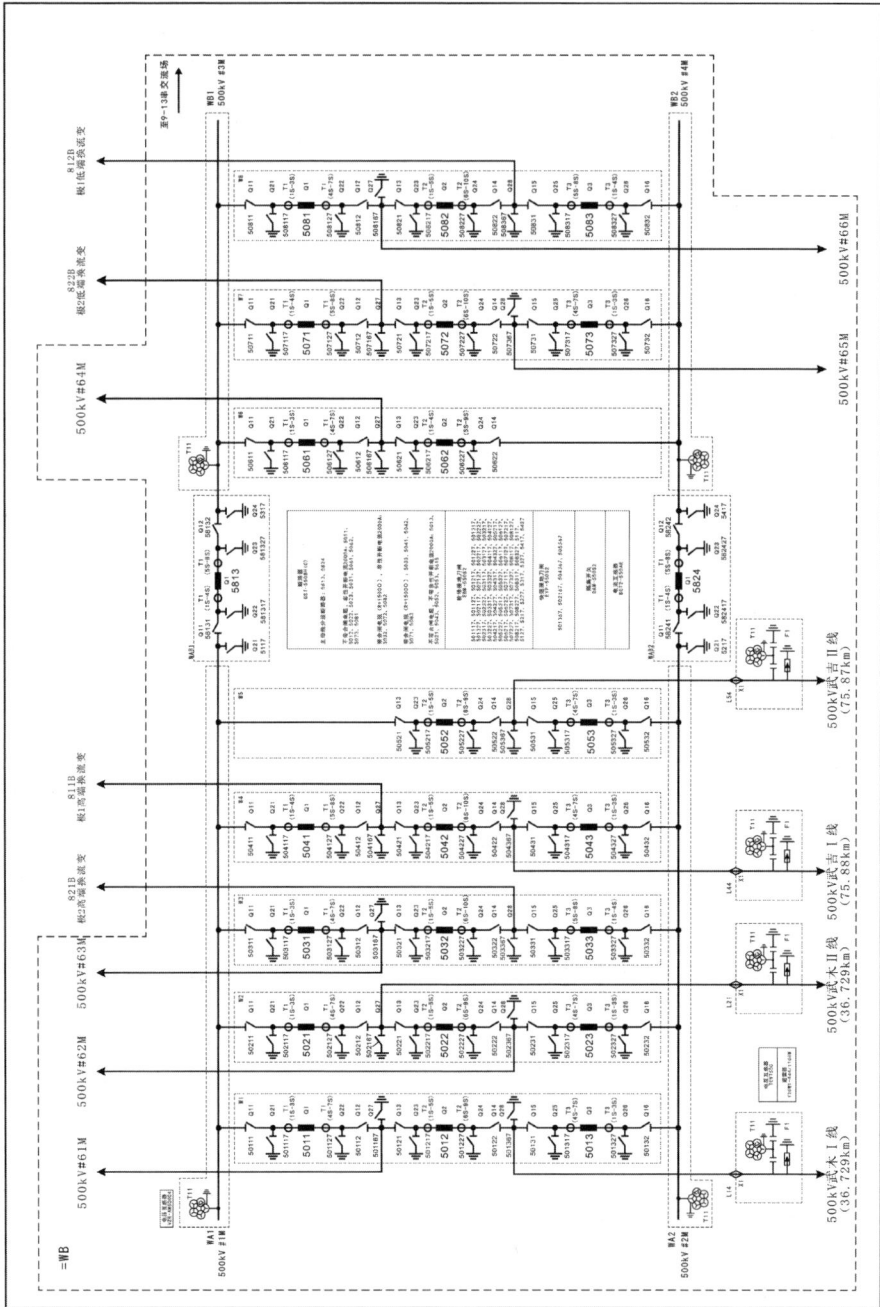

图 1-2-2　特高压换流站交流系统电气一次接线图

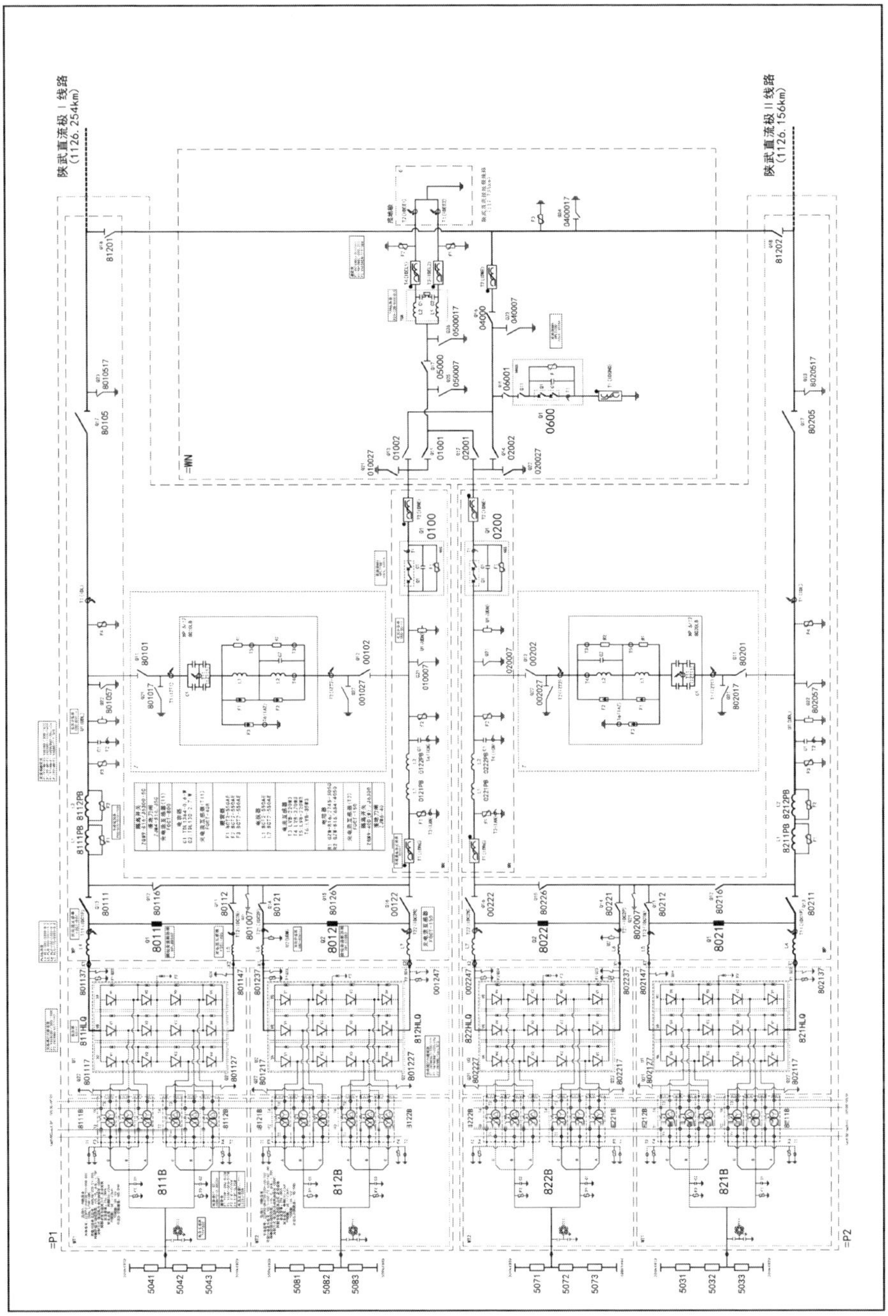

图 1-2-3　特高压换流站直流系统电气一次接线图

第三章　特高压换流站平面布置

特高压换流站由于选址、设备不同等原因，换流站布置结构有所不同，但一般整体分为交流场、直流场、交流滤波器场、阀厅、主控楼、辅控楼、综合水泵房、综合楼、备品库等区域。交直流场设备如前面电气接线图所示。阀厅内部安装可控硅换流阀设备。主控楼内配置有低端阀组空调、交流配电、低压直流、通信、直流控保等设备。辅控楼内配置有高端直流控保、阀组空调、交流配电、低压直流等设备。综合水泵房配置有工业用水系统和消防给水系统。综合楼主要为现场人员提供生产办公、人员休息宿舍和后勤服务。备品库用于存放换流站备品备件。

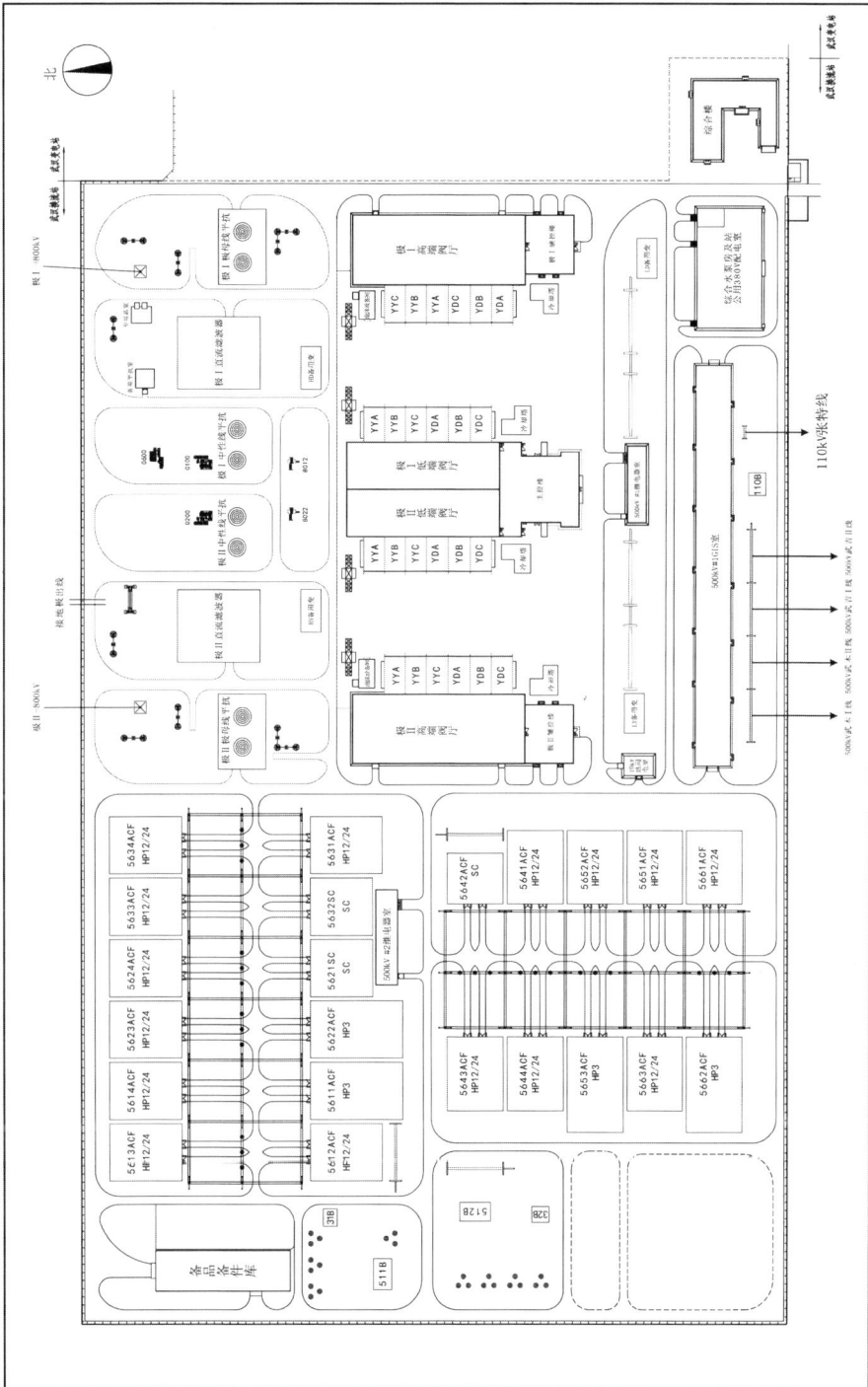

图 1-3-1 特高压换流站平面布置图

第四章 换 流 站 设 备

一、换流变压器

换流变压器与换流阀一起实现交直流电之间的相互转换。换流变压器主要作用为：① 为换流阀换相提供电压；② 将送端交流电力系统的电功率送到整流器或从逆变器接受功率送到受端交流系统；③ 通过两侧绕组的磁耦合实现交流系统和直流部分的电绝缘和隔离；④ 实现电压的变换，使换流变压器网侧交流母线电压和换流桥的直流侧电压能分别符合两侧的额定电压及容许电压偏移；⑤ 对从交流电网入侵换流阀的过电压波起抑制作用。

与常规变压器相比，换流变压器具有漏抗大、同时承受交直流电压应力、有载调压范围广等特点，在短路阻抗、绝缘、谐波、直流偏磁、有载调压和试验方面和普通电力变压器有着不同之处，制造难度大。

换流变压器的总体结构分为三相三绕组式、三相双绕组式、单相双绕组式和单相三绕组式四种。采用何种结构型式的换流变压器，应根据换流变压器交流侧及直流侧的系统电压要求、变压器的容量、运输条件以及换流站布置要求等因素进行全面考虑确定。特高压换流变压器一般采用单相双绕组变压器。

换流变压器主要由本体及相关附件组成。本体包括铁芯、绕组、引线和油箱。主要附件包括套管、冷却器、气体继电器、油温传感器、压力释放阀、压力继电器、油流继电器、呼吸器、油枕、在线滤油机、有载调压开关及在线监测装置等设备。

二、平波电抗器

平波电抗器的主要作用为：① 与直流滤波器一起构成换流站直流侧的直流谐波滤波回路；② 防止由直流线路或换流站所产生的陡波冲击波进入阀厅，从而使换流阀免于遭受过电压应力而损坏；③ 平滑直流电流中的纹波，避免在低直流功率传输时电流的断续；④ 限制由快速电压变化所引起的电流变化率来降低换相失率。根据电抗器的绝缘和磁路结构不同，目前平波电抗器主要有两种型式：干式和油浸式。干式平波电抗器采用多层铝线包压缩组成线圈，浇注环氧树脂绝缘，通过绝缘子支柱将整个线圈和保护绝缘结构支撑在空中。油浸式平波电抗器结构与变压器类似，由铁芯和线圈结构提供电感，采用油纸复合绝缘，整体放置在地面上，由本体、套管、油箱及冷却装置、气体继电器、油枕、在线监测装置等组成。由于造价低、重量轻、便于运输、易于维护等特点，现在特高压换流站一般采用干式平波电抗器。

三、换流阀及阀控系统

（一）换流阀

换流阀是直流输电系统中的关键设备，它的作用是把交流电变换成直流电（整流），或者把直流电变换成交流电（逆变）。通常采用 6 脉动换流阀或 12 脉动换流阀，12 脉动换流阀由两个 6 脉动换流阀串联而成。按照触发原理的不同可分为光触发晶闸管（Light Trigger Thyristor，LTT）换流阀和电触发晶闸管（Electric Trigger Thyristor，ETT）换流阀。

阀塔有支撑式和悬吊式两种。支撑式就是换流阀放置在位于地平面的支撑绝缘子上，悬吊式就是换流阀悬吊在建筑物顶部横梁上，这两种阀的结构都可组成单阀或双重阀或四重阀。单阀就是每个桥臂（即每个阀）单独布置。双重阀就是 2 个桥臂（即 2 个单阀）叠在一起，四重阀就是将 4 个单阀重叠起来。

换流阀是由可控硅元件及其相应的电子电路、阻尼回路以及组装成阀组件（阀层）的阳极电抗器、均压元件等通过某种形式的电气连接组装而成的换流桥臂。6 脉动换流阀由三相桥式电路中的 6 个换流桥臂组成，每相由两个桥臂组成。12 脉动换流阀则由两个 6 脉动换流桥臂串联而成。国内直流工程换流阀普遍采用空气绝缘，用去离子水循环冷却。

换流阀塔主要由悬吊结构、阀架、平台、母线、晶闸管组件、电抗器组件、PVDF 水管、层屏蔽、光缆槽、层装配、阀避雷器组成。结构上可设计成双重阀或四重阀，并上下配备顶、底屏蔽罩。阀塔采用复合绝缘子悬吊于阀厅顶部钢梁上，不需要专门的支撑结构。阀塔通过冷却水管、通讯光纤等实现与外冷却回路、直流控保系统的连接。每个单阀并联一台阀避雷器，通过母线将其连入相应的阀中。

换流阀阀塔的实物图和三维图如图1-4-1所示。

图1-4-1 换流阀阀塔图及效果图

晶闸管组件主要包括框架、晶闸管单元、电容单元、晶闸管控制单元（TCU）、散热器、绝缘拉紧环、电容支架、导线连接、水管连接等，晶闸管组件效果图如图1-4-2所示。每个晶闸管组件由7-8个串联的晶闸管级组成，每个晶闸管用专用的安装工具放在两个铝制散热器之间的恰当位置。晶闸管和散热器采用专用的压紧机构（碟弹单元和拉紧环）固定在一起，以保证良好的电性能和热接触性能。

为了获得足够的夹紧力，采用增强型环氧玻璃纤维制成的两个拉紧环和两个钢轭组成夹紧机构，如图1-4-3所示。为了消除晶闸管/散热器单元中因温度变化而产生的应力，在晶闸管/散热器单元的一端装有碟弹单元。

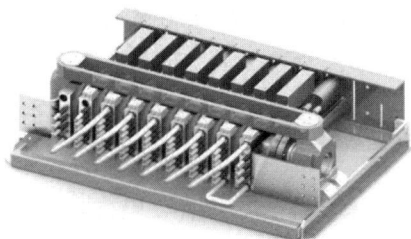

图1-4-2 晶闸管组件效果图

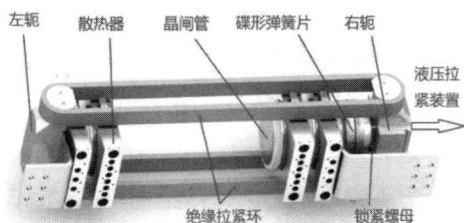

图1-4-3 夹紧机构

晶闸管级电气连接图及效果图如图1-4-4、图1-4-5所示，包括晶闸管元件、阻尼回路、均压回路、晶闸管控制单元（TCU）等。

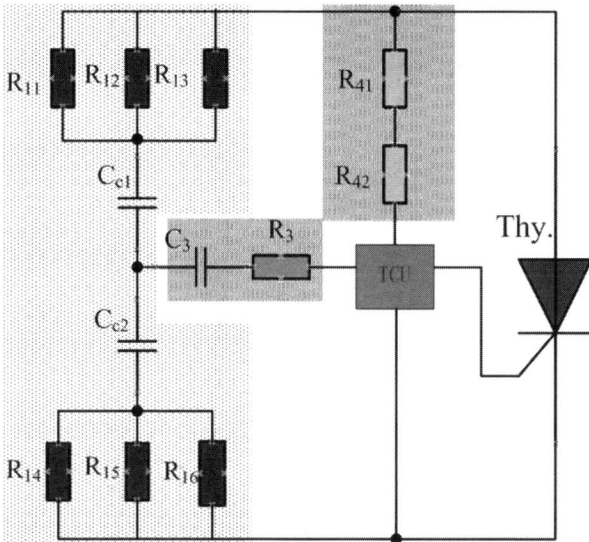

图 1-4-4 晶闸管级电气连接图

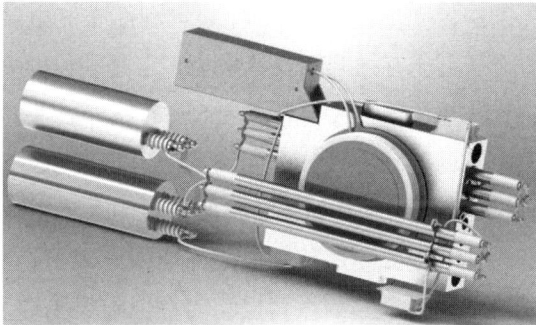

图 1-4-5 晶闸管级效果图

（二）阀控系统

阀控制单元是极控和可控硅控制单元的接口，它将来自极控控制脉冲发生器的控制脉冲转换为触发相连阀上单个可控硅的触发脉冲，收集反馈的可控硅状态信息并进行处理，监视避雷器动作和阀塔漏水情况等。

四、开关类设备

（一）直流转换开关

直流转换开关由机械开关、震荡换流回路和吸能放电回路三部分组成，直流转换开关分闸时，电流先从机械开关转到震荡换流回路，然后转入吸能放电回路，以耗散直流系统里的残余能量，最后才使回路断开。直流转换开关原理图如图 1-4-6 所示。

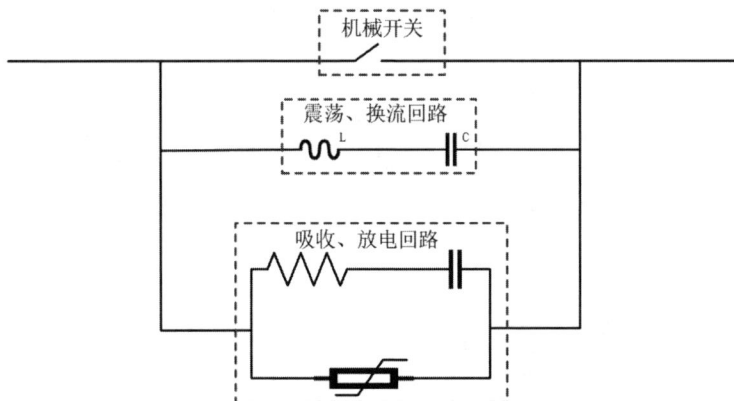

图 1-4-6　直流转换开关原理图

　　直流转换开关无法像交流断路器那样，可以利用交流电流过零的机会实现灭弧。为了使直流开关也能有效开断直流电流，它必须借助并联于 SF_6 断路器的 L-C 支路中的振荡电流产生过零点，当 SF_6 断路器触头开始分离时，断口间产生电弧，由于电弧的不稳定性，在断路器断口与 L-C 支路构成的环路中激起高频振荡电流，该振荡电流叠加在断路器断口的直流电流之上。由于 L-C 支路中的电阻很小，并且电弧电压随着电流的增加而减小，这样在 L-C 支路与断路器断口构成的环路中激起的振荡电流的幅值不仅不会衰减，反而会越来越大，当振荡电流的幅值超过流过断路器断口的直流电流时，流过断路器断口的总电流就会出现过零点，此时，SF_6 断路器断口间的电弧熄灭，直流电流被转移到 L-C 支路，并在很短的时间内将电容器充电到避雷器的动作电压水平，此电压称为"换向电压"，接着避雷器动作，L-C 支路中的电流又被转移到避雷器中，随后流过避雷器的电流渐渐减小，直至为零。

（二）直流隔离开关

　　直流隔离开关是一种没有灭弧装置的开关设备，主要由导电部分、绝缘部分、传动部分和底座部分组成。主要用来同直流转换开关相互配合，进行倒闸操作，改变运行方式，断开无负荷电流的电路、隔离电源，在分闸状态时有明显的断开点，将需要检修的电气设备与带电的电网可靠隔离，保证人员和设备的安全。

直流隔离开关没有专门的灭弧装置，不能切断负荷电流及短路电流。因此，直流隔离开关只能在电路已被断路器断开的情况下才能进行操作，严禁带负荷操作，以免造成严重的设备和人身事故。

（三）直流接地刀闸

直流接地刀闸的原理与交流接地刀闸相同，主要由接地刀杆和电动机构、固定触头、可动触头和底座部分组成。作用为确保设备可靠接地，保证人身安全。

五、测量设备

（一）直流分压器

直流电压分压器的作用是测量直流系统电压，用于控制、保护、测量、录波等系统。直流电压分压器采用电阻、电容分压原理，电阻测量直流电压，电容测量快速变化的交流分量，按照分压比例，在低压部分测量出一次设备电压，并送至电子设备进行测量运算。直流电压分压器一般安装在极母线以及直流场中性母线上。

（二）直流电流互感器

直流电流互感器的作用是测量直流系统电流，用于控制、保护、测量、录波等系统。直流电流互感器可分为零磁通直流电流互感器和直流光电流互感器。零磁通直流电流互感器安装于中性母线上，测量直流中性母线电流；直流光电流互感器安装于直流场和阀厅，用于测量直流线路电流和极母线电流。

零磁通直流电流互感器包括相互绝缘的铁芯和线圈，它们组装在一起作为一个采集系统，安装在一次电流导线周围，通过屏蔽电缆与控制盘柜内的电子测量单元连接，实现直流电流的测量。

光电式电流互感器的高压侧罗夫斯基线圈（相当于空心线圈）将电流变成若干伏特的电压信号，该电压模拟量在远端模块转换成数字光信号，然后通过光纤将光信号送到控制室内。装设在屏柜内部的光接口板将光信号转换为数字电信号，供继电保护或电能计量等装置使用。直流光电流互感器包括一次电流传感器、远方模块，光传输系统、光接口板。

六、交直流滤波器

交流滤波器的主要作用为：① 滤除交流侧特定次谐波；② 为系统和换流阀提供无功功率；③ 限制流入系统的接地故障电流。

直流滤波器的主要作用为：① 滤除直流侧特定次谐波；② 使直流电流波形平滑；③ 小电流时保持电流连续。

滤波器的基本工作原理是通过电抗器、电容器和电阻器的不同组合，利用电容和电感元件的电抗随频率的变化而变化的原理，允许某一部分频率的电流顺利通过，而另外一部分频率的电流则受到较大的抑制，从而将谐波电流导出系统，达到滤除谐波的功能。

交流滤波器和直流滤波器的结构类似，通常分为单调谐、双调谐和三调谐三种滤波器。滤波器由电抗和电容器、电阻器共同组成滤波回路滤除谐波电流。

七、直流控制保护系统

（一）直流控制系统

直流控制系统要完成以下基本控制功能：① 直流输电系统的启停控制；② 直流输送功率的大小和方向控制；③ 抑制不正常运行及对所连接交流系统的干扰；④ 发生故障时，保护换流站设备；⑤ 对直流系统运行各种参数进行监视；⑥ 人机接口。

直流输电系统的控制调节，是通过改变线路两端换流器的触发角来实现的，它能执行快速和多种方式的调节，不仅能保证直流输电的各种输送方式，完善直流输电系统本身的运行特性，而且还能改善两端交流系统的运行性能。

直流输电控制系统的分层结构，是将直流输电换流站和直流输电线路的全部控制功能按等级分为若干层次而形成的控制系统结构，保证了每个控制单元的独立性，使任一控制环节故障所造成的影响和危害程度最小，提高运行的可靠性，同时通过各控制功能的紧密配合，还可提高运行操作和维护的方便性和灵活性。

按照层次结构的概念，直流系统中的控制装置，按照控制功能从高层次等级至低层次等级一般设有五个层次等级分别为：系统控制级、双极控制级、极控制级、换流器控制级和换流阀控制级。

控制系统一般采用冗余化配置，正常运行时，双重化的控制系统一套值班，一套备用。控制主机的状态一般有以下四种：运行、备用、服务、试验。

运行：指该系统在值班状态，接收 I/O 系统送来的数据，并将系统动作的结果送给 I/O 系统执行。

备用：指该系统在备用状态，接收 I/O 系统送来的数据，并且从值班系统更新系统运行的状态，不会将动作结果送给 I/O 系统执行。

服务：指系统在服务状态，包括处于服务状态，若系统处于运行或备用状态，则同时也在服务状态。仅在服务状态下，接收 I/O 系统送来的数据，不会将动作结果送给 I/O 系统执行。可由服务手动转为试验状态，当由试验手动转为服务状态时，如果系统没有严重或紧急状态，会自动上升为备用状态。

试验：该状态下，接收 I/O 系统送来的数据，向 OWS 发送事件，不会将动作结果送给 I/O 系统执行。

直流控制系统会根据不同故障等级进行自动切换，一般策略为：

（1）当运行系统发生轻微故障时，若另一系统处于备用状态且无任何故障则系统切换。切换后，轻微故障系统将处于备用状态。当新的运行系统发生更为严重的故障时，还可以切换回此时处于备用状态的系统。

（2）当运行系统发生严重故障时，若另一系统无任何故障或轻微故障时则系统切换，若另一系统不可用则该系统可继续运行。

（3）当运行系统发生紧急故障时，若另一系统处于备用状态则系统切换，切换后紧急故障系统不能进入备用状态，若另一系统不可用则闭锁直流。

（4）当备用系统发生轻微故障时，系统状态保持不变。若备用系统发生紧急故障时，应退出备用状态。

（二）直流保护系统

直流系统保护采取分区配置，通常将直流侧保护、交流侧保护和直流线路保护三大类，分为 6 个保护分区：① 换流器保护区，包括换流器及其连线和控制保护等辅助设备；② 直流开关场保护区，包括平波电抗器和直流滤波器，及其相关的设备和连线；③ 中性母线保护区，包括单极中性母线和双极中性母线；④ 接地极引线和接地极保护区；⑤ 换流站交流开关场保护区，包括换流变压器及其阀侧连线、交流滤波器和并联电容器及其连线、换流母线；⑥ 直流线路保护区。

直流保护动作策略：① 告警和启动录波。使用灯光、音响等方式，提醒运行人员；自动启动故障录波和事件记录。② 控制系统切换。通过系统切换排除控制保护系统设备故障的影响。③ 紧急移相。紧急移相是将触发角迅速增加到90°以上，将换流器从整流状态变到逆变状态，以减小故障电流，加快直流系统能量释放，便于换流器闭锁。④ 投旁通对。直流保护使用投旁通对形成直流侧短路，快速降低直流电压到零，隔离交直流回路，以便交流侧断路器快速跳闸。⑤ 闭锁触发脉冲。闭锁换流器的触发脉冲，使换流器各阀在电流过零后关断，在双极都闭锁时，需要同时切除所有交流滤波器。⑥ 极隔离。在一个极故障停运时，为了不影响另一极正常运行，便于停运极直流设备检修，需要同时断开停运极中性母线上的连接断路器和极线侧连接隔离开关，进行极隔离。⑦ 跳交流侧断路器。换流变压器网侧通过交流断路器与交流系统相连。为了避免故障发展造成换流器或换流变压器损坏，一些保护在闭锁换流器的同时，跳开交流侧断路器。⑧ 直流系统再启动。为了减少直流系统停运次数，在直流线路发生闪络故障时，直流线路保护动作，启动再启动程序，将整流器控制角迅速增大到120°～150°，变为逆变运行，使直流系统储存的能量很快向交流系统释放，直流电流迅速下降到零。等待一段时间，待短路弧道去游离后，再将整流器的触发角按一定速率逐渐减小，使直流系统恢复正常运行。

特高压换流站直流保护一般采用三重化配置，出口采用三取二逻辑判别。正常情况下，"三取二"逻辑由独立的"三取二"装置实现；两套"三取二"装置均故障时，由相应"控制主机"软件实现"三取二"逻辑功能。三套保护主机中有两套相同类型保护动作被判定为正确的动作行为，才允许出口闭锁或跳闸，以保证可靠性和安全性。此外，当三套保护系统中有一套保护因故退出运行后，采取二取一保护逻辑（除双极中性母线差动保护和接地极引线差动保护采用二取二逻辑外）；当三套保护系统中有两套保护因故退出运行后，采取一取一保护逻辑；当三套保护系统全部因故退出运行后，换流器/极闭锁停运；当两套跳闸三取二逻辑全部因故退出运行后，换流器/极闭锁停运。

（三）控制保护系统的结构

（1）直流控制保护系统从功能上分为三层：站控层（STATION LEVEL）、极控制层（POLE LEVEL）和换流器控制层（CONVERTER LEVEL）。

（2）站控层配置高性能、实时的站控系统，为运行人员提供站级设备的控制、监视、测量和管理及保护功能，主要分为交流站控系统、直流站控系统、站用电控制系统等。并在直流站控系统中监管双极的控制功能，包括直流场顺序控制、无功控制、有功控制、站间通信等功能。

（3）极控制层产生本极主机的稳态运行点火角指令，还负责本极换流变分接头的同步控制、站间通信及极保护、双极区保护功能。

（4）换流器控制层接收直流极控层的运行点火角指令，并转换成触发脉冲，还负责实现换流阀组的投、退顺序控制、换流变分接头控制、阀冷系统接口、阀区域顺序控制及保护功能。

八、阀冷却系统

换流阀是换流站的核心设备，正常运行时，通过晶闸管的大电流产生大量热量，导致晶闸管、电抗器等元件温度急剧上升。为防止这些元件因温度过高而损坏，换流站配置有阀冷系统对换流阀进行冷却。换流站每个阀厅内的换流阀配置一套阀冷系统，其冷却容量及配置基本相同。冷却过程为内冷水在换流阀内加热升温后，由循环水泵驱动进入室外换热设备内的换热基管，在换热基管内冷却降温后的内冷水由循环水泵再送回至换流阀，如此周而复始的循环。阀冷却系统主要由内冷系统、外冷系统和控制保护系统组成。内冷系统、外冷系统流程图如图 1-4-7 所示。

内冷系统采用氮气/高压水箱稳压密闭式循环水系统，主要由主循环泵、主过滤器、电加热器、脱气罐、缓冲罐、离子交换器、去离子回路、补给水回路、主管道及连接件等组成。

外冷系统根据换流站所处地理环境选用空气冷却器（外风冷）、闭式冷却塔（外水冷）或者空冷器串联闭式塔。外水冷系统主要由软化单元、反渗透单元、砂滤单元、平衡水池、冷却塔、喷淋泵等部分组成。外风冷系统由空气冷却器、加热罐、伴热带、主管道及连接件等部分组成。

控制保护系统由内、外冷动力柜和控制柜组成。配置有温度保护、流量保护、压力保护、液位保护、微分泄漏保护、电导率保护等。阀冷却系统作用于跳闸的保护配置三套独立的传感器，用于告警的保护一般配置两套独立的传感器，当传感器检测到故障或者测量值超范围后能退出运行，防止保护误动。

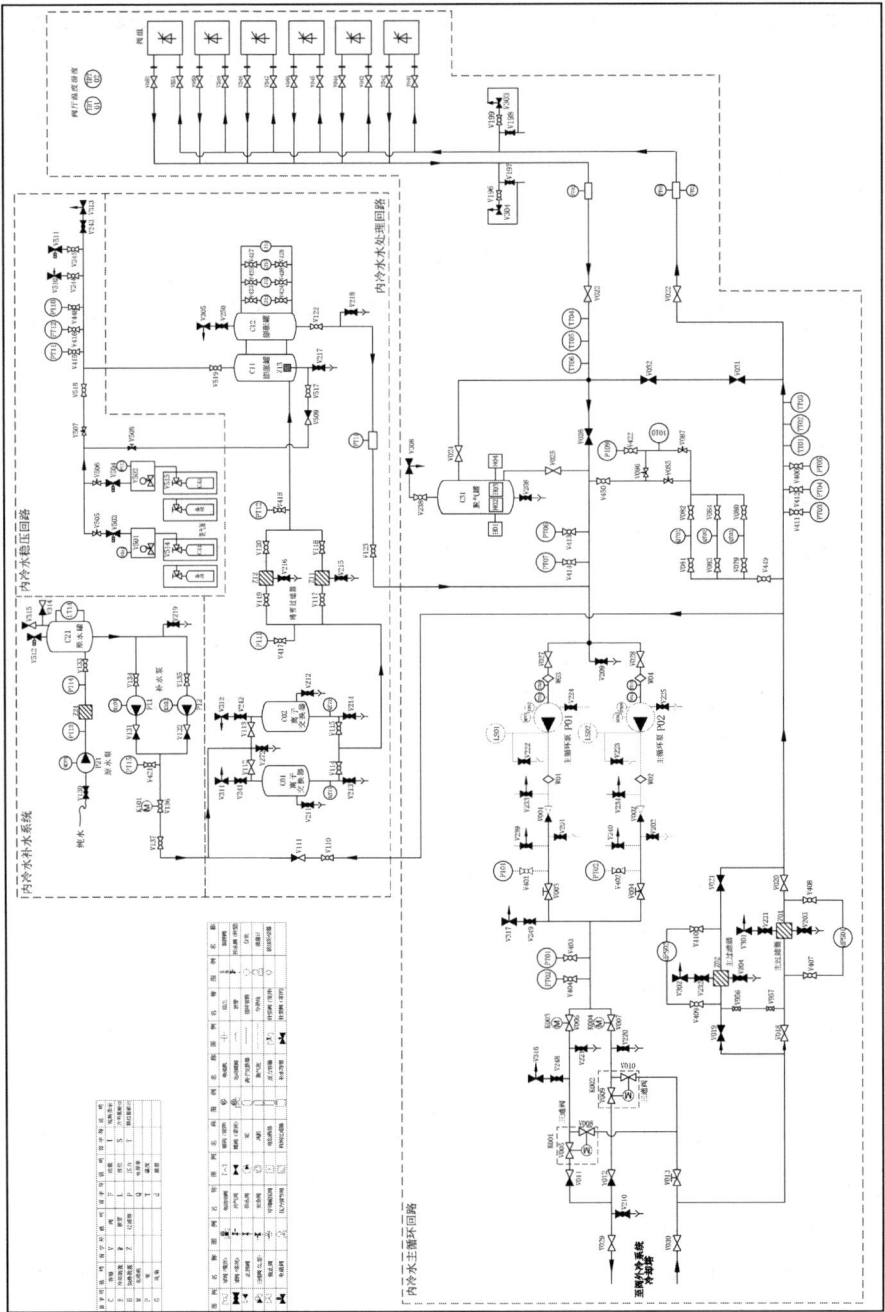

图1-4-7 阀内冷系统流程图

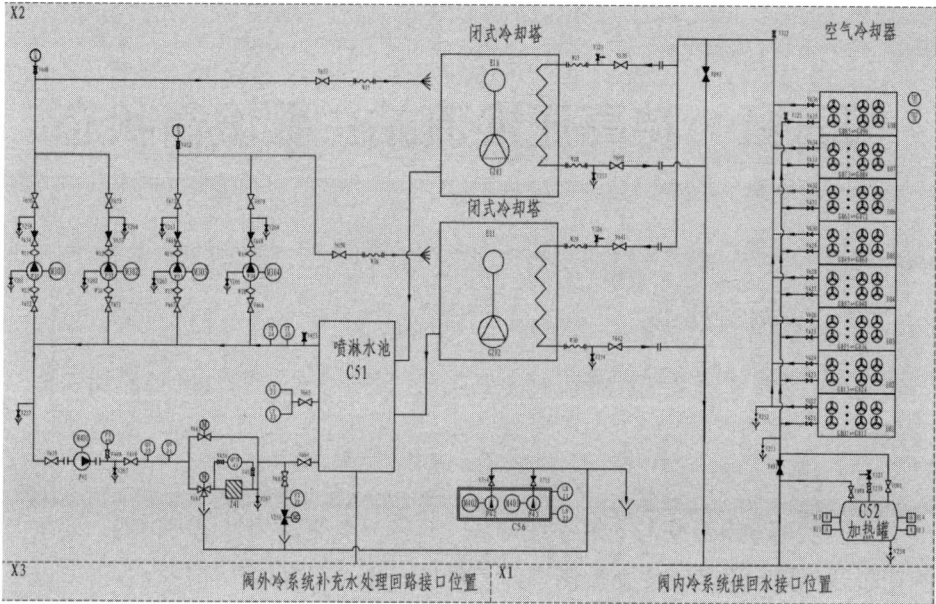

图 1-4-8　阀外水冷系统流程图

第五章　特高压换流站主要设备状态

一、换流变压器

定义：连接交流系统和换流阀的变压器，用于在交流母线和换流阀间传输能量。

状态：

（1）检修：换流变与交流系统隔离（有换流变交流侧进线刀闸的，要求刀闸在拉开位置；无换流变交流侧进线刀闸的，要求交流侧开关在冷备用及以下状态，下同），相应换流器阳极、阴极刀闸拉开，换流变各侧接地刀闸在合上位置。

（2）冷备用：安全措施拆除，换流变与交流系统隔离，相应换流器阳极、阴极刀闸拉开，换流变各侧接地刀闸在拉开位置。

（3）热备用：安全措施拆除，相关保护投入，换流变各侧接地刀闸在拉开位置，换流变交流侧开关在热备用状态（有换流变交流侧进线刀闸的，要求刀闸在合上位置；有中性点隔直装置的，相应隔直装置应处于投入状态）。

（4）运行：安全措施拆除，相关保护投入，换流变各侧接地刀闸在拉开位置，换流变交流侧开关在运行状态（有换流变交流侧进线刀闸的，要求刀闸在合上位置；有中性点隔直装置的，相应隔直装置应处于投入状态）。

表 1-5-1　　换流变状态表（以武汉站极 I 高端换流变为例）

序号	调度编号	检修		冷备用		热备用		运行	
		拉开	合上	拉开	合上	拉开	合上	拉开	合上
1	504167		√	√		√		√	
2	801117		√	√		√		√	
3	801127		√	√		√		√	
4	80111	√							

序号	调度编号	检修		冷备用		热备用		运行	
		拉开	合上	拉开	合上	拉开	合上	拉开	合上
5	80112	∨		∨					
6	5041	冷备用或检修		冷备用或检修		热备用		运行	
7	5042	冷备用或检修		冷备用或检修		热备用		运行	

二、阀组

定义：由可控硅以组件形式串联（南桥站可控换相换流阀，简称 CLCC 换流阀，为可控硅与 IGBT 以组件形式混联），并与阻尼回路、分压及可控硅电子设备回路、可控硅控制单元等组成，将直流转换成交流或将交流转换成直流的设备组。

状态：

（1）检修：换流变与交流系统隔离，相应换流器阳极、阴极刀闸拉开，阀组相关接地刀闸在合上位置。

（2）冷备用：安全措施拆除，换流变与交流系统隔离，相应换流器阳极、阴极刀闸拉开，阀组相关接地刀闸在拉开位置。

表 1-5-2　　　阀组状态表（以武汉站极 I 高端阀组为例）

序号	调度编号	检修		冷备用	
		拉开	合上	拉开	合上
1	80111	∨		∨	
2	80112	∨		∨	
3	801117		∨	∨	
4	801127		∨	∨	
5	801137		∨	∨	
6	801147		∨	∨	
7	80116				
8	8011				

三、换流器

定义：将直流转换成交流或将交流转换成直流的设备，一般包括换流变和对应阀组。一个极里面可以有一个或多个换流器。对于一个极里面含有多个换流器的情况，换流器之间一般采用阴极、阳极刀闸，旁通开关、旁通刀闸等设备进行隔离。

状态：

（1）检修：换流变及阀组在检修状态。

（2）冷备用：换流变及阀组在冷备用状态。

（3）热备用：安全措施拆除，相关保护投入，换流变在热备用状态，相应换流器阳极、阴极刀闸，换流器阳极、阴极接地刀闸在拉开位置。

（4）充电：安全措施拆除，相关保护投入，换流变在运行状态，相应换流器阳极、阴极刀闸，换流器阳极、阴极接地刀闸在拉开位置，阀闭锁。

（5）连接：安全措施拆除，相关保护投入，换流变在运行状态，相应换流器阳极、阴极刀闸在合上位置，换流器阳极、阴极接地刀闸在拉开位置，旁通刀闸在拉开位置，阀闭锁。

（6）运行：安全措施拆除，相关保护投入，换流变在运行状态，相应换流器阳极、阴极刀闸在合上位置，换流器阳极、阴极接地刀闸在拉开位置，旁通开关、旁通刀闸在拉开位置，阀解锁。

表1-5-3　换流器状态表（以武汉站极Ⅰ高端换流器为例）

序号	调度编号	检修		冷备用		热备用		充电		连接		运行	
		拉开	合上	拉开	合上	拉开	合上	拉开	合上	拉开	合上	拉开	合上
1	504167		√	√		√		√		√		√	
2	801117		√	√		√		√		√		√	
3	801127		√	√		√		√		√		√	
4	801137		√	√		√		√		√		√	
5	801147		√	√		√		√		√		√	
6	8011											√	
7	80111	√		√		√				√			√
8	80112	√		√		√				√			√
9	80116									√		√	
10	5042	冷备用或检修		冷备用或检修		热备用		运行		运行		运行	
11	5041												

四、极

定义：除直流线路、接地极系统外，极系统在换流站内的部分。

状态：

（1）直流场极隔离：中性母线开关、金属回线刀闸、大地回线刀闸、极母线刀闸在拉开位置。

（2）直流场极连接：相关保护投入，中性母线开关、金属回线刀闸、大地回线刀闸、极母线刀闸在合上位置。

（3）检修：极内所有换流变、阀组、直流滤波器在检修状态，直流场极隔离状态，极母线、中性线等有关接地刀闸在合上位置。

（4）冷备用：安全措施拆除，极内所有换流变、阀组在冷备用状态，直流场极隔离状态，极母线、中性母线等有关接地刀闸在拉开位置。

（5）热备用：安全措施拆除，相关保护投入，换流变在运行状态（特高压直流为至少有一个换流器在连接状态，本极内非连接状态换流器的旁通刀闸在合上位置），直流场极连接状态，有必备数量的直流滤波器运行，极母线、极线路、中性母线等有关接地刀闸在拉开位置，接地极系统运行（或金属回线运行），阀闭锁。其中，接地极系统运行状态称为单极大地回线（GR）热备用，金属回线运行状态称为单极金属回线（MR）热备用。

（6）运行：相关保护投入，换流变在运行状态（特高压直流为至少有一组换流器在运行状态），直流场极连接状态，有必备数量的直流滤波器运行，极母线、极线路、中性线等有关接地刀闸在拉开位置，接地极系统运行（或金属回线运行），极按确定的方式形成直流回路，阀解锁。

（7）不带线路极开路试验状态：极母线刀闸拉开，其余设备的状态同单极大地回线热备用。

（8）带线路极开路试验状态：本侧单极大地回线热备用，对侧极线路冷备用。

表 1-5-4　极状态系统表（以武汉站极 I 双换流器运行方式为例）

设备名称	调度编号	检修		冷备用		极隔离		极连接		GR热备用		GR方式运行		MR热备用		MR方式运行	
		拉开	合上	拉开	合上	拉开	合上	拉开	合上	拉开	合上	拉开	合上	拉开	合上	拉开	合上
交流场开关刀闸	50411	√		√							√		√		√		√
	5041	√		√							√		√		√		√
	50412	√		√							√		√		√		√
	50421	√		√							√		√		√		√
	5042	√		√							√		√		√		√
	50422	√		√							√		√		√		√
	50821	√		√							√		√		√		√
	5082	√		√							√		√		√		√
	50822	√		√							√		√		√		√
	50831	√		√							√		√		√		√
	5083	√		√							√		√		√		√
	50832	√		√							√		√		√		√
换流变接地刀闸	508367		√	√						√		√		√		√	
	801217		√	√						√		√		√		√	
	801227		√	√						√		√		√		√	
	504167		√	√						√		√		√		√	
	801117		√	√						√		√		√		√	
	801127		√	√						√		√		√		√	
换流器开关刀闸	801137		√	√						√		√		√		√	
	801147		√	√						√		√		√		√	
	80111	√		√							√		√		√		√
	80112	√		√							√		√		√		√
	8011												√				√
	80116									√		√		√		√	
	801007		√	√						√		√		√		√	
	801237		√	√						√		√		√		√	
	001247		√	√						√		√		√		√	
	80121	√		√							√		√		√		√
	00122	√		√							√		√		√		√
	8012												√				√
	80126									√		√		√		√	

续表

设备名称	调度编号	检修		冷备用		极隔离		极连接		GR热备用		GR方式运行		MR热备用		MR方式运行	
		拉开	合上	拉开	合上	拉开	合上	拉开	合上	拉开	合上	拉开	合上	拉开	合上	拉开	合上
极母线	801057		√	√							√		√		√		√
	80105	√		√		√			√		√		√		√		√
	8010517										√		√		√		√
	81201										√		√		√		√
直流滤波器	80101	√									√		√		√		√
	801017		√								√		√		√		√
	001027		√								√		√		√		√
	00102	√									√		√		√		√
中性线	010007		√	√							√		√		√		√
	0100	√		√		√			√		√		√		√		√
	010027		√	√							√		√		√		√
	01001	√		√		√			√		√		√		√		√
	01002	√		√		√			√		√		√		√		√
接地极	05000												√				√
	050007										√		√		√		
	0500017										√		√				
金属回线	06001										√		√		√		√
	0600										√		√		√		√
	0400017												√				√
	04000										√		√				√
	040007										√		√		√		√
	81202										√		√		√		√

五、交流滤波器

定义：并联在换流站交流母线上，用于补偿无功，同时降低交流母线的谐波电压和注入相连交流系统的谐波电流，包括仅用于补偿无功的并联电容器。

状态：

（1）检修：交流滤波器开关检修。

（2）冷备用：安全措施拆除，交流滤波器开关冷备用。

（3）热备用：安全措施拆除，相关保护投入，交流滤波器开关热备用。

（4）运行：安全措施拆除，相关保护投入，交流滤波器开关运行。

表 1-5-5　　　　　交流滤波器状态表（以 5611 滤波器为例）

序号	调度编号	检修		冷备用		热备用		运行	
		拉开	合上	拉开	合上	拉开	合上	拉开	合上
1	5611	√		√		√			√
2	56111	√		√			√		
3	561117		√	√		√		√	
4	561127		√	√		√		√	

六、直流滤波器

定义：与平波电抗器和直流冲击电容器（如有时）配合，主要功能用于降低直流输电线路上或接地极线路上的电流或电压波动的滤波器。

状态：

（1）检修：直流滤波器两侧刀闸在拉开位置，两侧接地刀闸在合上位置。

（2）冷备用：安全措施拆除，直流滤波器两侧刀闸在拉开位置，两侧接地刀闸在拉开位置。

（3）运行：安全措施拆除，相关保护投入，直流滤波器两侧刀闸在合上位置，两侧接地刀闸在拉开位置。

表 1-5-6　　　　直流滤波器状态表（以极Ⅰ直流滤波器为例）

序号	调度编号	检修		冷备用		运行	
		拉开	合上	拉开	合上	拉开	合上
1	80101	√		√			√
2	801017		√	√		√	
3	00102	√		√			√
4	001027		√	√		√	

七、接地极系统

定义：由接地极线路、接地极（放置在大地或海中的导电元件）及换流站内金属回线转换开关等设备组成的直流接地系统，在直流电路与大地之间提供低阻通路。

状态：

（1）检修：站内接地极刀闸在拉开位置，站内靠近接地极线路侧接地极接地开关在合上位置。若站内有金属回线转换开关，还需金属回线转换开关及其两侧刀闸在拉开位置。

（2）冷备用：安全措施拆除，站内接地极刀闸及两侧地刀在拉开位置。若站内有金属回线转换开关，还需金属回线转换开关及其两侧刀闸在拉开位置。

（3）运行：安全措施拆除，相关保护投入，若站内有金属回线转换开关，则金属回线转换开关及其两侧刀闸在合上位置，站内接地极刀闸及其两侧地刀在拉开位置。若站内无金属回线转换开关，则站内接地极刀闸在合上位置，站内接地极刀闸两侧地刀在拉开位置。

表 1-5-7　　　　接地极系统状态表

序号	调度编号	检修		冷备用		运行	
		拉开	合上	拉开	合上	拉开	合上
1	05000	√		√			√
2	050007			√		√	
3	0500017	√		√		√	

八、直流线路

定义：直流系统中连接不同换流站极母线刀闸（或线路刀闸）之间的线路。

状态：

（1）检修：两换流站极母线刀闸、旁路线刀闸在拉开位置，线路接地刀闸在合上位置。

（2）冷备用：安全措施拆除，两换流站极母线刀闸、旁路线刀闸及线路接地刀闸在拉开位置。

（3）运行：安全措施拆除，相关保护投入，运行极直流线路两侧换流站极母线刀闸在合上位置，旁路线刀闸、线路接地刀闸在拉开位置；单极金属回线运行时，非运行极两侧换流站旁路线刀闸在合上位置，极母线刀闸、线路接地刀闸在拉开位置。

表 1-5-8　　　　　　　　　　状态表（以极Ⅰ直流线路为例）

序号	调度编号	检修		冷备用		运行		备注
		拉开	合上	拉开	合上	拉开	合上	
1	80105	√		√		80105、81201 其中一个刀闸在合位、另外一个在分位		
2	81201	√		√				
3	8010517		√	√		√		

第六章　运　行　方　式

一、运行方式说明

（一）极运行方式

（1）单极双换流器运行方式（以极Ⅰ为例，下同）。两换流站极Ⅰ高、低端换流器均为运行状态。

（2）单极单换流器对称运行方式。

1）极Ⅰ高运行方式：两侧换流站的极Ⅰ高端换流器均为运行状态。极Ⅰ低端换流器均为连接或以下状态。

2）极Ⅰ低运行方式：两侧换流站的极Ⅰ低端换流器均为运行状态。极Ⅰ高端换流器均为连接或以下状态。

（3）单极单换流器非对称运行方式

1）极Ⅰ高低运行方式：整流站极Ⅰ高端换流器、逆变站极Ⅰ低端换流器均处于运行状态。整流站极Ⅰ低端换流器、逆变站极Ⅰ高端换流器均处于连接或以下状态。

2）极Ⅰ低高运行方式：整流站极Ⅰ低端换流器、逆变站极Ⅰ高端换流器均处于运行状态。整流站极Ⅰ高端换流器、逆变站极Ⅰ低端换流器均处于连接或以下状态。

（4）双极全方式。双极均为单极双换流器运行方式。

（二）金属大地回线运行方式

特高压直流运行时，其电流回路有两种构成方式：通过换流站接地极和大地连通构成回路，简称大地回线；通过另一极（非运行极）的金属线路连通构成回路，简称金属回线。

（1）单极大地回线方式（Ground Return，GR）。极Ⅰ中性线直流转换开关（NBS）、大地回线隔离开关、金属回线隔离开关、金属回线转换开关（MRTB）

及隔离开关在合上位置，接地极为运行状态，旁路线隔离开关、大地回线转换开关（GRTS）及隔离开关在拉开位置。

（2）单极金属回线方式（Metallic Return，MR）。极Ⅰ中性线直流转换开关（NBS）、大地回线隔离开关、金属回线隔离开关、大地回线转换开关（GRTS）及隔离开关在合上位置，金属回线转换开关（MRTB）及05000隔离开关在拉开位置。极Ⅱ处于极隔离状态，旁路线极Ⅱ侧隔离开关在闭合位置。

（3）双极方式（即双极运行时的回线接线方式）。极Ⅰ、Ⅱ均为GR方式接线。

（三）特高压直流融冰运行方式

部分特高压直流输电系统工程配置有融冰运行方式，融冰运行方式分为循环融冰和并联融冰两种。

（1）循环融冰方式是将直流系统一极功率正送，另一极功率反送，既可实现特高压直流系统的总输送功率较小，同时又可实现直流线路电流较大来加热融冰的目的。循环融冰运行方式下换流站一极整流运行，另一极逆变运行，双极功率异向传输。采用这种运行方式，直流线路电流可以达到工程长期过负荷运行电流水平。循环融冰接线方式如图1-6-1所示，其中：U1和U2分别为极1和极2的直流电压。

循环融冰运行方式有以下特点：

1）循环融冰运行方式下换流站两个极的功率方向相反，相互抵消后直流系统的总传输功率很小，当两个极功率大小相近时，甚至可以使某一端换流站的总交换功率为0，而另一端换流站的双极总功率全部用于线路融冰损耗。

2）虽然直流系统双极总功率平衡后较小，但每个极的传输功率却较大。考虑到融冰时天气情况一般比较恶劣，线路故障概率较高，一旦故障造成一极停运，直流系统会转入单极大地回线运行，将导致直流系统与交流系统的功率交换量突然增大，给两侧交流系统带来一定扰动。

3）循环融冰运行方式和正常运行方式不能在线转换，需先将直流系统退至热备用状态，在运行人员工作站上点击专用图标启动循环融冰运行方式。

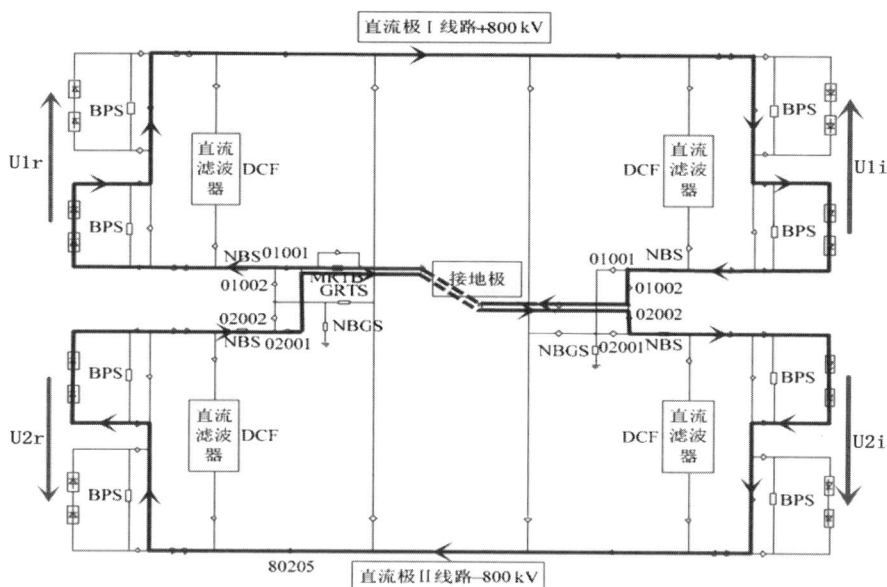

图1-6-1 循环（阻冰）融冰方式接线示意图

（2）并联融冰方式需要改造直流场相应的刀闸和引线,将原来串联运行的极Ⅰ和极Ⅱ直流系统改成并联运行,实现既输送功率同时又使直流线路产生大电流融冰的目的融冰方式。直流线路叠加双极直流电流,理论上可以达到2倍额定运行电流。并联融冰接线方式如图1-6-2所示,其中:红色代表极Ⅰ电流方向,蓝色代表极Ⅱ电流方向。

并联融冰运行方式有以下特点:

1）并联融冰运行方式和正常运行方式不能在线转换,启动并联融冰方式运行前,需先将双极直流退至检修状态,拆除直流场3根连接导线,安装6根连接导线,直流运行方式倒换和引线改接需将直流停电约8小时。

2）并联融冰方式主要可以对直流输电线路融冰,不能对接地极线路进行融冰。

此外,运行人员在实际工作中还探索总结出了单阀组（极）金属回线运行方式和双极不平衡运行方式两种运行模式,也能达到良好的融冰效果。

（3）单阀组（极）金属回线运行方式。直流系统在单阀组（极降压）金属回线运行方式时,在输送较小功率的情况下,直流线路可以达到较大的运行电流。以复奉直流为例,单阀组金属回线降压过负荷方式运行时,输送1600MW

功率,直流线路电流达到 4000A,和循环融冰方式能达到的最大电流水平一样。单阀组金属回线运行方式如图 1-6-3 所示,整流站和逆变站各一个换流器运行即可。

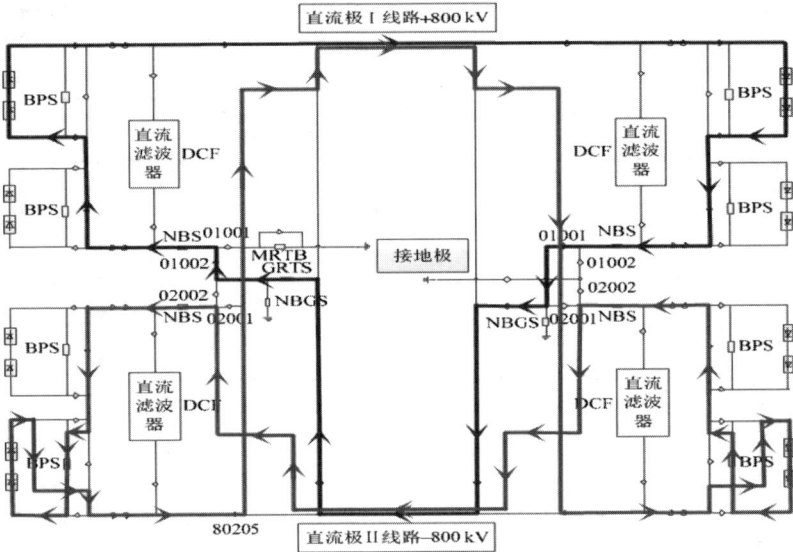

图 1-6-2 并联融冰方式接线示意图

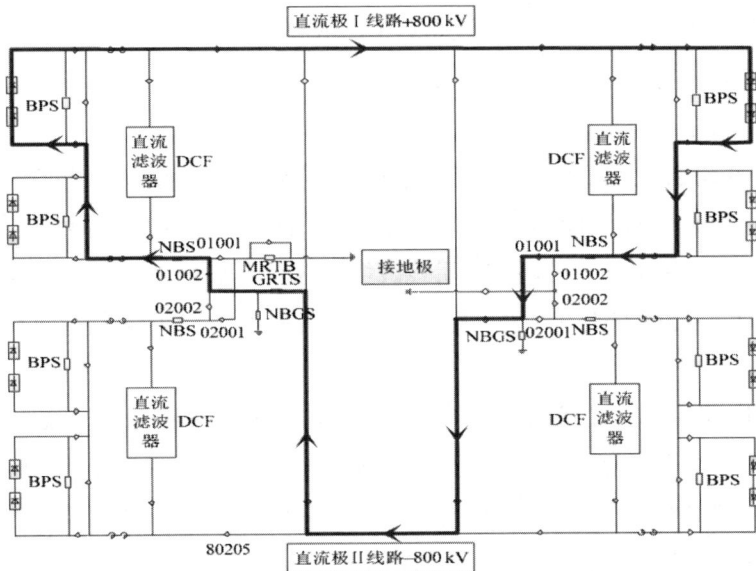

图 1-6-3 单阀组金属回线运行方式示意图

（4）双极不平衡运行方式。通过双极输送不同的功率值，在接地极线路上产生不平衡电流，达到消除接地极线路覆冰的目的。现场实际经验是保持接地极线路电流在 1000A 左右，能达到良好的融冰效果。双极不平衡运行方式如图 1-6-4 所示。

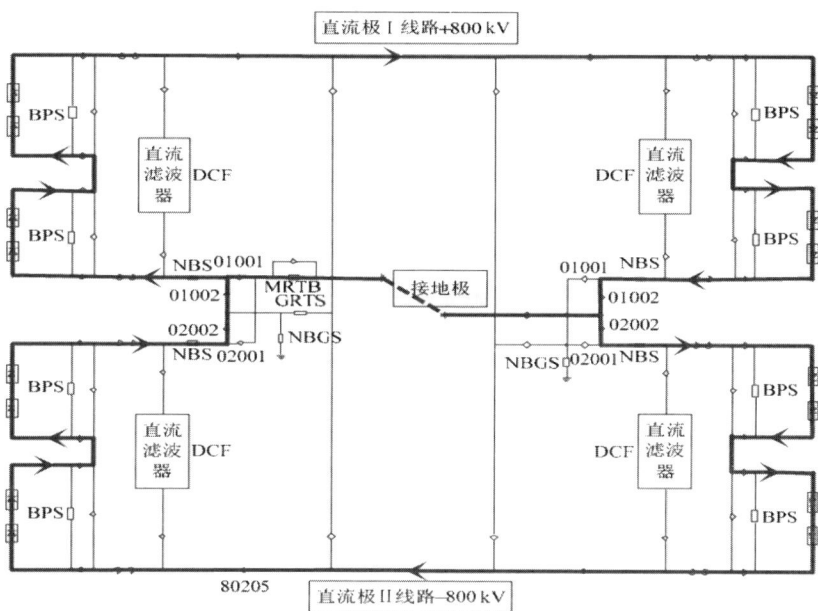

图 1-6-4　双极不平衡运行运行方式示意图

（5）对使用融冰运行模式的建议。

1）加强与输电专业和调度协同，强化线路覆冰预测，及时启动线路覆冰预警，接到预警提前启用直流输电线路大电流运行方式。

2）因为冬季水电出力受限，直流工程难以安排大负荷运行，并且金属回线和大地回线运行方式可以在线转换，较循环融冰运行方式更灵活，所以建议优先安排单阀（极）大电流金属回线（降压）方式运行进行直流线路融冰，利用小功率在线路产生大的融冰电流。当电网不能安排该方式运行时，再启用循环融冰方式。当单阀（极）金属回线方式或直流循环融冰方式不能有效消除线路覆冰时，再启用并联融冰运行方式。

3）建议采用双极电流不平衡运行方式消除接地极线路覆冰，接地极线路电流最大值要根据接地极允许流过安全电流限值确定。

35

4）当直流线路和接地极线路同时覆冰时，直流线路可以采用单阀组大地回线运行方式融冰，接地极线路可以采用外接融冰装置融冰。

5）直流融冰运行期间，现场人员应加强运行监控，如发生单极故障闭锁、另一极未闭锁的情况，应立即将另一极手动闭锁，避免出现较大入地电流。

6）相关单位应提前做好融冰方式工作程序梳理，准备好操作票、预案、工作方案、融冰改接线金具、作业机具，落实施工队伍，加强联合演练，确保融冰应急处置快速正确。

7）并联融冰方式下的大电流，可以将低温重覆冰区的线路覆冰融化，但同时也使未覆冰区的线路温度上升，线路高温度运行也会导致故障。因此，在并联融冰方式运行下，要与输电专业积极沟通，加强对融冰线路的监测，一旦覆冰状况缓解，就可逐步降低电流。发现线路异常发热要及时处置。

（四）电压方式

（1）双换流器额定电压方式（±800kV）。

（2）双换流器降压方式：降压方式下的直流电压可为 70%～100%可调（一般为 70%或 80%的额定电压）。金塘、青豫、灵绍、昭沂直流为80%～100%可调。宾金、银东直流降压方式仅有 70%、80%额定电压。雁淮直流降压方式仅有 70%额定电压。祁韶、陕武、吉泉、鲁固、锡泰直流降压方式仅有 80%额定电压。建苏直流无降压运行方式。

（3）单换流器额定电压方式（±400kV），单换流器无降压方式。

（五）潮流方向

潮流方向定义为××（换流站名）送××（换流站名）。

（六）有功功率控制方式

包括双极功率控制、单极功率控制、单极电流控制、紧急电流控制。其中紧急电流控制为通信故障时控制系统自动采用的控制方式。

（七）有功功率运行方式

包括联合运行方式、独立运行方式。

（八）无功功率控制方式

定无功控制、定电压控制。分层接入的特高压直流换流站无功控制方式按照高端、低端换流器分别设置。

（九）无功功率运行方式

开放模式（ON）下包括自动、手动两种方式；关闭模式（OFF）下无对应方式。直流系统正常运行时，默认采用开放模式，下令时需在术语中明确自动、手动方式。

二、直流典型运行方式

1. 双极典型方式一

（1）潮流方式：××送××；

（2）电压方式：双换流器额定电压|降压方式；

（3）极运行方式：双极全方式；

（4）回线接线方式：双极方式；

（5）有功控制方式：双极功率控制；

（6）无功控制方式：定无功控制；

（7）无功运行方式：自动。

2. 双极典型方式二

（1）潮流方式：××送××；

（2）电压方式：单换流器额定电压方式；

（3）极运行方式：极Ⅰ高运行方式、极Ⅱ高运行方式；

（4）回线接线方式：双极方式；

（5）有功控制方式：双极功率控制；

（6）无功控制方式：定无功控制；

（7）无功运行方式：自动。

3. 双极典型方式三

（1）潮流方式：××送××；

（2）电压方式：单换流器额定电压方式；

（3）极运行方式：极Ⅰ低运行方式、极Ⅱ低运行方式；

（4）回线接线方式：双极方式；

（5）有功控制方式：双极功率控制；

（6）无功控制方式：定无功控制；

（7）无功运行方式：自动。

4. 单极典型方式一

（1）潮流方式：××送××；

（2）电压方式：双换流器额定电压 | 降压方式；

（3）极运行方式：极 I 双换流器运行方式；

（4）回线接线方式：GR 方式 | MR 方式；

（5）有功控制方式：单极功率控制；

（6）无功控制方式：定无功控制；

（7）无功运行方式：自动。

5. 单极典型方式二

（1）潮流方式：××送××；

（2）电压方式：单换流器额定电压方式；

（3）极运行方式：极 I 高运行方式；

（4）回线接线方式：GR 方式 | MR 方式；

（5）有功控制方式：单极功率控制；

（6）无功控制方式：定无功控制；

（7）无功运行方式：自动。

6. 单极典型方式三

（1）潮流方式：××送××；

（2）电压方式：单换流器额定电压方式；

（3）极运行方式：极 I 低运行方式；

（4）回线接线方式：GR 方式 | MR 方式；

（5）有功控制方式：单极功率控制；

（6）无功控制方式：定无功控制；

（7）无功运行方式：自动。

注：以上单极典型运行方式均以极 I 为例。

三、特高压直流正常运行方式

特高压直流输电系统按照不同接线方式共有 45 种正常运行方式，见表 1-6-1。

表 1－6－1　　　　　　　　　　特高压直流极运行方式统计表

运行方式	接线方式	接线方式数量	编号
双极方式	完整双极	1	C1～C17
	1/2 双极	16	
	3/4 双极	8	C18～C25
单极大地回线方式	完整单极	2	C26～C35
	1/2 单极	8	
单极金属回线方式	完整单极	2	C36～C45
	1/2 单极	8	
共计		45	—

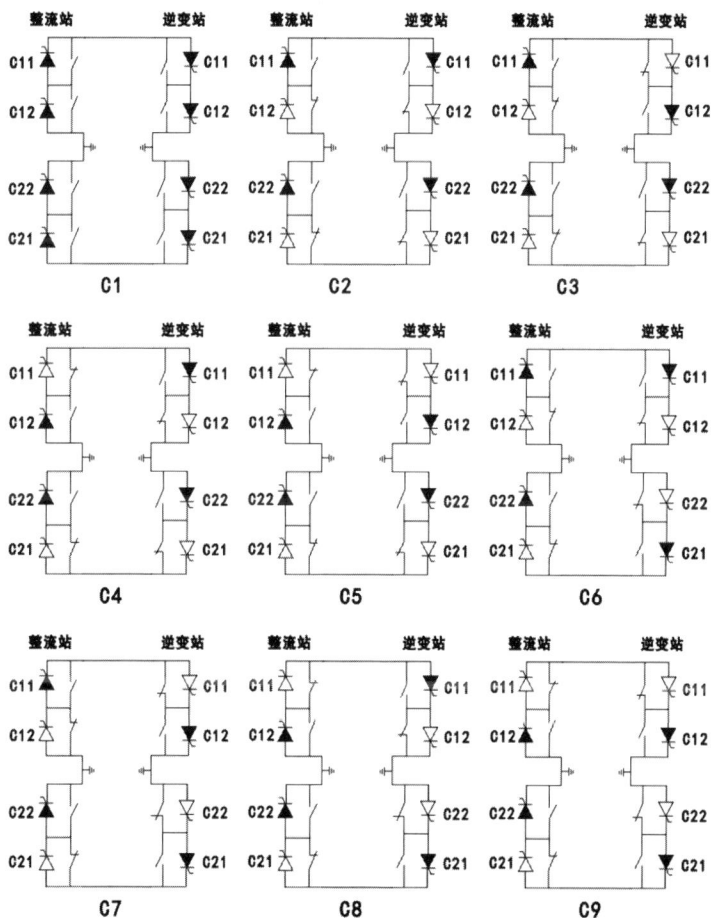

图 1－6－5　特高压直流运行方式示意图 1

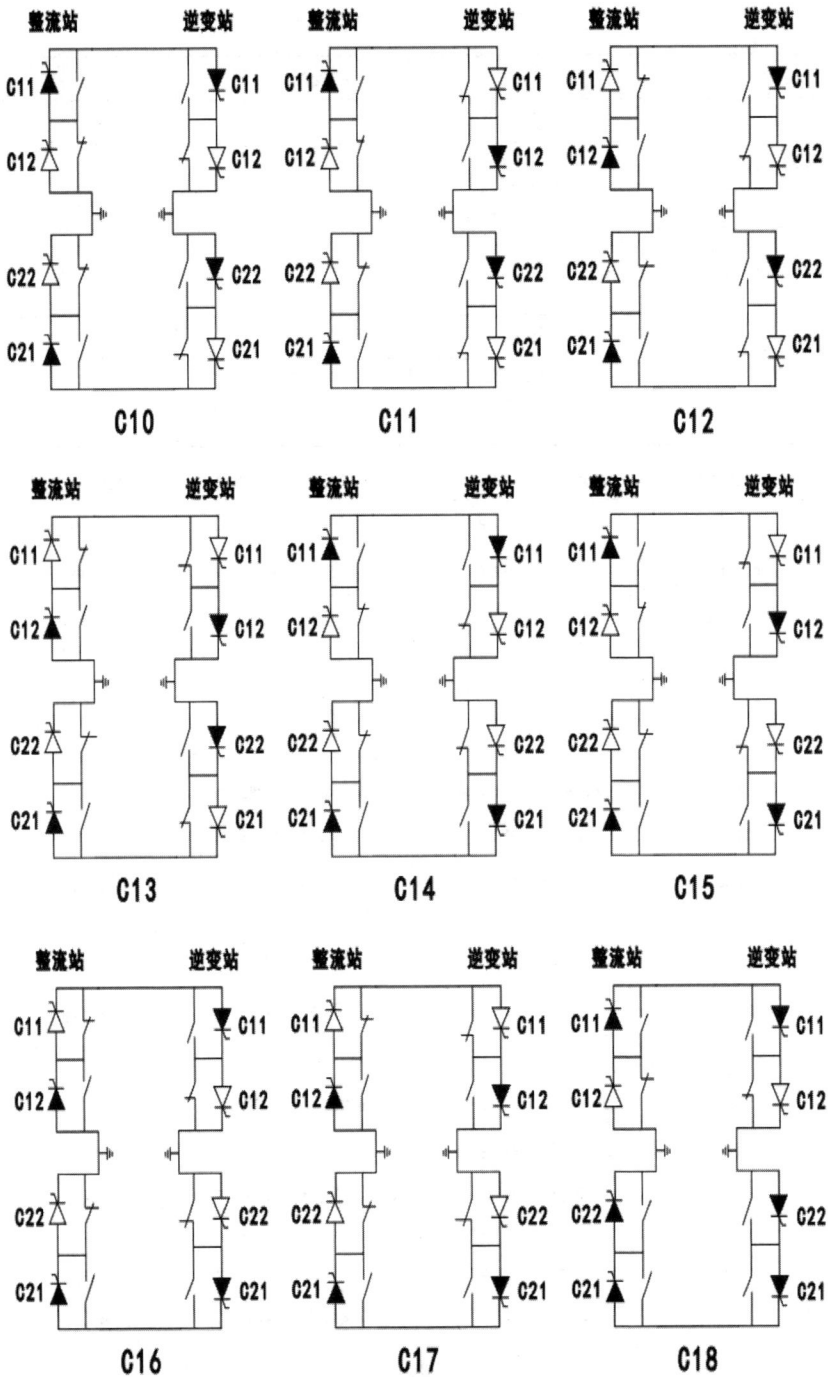

图 1-6-6 特高压直流运行方式示意图 2

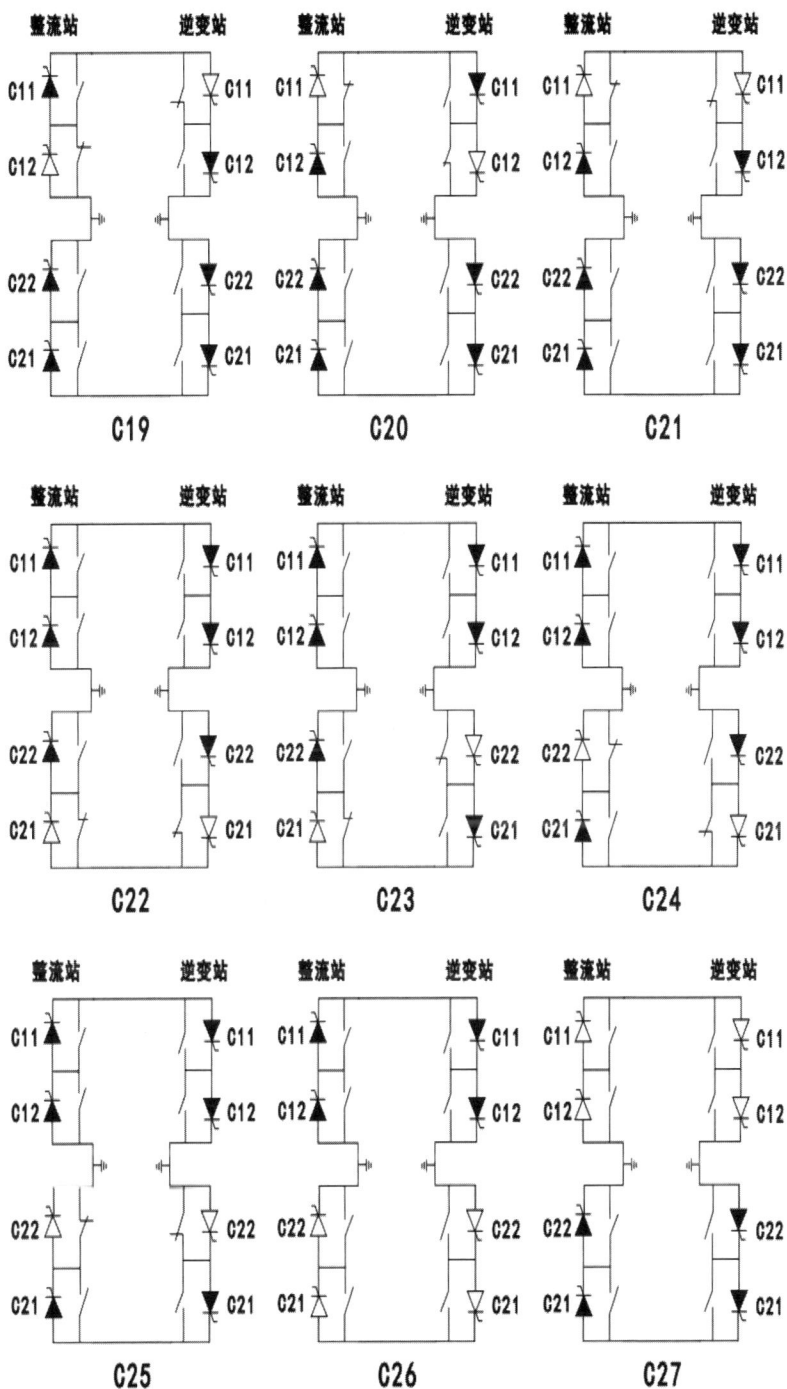

图 1-6-7 特高压直流运行方式示意图 3

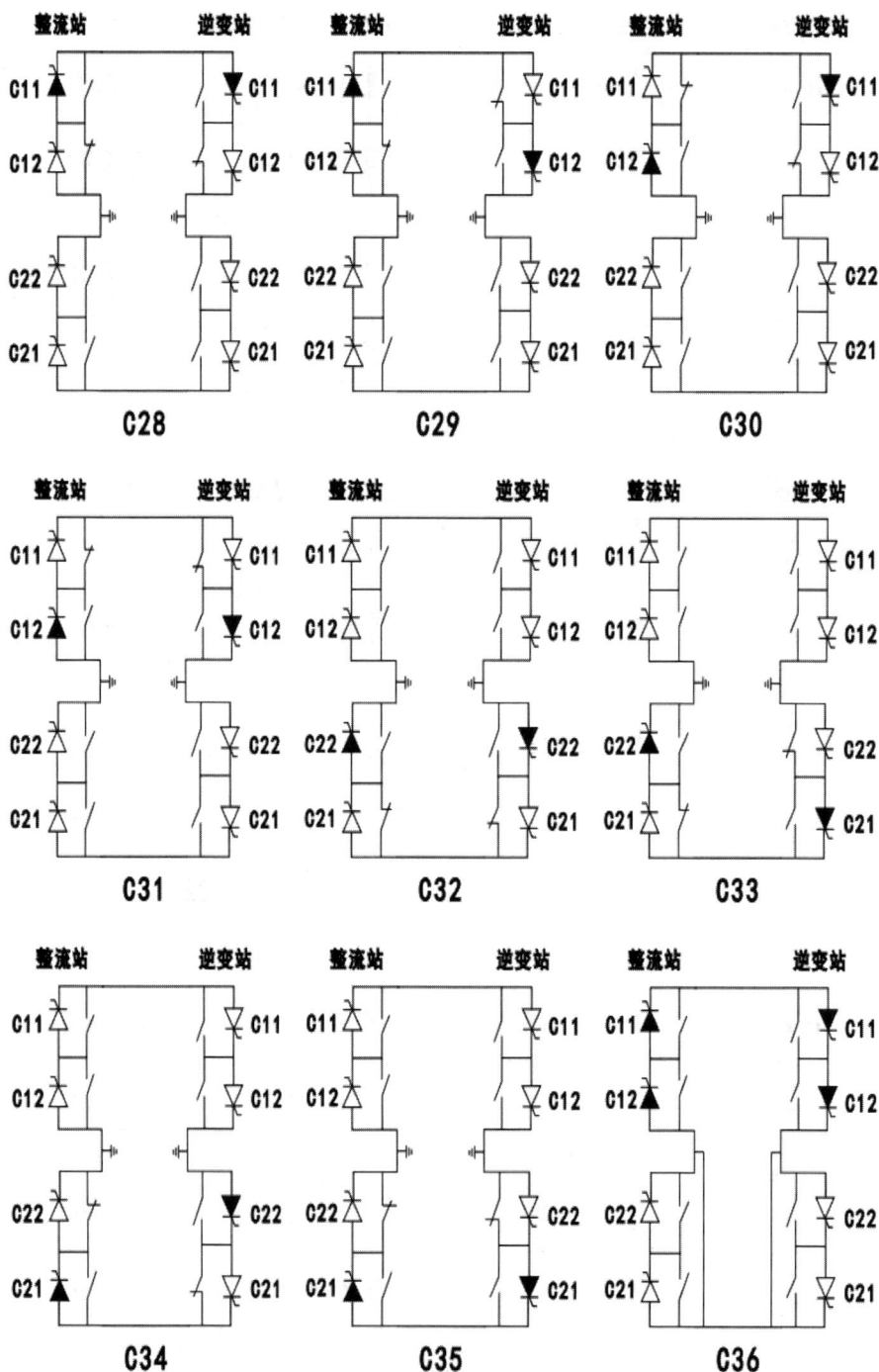

图 1-6-8 特高压直流运行方式示意图 4

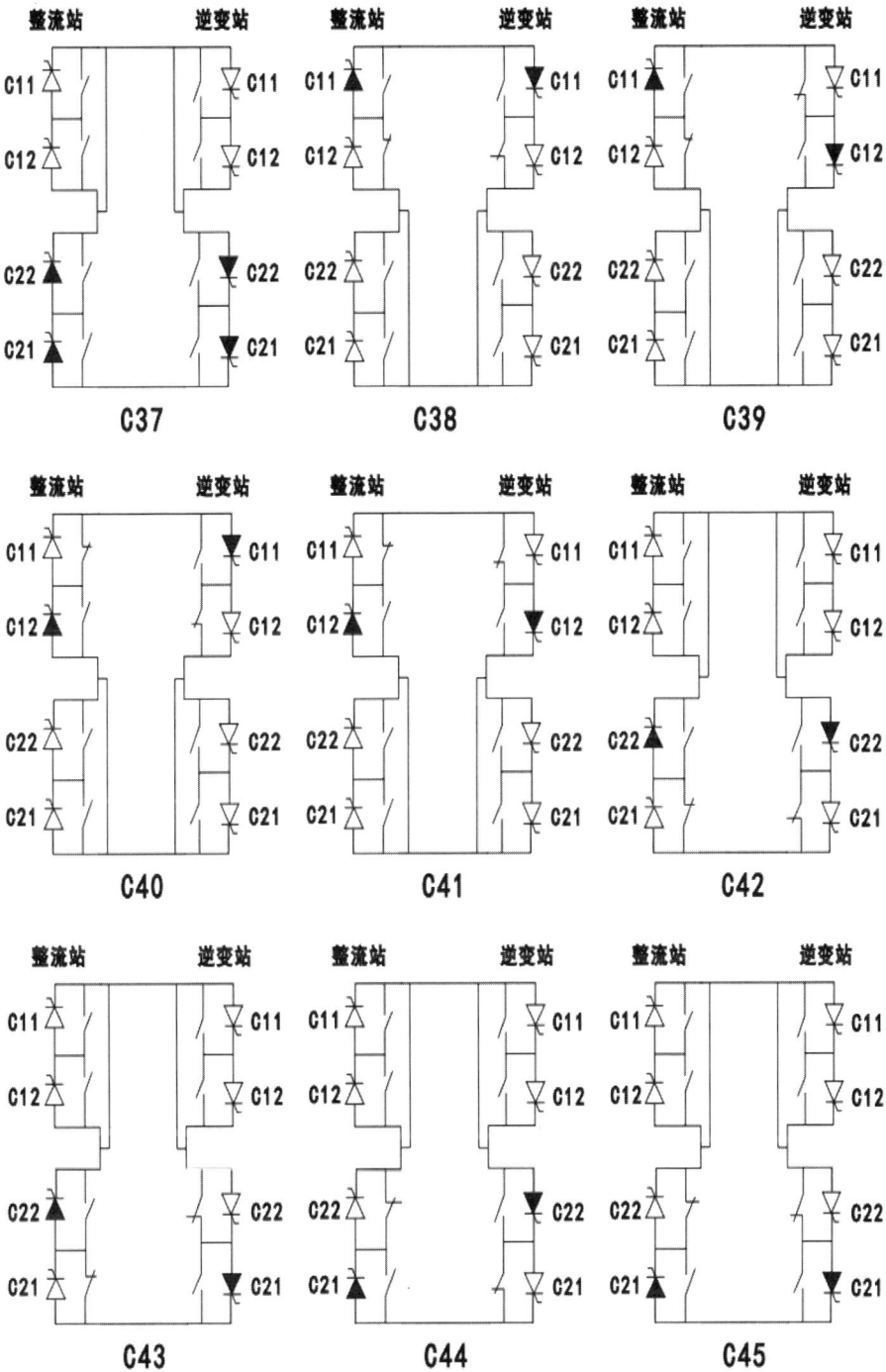

图 1-6-9 特高压直流运行方式示意图 5

第二篇

运维技能

第一章 运 行 规 定

一、换流变压器

（1）换流变压器在规定的冷却条件下，可按额定值长期连续运行。

（2）呼吸器硅胶吸潮后会由下至上变色，当硅胶被油浸后或有 2/3 硅胶变色时，必须更换；若硅胶上部先变色，应检查连接管是否泄漏或取油样分析。

（3）压力释放装置或气体继电器动作后、换流变压器再次充电前，应先对该装置进行手动复归。

（4）气体在线监测装置发气体浓度高或装置本身故障报警时，应尽快查明报警原因，必要时取油样进行色谱分析。

（5）有载调压装置控制方式由手动转为自动前，应先将换流变压器三相有载分接开关位置调节一致。

（6）换流变压器在备用、充电情况下应将冷却器各级开关合上。

（7）换流变压器非电量保护跳闸触点和模拟量采样不应经中间元件转接，应直接接入控制保护系统或非电量保护屏。作用于跳闸的非电量元件都应设置三副独立的跳闸触点，按照"三取二"原则出口，三个开入回路要独立，不允许多副跳闸触点并联上送，"三取二"出口判断逻辑装置及其电源应冗余配置。

（8）在有载分接开关油管路上工作时，分接开关油流继电器应临时改投信号或退出相应保护。

（9）换流变压器本体重瓦斯应投跳闸；特高压直流换流变本体轻瓦斯投跳闸，常规直流换流变轻瓦斯投告警；压力释放、油位传感器投报警，冷却器全停投报警，油温及绕组温度保护宜投报警。

（10）换流变压器有载分接开关应采用流速继电器或压力继电器，不应采用带浮球的气体继电器；换流变压器有载分接开关仅配置了油流或速动压力继电器一种的，应投跳闸；配置了油流和速动压力继电器的，油流应投跳闸，压力应投报警。

（11）换流变压器充气套管的压力或密度继电器应分级设置报警和跳闸。

（12）遇有下列情形之一时，应立即将换流变停运：

1）换流变冒烟着火；

2）套管有严重的破损和放电现象；

3）特高压换流变未配置跳闸功能的轻瓦斯继电器发生告警时；

4）附近设备着火、爆炸，对变压器构成严重威胁时；

5）油色谱特征气体含量超过注意值且快速增长；

6）本体、分接开关及套管出现严重漏油或喷油，油位低于油位计的指示限度；

7）有不正常的噪声和振动，且声响明显增大；

8）套管出现漏气告警且气压快速下降尚未跳闸前。

（13）遇下列情况之一时，本体重瓦斯保护应临时退出或改投信号：

1）运行中滤油、补油或更换潜油泵时。

2）在重瓦斯二次保护回路工作时。

3）在重瓦斯油路上有工作时。

4）气体继电器或其连接的电缆有缺陷时。

5）采集气样时。

6）油位异常升高或呼吸系统有异常现象，需要打开排气或排油阀门时。

7）在地震预报期间，根据气体继电器的抗震性能，可能导致重瓦斯保护误动时。

8）换流变压器停电或处于备用，其重瓦斯动作后，可能使运行中的设备跳闸时。

（14）换流变压器充电前应具备下列条件：

1）拆除全部安全措施，有关试验、化验项目合格。

2）现场清洁无杂物，一次设备上无遗留物。

3）所有阀门位置正确，油位、SF_6压力正常，各部分无渗漏现象。

4）铁芯和夹件接地可靠。

5）保护装置工作正常，无异常及跳闸信号，微机及本体保护已正常投入。

6）测控装置工作正常，无报警信号。

7）冷却器工作正常。

8）分接头调节驱动装置工作正常，三相位置一致。

9）消防装置投入正常。

10）已完成换流变消磁工作。

（15）切除电网中运行的空载变压器会产生操作过电压。在小电流接地系统中，操作过电压的幅值可达 3～4 倍的额定相电压。在大电流接地系统中，操作过电压的幅值也可达 3 倍的额定相电压，同时，投入空载的变压器时会产生励磁涌流，其值可达额定电流的 6～8 倍，并会产生很大的电动力。因此，新安装或大修后的变压器在投入运行前要做冲击合闸试验，校验变压器的绝缘能否承受操作过电压，考核变压器在大的励磁涌流作用下的机械强度，考核继电保护在大的励磁涌流下是否会误动。通常新安装变压器投入需冲击 5 次，大修后变压器投入需冲击 3 次。

（16）变压器的铁芯应接地且不能多点接地。变压器的铁芯如果不接地，当变压器运行时，由于铁芯各部位在电场中所处的位置不同而有不同的电位，当两点之间的电位差达到能够击穿两者之间的绝缘时，相互之间会产生放电，使变压器油分解，并容易使固体绝缘损坏，导致事故发生，因此变压器的铁芯与其他金属件必须和油箱连接，然后接地，使它们处于同电位（零电位）。变压器的铁芯如果多点接地，则相当于铁芯经多个接地点形成短路，会产生一定的电流，导致铁芯局部损耗增加，引起铁芯发热，严重时甚至将接地片烧断，使铁芯产生悬浮电位。

（17）换流变压器在正常运行过程中，运行人员应密切关注在线油色谱数据变化。正常运行时，换流变在线油色谱装置至少每 2 小时进行一次油样分析，发现数据异常变化时，应及时安排离线油色谱分析，根据设备部相关规定处置。换流变承受近区故障后，应对变压器本体油取样分析。

二、换流阀

（1）换流阀的投运必须具备以下条件：

1）阀厅接地刀闸已全部拉开。

2）阀厅大门已关闭并上锁。

3）阀厅空调系统运行正常。

4）阀水冷系统运行正常。

5）各控制保护系统均正常投入运行。

6）阀厅火灾报警装置运行正常。

（2）换流阀投运前运行人员应检查阀厅地面，确保无任何遗留物，阀控制单元 VCU（含晶闸管监测单元 THM）、阀基电子设备（VBE）、接口屏及相应的控制保护系统必须全部投入运行。

（3）投运前检查 VCU、VBE 阀控单元，极控柜内各个空气开关均在合上位置。

（4）换流阀投运时，一楼阀厅大门必须关闭并上锁，只有直流系统转检修后方可从一楼阀厅大门进入阀厅。

（5）当换流阀出现晶闸管元件故障信号时，运行人员应加强设备巡视，当换流阀每个单阀中晶闸管故障或 BOD 动作信号数达到冗余晶闸管数量时，应立即申请停运直流系统。

（6）换流阀正常运行时，冷却水进阀温度、出阀温度不得超过规定值，内冷水电导率不得超过规定值。

（7）换流阀停运时，要防止阀外风冷空气冷却器管束中的水冻结。

（8）晶闸管阀运行后，每年应对所有阀塔中的晶闸管级进行外观检查、电气检查和触发检查。

（9）对换流阀更换损坏元件时，必须停运有关的电气回路和水回路，换流阀各侧的接地刀闸必须在合上位置。

（10）进入阀塔更换损坏的晶闸管元件、阳极电抗器、悬挂绝缘子、晶闸管控制单元等元件时，要穿防静电服。

（11）对换流阀进行故障处理前，必须对暂态均压电容和均压冲击电容进行充分放电。

（12）凡是危及人身、设备或电网运行者，可不待调令紧急停运直流进行隔离，同时汇报国调、生产调度及站内领导。

（13）换流阀充电和解锁前需满足顺序准备控制，主要分为充电准备就绪（RFE）和运行状态准备就绪（RFO）。

1）充电准备就绪判断条件（RFE）：交流场相关开关刀闸状态正确（热备）、充电准备就绪判断条件、无交流断路器锁定命令、阀厅地刀分位、未充电。

2）运行状态准备就绪判断条件（RFO）：换流变已充电；分接头自动控制；阀组在闭锁状态；阀组控制单元无故障；阀厅钥匙锁住；阀厅联锁正常；交流滤波器可用；极连接；站间通信正常时两站一个为整流一个为逆变且（同在联合控制或独立控制），站间通信不正常时在独立控制；阀水冷正常；无跳闸闭锁信号；对站不在 OLT；对站允许 RFO；

三、阀冷却系统

（一）阀冷却系统正常工作条件

（1）至少一台主循环泵可用。

（2）冷却塔、冷却风机数量满足基本冷却要求。

（3）无 I/O 板故障。

（4）无供水温度高、温度低报警。

（5）膨胀罐无低水位报警。

（6）无主水流量低报警。

（7）无电导率高报警。

（二）主循环泵的运行规定

（1）每次启动主循环泵前，都应检查相关阀门的位置正确，膨胀罐的水位正常。

（2）正常运行时，内冷水循环泵选择开关应置于"自动"位置。

（3）正常运行时，一台工作、一台备用，每周自动切换一次。

（4）每日检查一次主循环泵运行情况，包括振动、噪声、油位等，发现异常，应及时处理。

（三）离子交换器的运行规定

（1）正常运行时两个去离子设备串联或并联运行。

（2）定期更换离子交换器中的树脂。

（3）当阀冷系统发出主水电导率高报警信号时，现场检查属实后，应及时更换树脂。

（四）氮气加压系统运行规定

（1）两套氮气加压系统，一套运行，一套备用。

（2）当运行中的氮气瓶压力低于设定值时，系统将给出报警，此时应手动切换到备用氮气加压系统运行，同时更换氮气瓶。

（五）冷却塔的运行规定

（1）冷却塔投入运行前，应检查内冷水的进、出水阀门在打开位置，冷却塔风扇的电源在合上位置。

（2）大修过后或首次投入的风扇，在投运后，应检查风扇的转向和转速是否正常。

（六）喷淋泵运行规定

（1）每次启动喷淋泵前，应检查喷淋泵是否进气；启动后，检查喷淋泵出水是否正常，若无出水，应立即断开喷淋泵电源。

（2）喷淋泵运行时，其出水泄流阀根据累计流量自动打开。

（七）过滤器的运行规定

（1）补水回路过滤器正常两个运行，一个备用。

（2）补水回路过滤器的进水压力应保持高于设定值。

（3）喷淋泵、工业泵的出水过滤器要定期更换滤网。

（八）软化罐的运行规定

（1）正常运行时，一个软化罐运行，另一个软化罐备用，当运行的软化罐累计流量达到设定值时，自动进行切换。

（2）当某一软化罐检修时，可将该软化罐切至"退出"状态，另一软化罐可正常运行，且不会切至该软化罐。

（3）软化罐再生级别高于补水级别，在补水过程中如软化罐需再生，则先进行再生，然后再补水。

（4）如果软化罐空闲时间大于整定值，系统将自动再生主用软化罐后，将空闲软化罐切至主用。

（5）如果软化单元停运时间大于整定值，系统将自动启动，且每个软化罐将自动运行一段时间后，系统自动停止。

（6）当软化单元再生时出现故障，应对软化单元进行手动再生后再投入运行。

（九）风冷系统运行规定

（1）控制系统负责室外冷却风机的温度调节逻辑，对冷却风机的转速或启停数量进行 PID 调节。

（2）风量调节可通过变频器调节风机的转速或投入运行的风机的台数实现。

（十）其他运行规定

（1）每次站用电系统切换后，都要检查阀冷却系统运行正常。

（2）阀冷却系统正常运行时应保证内冷水进水水温、出水水温、电导率、流量不超过报警值。

（3）应有足够的氮气罐和去离子水备用。

（十一）主循环泵检修后验收项目

（1）主循环泵液体润滑油更换，油位符合厂家技术文件要求。

（2）对水泵机械密封检查，无水渗漏现象；如存在渗漏，对机械密封更换。

（3）水泵联轴器检查，螺丝紧固，水泵与电机轴中心对正，水泵与电机的不同轴度，径向位移应符合厂家技术文件要求。

（4）检查轴承磨损、腐蚀程度，滚动轴承径向磨损量应符合厂家技术文件要求。

（5）振动测量，振动应符合厂家设备文件要求。

（6）水泵运行声音检查正常，无刺耳异常声音。

（7）水泵前后水压检查。

四、开关类设备

（一）断路器

（1）断路器发生故障跳闸时，应按相别记录切断的故障电流。对于国产断路器，实际故障开断次数仅比允许故障开断次数少一次时，应停用该断路器的自动重合闸；对于进口断路器，当断路器弧触头剩余电寿命不足以切断两次额定短路开断电流时，亦应停用该断路器的自动重合闸。

（2）一般情况下，交流母线为 3/2 或 4/3 断路器接线方式的，设备送电时，应先合母线侧断路器，后合中间断路器；设备停电时，应先拉开中间断路器，后拉开母线侧断路器。

（3）断路器操作时，若远方操作失灵，现场规定允许就地操作的，必须三相同时操作，不得分相操作。

（4）断路器投运前，应检查接地线全部拆除，防误闭锁装置正常。

（5）断路器转热备用操作前，现场应确认继电保护装置已按规定投入；断路器进行合环或并列操作前，应加用同期装置；断路器合闸后，现场应检查确认三相均已接通。

（6）就地操作控制把手时，不能用力过猛，以防损坏控制开关；不能返回太快，以防时间短断路器来不及合闸。

（7）断路器操作前后应检查控制回路和辅助回路的电源是否正常，检查机构是否储能，气压、液压是否在规定范围内，各种信号是否正确、表计指示是否正常，相应隔离开关和断路器的位置是否正确。操作中应同时监视有关电压、电流、功率等表计的指示及红绿灯的变化情况。

（8）长期停运超过6个月的断路器，在正式执行操作前应通过远方控制方式试操作2~3次，无异常后方能带电操作。

（9）操作开关柜时，应严格按照规定的程序进行，防止由于程序错误造成闭锁、二次插头、隔离挡板和接地刀闸等元件损坏。

（10）直流输电系统运行或即将转为运行时，换流站交流进出线如果为单回运行或即将由多回运行变为单回运行，换流站应立即向该运行线路本侧断路器重合闸的调度机构汇报，申请退出该断路器重合闸；换流站交流进出线由单回运行恢复为多回运行时，换流站应立即申请线路断路器重合闸恢复正常方式，同时汇报调度。

（11）无电气联系的不同电网或同一电网内不同设备（如发电机组与电网的并网）间的连接称为并列操作。由于开关两侧频率不同，且存在电压差、相角差，在进行电网间解列、并列操作前需满足如下条件：

1）并列条件：相序相同；频率偏差在 0.1Hz 以内；机组与电网并列，并列点两侧电压偏差在 1%以内；电网与电网并列，并列点两侧电压偏差在 5%以内；并列操作应使用准同期并列装置。

2）解列条件：操作前，应先将解列点有功潮流调至接近零，无功潮流调至尽量小，使解列后的两个系统频率、电压均在允许范围内。

（12）已具有电气联系的不同电网或同一电网内不同设备（如线路、变压器）间的断开或连接称为解、合环。

（13）500kV 线路中：① 两侧均为变电站的，一般在短路容量较大侧停、充电，短路容量较小侧解、合环；② 一侧为变电站（开关站、换流站）、一侧为发电厂的，一般在变电站（开关站、换流站）侧停、充电，发电厂侧解、合环；③ 一侧为换流站、一侧为变电站（开关站）的，一般在变电站（开关站）

侧停、充电，换流站侧解、合环。

（14）换流变压器进线断路器需配置合闸电阻。换流变压器在运行中会发生直流偏磁现象，使得铁芯中产生剩磁。受此影响，当换流变压器空载投入电网时所产生的励磁涌流会很大，励磁涌流中包含的三次谐波分量很大，可达基波电流的 50% 以上，对换流站的安全可靠运行造成不利影响。为限制上述励磁涌流的影响，在换流变压器进线断路器上配置合闸电阻。

（15）断路器应具有可靠的防止跳跃、防止非全相合闸和保证合分时间的性能。液压操动机构本身应具有防止失压慢分的性能。断路器装置配有电气的分闸和合闸按钮，当分闸按钮一直按下或分闸回路故障长期保持时，开关分闸，如果此时合闸按钮也一直按下，开关就会出现合闸后立即分闸，分闸后又合闸的跳跃动作。因此需要防止跳跃的电气回路（简称防跳回路），以防止开关发生这种跳跃现象，进而保护开关装置以及负载免受频繁冲击。

（16）断路器串在跳闸回路中的跳闸辅助触点要先投入、后退出。先投入是指断路器在合闸过程中，动触头和静触头在未接通之前跳闸辅助触点就已经接通，做好跳闸准备，一旦合于故障就迅速跳开。后退出是指断路器在跳闸过程中，动触头离开静触头之后，跳闸辅助触点再断开以保证断路器可靠跳闸。

（17）直流转换开关检修时，现场汇控柜的控制转换开关应置"隔离"位置。

（18）直流转换开关现场手动储能时，应先拉开储能电机电源。

（19）正常情况下，直流转换开关不允许现场带电压手动分、合闸。

（20）直流转换开关振荡过零装置每次带负荷操作之后，都应检查吸能元件外观有无异常，若有异常则严禁带负荷操作该断路器。

（二）隔离开关和接地刀闸

（1）未经试验不允许使用隔离开关向 500kV 母线充电。

（2）不允许使用隔离开关拉、合空载线路、并联电抗器和空载变压器。

（3）未经试验许可，不允许使用隔离开关进行拉开母线环流操作。用隔离开关进行经试验许可的拉开母线环流或短引线操作时，须远方操作。

（4）拉开隔离开关时，必须检查相应断路器确在拉开位置，严禁带负荷拉合隔离开关，先拉开负荷侧隔离开关，再拉开电源侧隔离开关；合上隔离开关时，必须检查相应断路器确在拉开位置，先合上电源侧隔离开关，再合上负荷侧隔离开关。

（5）操作接地刀闸之前,确认相应隔离开关应在拉开位置,连锁条件满足。

（6）操作隔离开关和接地刀闸后,必须现场检查设备实际位置。

（7）用隔离开关进行经试验许可的拉开断路器或隔离开关闭合的母线环流操作时,须远方操作,在拉合之前应将闭合环路的断路器的操作电源拉开。

1）对于双母线带旁路接线方式,当某一出线单元断路器因出现分、合闸闭锁,用旁路母线断路器带其运行时,可用隔离开关并联回路,但操作前必须停用旁路母线断路器的操作电源。

2）对于 3/2 接线方式,当某一串断路器出现分、合闸闭锁时,可用隔离开关来解环,但其他串的所有断路器必须在合闸位置。

3）对于双母线单分段接线方式,当两个母联断路器和分段断路器中某一断路器出现分、合闸闭锁时,可用隔离开关断开回路。但操作前必须确认 3 个断路器在合闸位置并断开其操作电源。

4）用隔离开关进行 500kV 小电流电路合旁（环）路电流的操作。须经计算符合隔离开关技术条件和有关调度规程后方可进行。

5）隔离开关的分相操作,拉开时,先拉开中间相,后拉开其他两相；合上时顺序相反。

（8）接地刀闸操作（合上、拉开）后,必须记录其调度编号、操作时间,在运行交接班时要进行详细交接。

（9）未装防误闭锁装置、防误闭锁装置失灵或仅有软件闭锁的接地刀闸,在正常运行时要断开该接地刀闸电机电源。

（10）合上线路接地刀闸时,不仅要检查本站相应线路隔离开关在断开位置,而且要确认线路对端无电压。

（11）手动合隔离开关时,应迅速果断,但合闸终了时不可用力过猛。合闸后应检查动、静触头是否合闸到位,接触是否良好。

（12）手动分隔离开关,开始时应慢而谨慎,当动触头刚离开静触头时应迅速,拉开后检查动、静触头断开情况。

（13）手动操作隔离开关过程中,要特别注意绝缘子断裂等异常现象,防止人身受伤。

（14）操作带有闭锁装置的隔离开关时,应按闭锁装置的使用规定进行,不得随便动用解锁钥匙或破坏闭锁装置。

（15）严禁用隔离开关进行下列操作：

1）带负荷分、合操作。

2）配电线路的停、送电操作。

3）雷电时拉合避雷器。

4）系统有接地（中性点不接地系统）或电压互感器内部故障时，拉合电压互感器。

5）系统有接地时拉合消弧线圈。

五、测量类设备

（一）直流分压器

（1）新投入或大修后（含二次回路更动）的直流分压器必须进行系统功能检查；

（2）直流分压器二次回路的接地点布置应满足有关二次回路设计的规定；

（3）停运中的直流分压器投入运行后，应立即检查相关电压指示情况和本体有无异常现象；

（4）直流分压器压力表超出 0.25～0.3MPa 时，应及时上报并查明原因，压力降低应进行补气处理；

（5）直流分压器密度继电器应便于运维人员观察，防雨罩应安装牢固，能将表、控制电缆接线端子遮盖；

（6）设备故障跳闸后，应进行相关试验，以确定内部有无放电，避免带故障强送再次放电；

（7）对硅橡胶套管应经常检查硅橡胶表面有无放电痕迹现象，如有放电现象应及时处理；

（8）直流分压器 SF_6 压力监视应投跳闸。当直流分压器 SF_6 压力降至 0.2MPa（闭锁压力）前，应经本单位分管领导批准后及时向国调申请将相应极停运处理；

（9）直流分压器测量板卡及二次回路故障处理时，严禁开展测量、断引等改变二次回路负载阻抗的工作，必要时申请直流停运。

（二）直流分压器紧急停运规定

发现有下列情况之一，应立即汇报国调申请将直流分压器停运，停运前应远离设备：

（1）直流分压器有严重放电，降压运行后，仍严重放电，已威胁安全运行；

（2）外绝缘严重裂纹、破损，已造成严重放电，已严重威胁设备安全运行；

（3）有严重异音、异味、冒烟或起火；

（4）直流分压器严重漏气；

（5）直流分压器本体或引线端子有严重过热。

（三）直流电流互感器

（1）电流互感器允许在设备最高电压下和额定电流下长期运行，光电流互感器允许技术协议规定时间内的过负荷电流。

（2）正常运行时，电流互感器二次回路应有且仅有一点永久性的、可靠的保护接地。

（3）电流互感器在投运前及运行中应注意检查各部位接地是否牢固可靠，末屏应可靠接地，严防出现内部悬空的假接地现象。

（4）正常运行时，定期监视电流互感器测量电流、油位、本体和接头温度，当发现有漏油、本体运行声音异常以及本体有异常温升时，应经本单位分管生产领导同意后申请将其停运。

（5）在带电的电流互感器电流二次回路上工作时，应采取下列措施：

1）禁止将电流互感器（光电流互感器除外）二次侧开路；

2）短接电流互感器二次绕组，应使用短路片或短路线，禁止用导线缠绕；

3）在电流互感器与短路端子之间导线上进行任何工作，应有严格的安全措施，并使用 "二次工作安全措施票"；必要时申请停用有关保护装置、安全自动装置或自动化监控系统；

4）工作中禁止将回路的永久接地点断开；

5）工作时，应有专人监护，使用绝缘工具并站在绝缘垫上；

6）电流互感器因故障退出运行时，应采取防止相应保护及安全自动装置误动的措施，必要时可申请将相应一次设备、保护及安全自动装置退出运行。

7）定期监视光电流互感器输入电压峰值、平均偏离差、制冷器温度、驱动电压、LED 电流、二次谐波电压等特征参数，发现有异常情况时，应及时进行检查处理。光电流互感器开盖检查前，应采取一、二次隔离措施，防止电磁干扰引起相关保护误动。

8）正常运行时，应加强对光电流互感器主机的运行监视，发现启动或动作主机死机、通道故障或者数据异常时，及时进行检查处理。检查处理过程中为防止保护装置误动，必要时应向国调申请退出相应保护装置。

9）停运半年及以上的电流互感器应按有关规定试验检查合格后方可投运。

10）对硅橡胶套管，应经常检查硅橡胶表面有无放电痕迹现象，如有放电现象应及时处理。

11）新装或检修后，应检查电流互感器三相的油位指示正常，并保持一致，运行中的油浸式电流互感器应保持微正压。

12）组合电器 SF_6 电流互感器投运前，应检查无漏气，气体压力指示与制造厂规定相符，三相气压应调整一致。

13）组合电器 SF_6 电流互感器压力表偏出正常压力区时，应及时上报并查明原因，压力降低应进行补气处理。

14）设备故障跳闸后，未查找到故障原因时，应联系检修人员进行 SF_6 电流互感器气体分解产物检测，以确定内部有无放电，避免带故障强送再次放电。

（四）电流互感器紧急停运规定

（1）电流互感器发现有下列情况时，应立即汇报值班调控人员申请将电流互感器停运，停运前应远离设备：

1）外绝缘严重裂纹、破损，严重放电；

2）严重异音、异味、冒烟或着火；

3）严重漏油、看不到油位；

4）严重漏气、气体压力表指示为零；

5）本体或引线接头严重过热；

6）金属膨胀器异常伸长顶起上盖；

7）压力释放装置（防爆片）已冲破；

8）木屏开路；

9）二次回路开路不能立即恢复时；

10）设备的油化试验主要指标超过规定不能继续运行。

（2）光电流互感器发现有下列情况时，应立即汇报值班调控人员申请将光电流互感器停运，停运前应远离设备：

1）外绝缘严重裂纹、破损，光电流互感器严重放电，已威胁安全运行时；

2）严重异音、异味、冒烟或着火；

3）主导流部分接触不良，引起发热变色；

4）绝缘污秽严重，有污闪可能；

5）光电流互感器二次参数异常波动。

（3）零磁通电流互感器发现有下列情况时，应立即汇报值班调控人员申请将零磁通电流互感器停运，停运前应远离设备：

1）外绝缘严重裂纹、破损，严重放电；

2）严重异音、异味、冒烟或着火；

3）二次回路开路不能立即恢复时；

4）本体或引线接头严重过热。

六、交直流滤波器

（一）直流滤波器一般运行规定

（1）直流系统运行时，相应极直流滤波器应投入，因故障停运的直流滤波器，在故障处理完毕后应尽快恢复正常运行。

（2）直流滤波器新装投运前，其出厂试验、交接试验、验收试验须合格，各项参数、指标须满足招标文件要求。

（3）新投运电容器组电容量偏差、单只电容器电容量偏差不应超过相关规程规定要求。

（4）单只电容器套管间的联结应采用相同的材料，能在 1.3 倍额定电流下长期运行。

（5）单只电容器出线端子应加装防鸟帽，防鸟帽应采用硅橡胶材质并露出引线接头。

（二）直流滤波器紧急停运规定

运行中的直流滤波器内有下列情况时，应立即向国调申请停运：

（1）电容器套管发生破裂或有闪络放电；

（2）电容器明显鼓肚膨胀或严重漏油；

（3）直流滤波器电气元件及主通流回路接头严重发热，温度达到危急缺陷及以上；

（4）支柱瓷瓶有破损裂纹且放电；

（5）电容器不平衡电流异常急剧升高；

（6）其他影响直流滤波器正常运行，需将直流滤波器停运的情况。

（三）交流滤波器一般规定

（1）交流滤波器可用条件。

1）交流滤波器大组母线运行（大组进线断路器合位，母线电压大于300kV，小于 542kV）；

2）交流滤波器小组处于热备用状态；

3）小组滤波器断路器在"远方"控制，断路器储能正常，SF$_6$压力正常，无开关锁定信号；交流滤波器小组退出时间大于 600s（从断路器合位消失开始计时）。

（2）交流滤波器的投切方式。

1）无功控制系统自动投切交流滤波器组。

2）在运维人员工作站上手动投切交流滤波器组。

3）在交流场就地工作站上手动投切交流滤波器组。

4）在交流滤波器断路器就地控制柜内手动投切交流滤波器组。

（3）大组交流滤波器运行规定。

1）大组交流滤波器保护动作跳闸，或其他保护动作造成大组交流滤波器失压时，若小组交流滤波器开关没有自动跳开，应立即拉开所带交流滤波器的开关，并加强对直流系统的监视，尽快恢复大组交流滤波器运行。

2）交流滤波器母线投运时应通过大组交流滤波器靠母线侧开关充电，中间开关合环运行；退出运行时操作顺序相反。

3）交流滤波器母线充电运行后，才能投切母线所带的滤波器。不允许通过合、分大组交流滤波器开关的方式投切滤波器组。

4）交流滤波器母线退出运行前，应先退出该滤波器母线所带的小组滤波器，再拉开大组交流滤波器进线开关。

（4）直流系统正常运行时应将无功运行方式置"投入"位置，严禁将无功运行方式置"退出"位置。如无功控制自动转至"退出"状态时，应立即汇报国调和值班站长，并保持当前的直流系统和交流滤波器的运行方式，并停止直流功率升降。

（5）直流系统正常运行时应将无功控制方式打至"自动"，由控制系统自动投切交流滤波器。无功控制方式转换应经国调许可后方可进行。

（6）直流系统正常启动时，交流滤波器的可用组数必须满足绝对最小滤波器组数要求。运行中的交流滤波器组数不能满足正常备用时，应立即汇报调度。

（7）交流滤波器投入或退出运行时，应认真做好相应的记录并现场检查确认该组交流滤波器投入或退出正常。

（8）交流滤波器转检修时，靠交流滤波器侧接地刀闸在进线刀闸拉开后600s才能合上。

（9）每日检查交流滤波器电容器不平衡电流是否在正常范围内，进行比对。每周检查不平衡电流，对不平衡电流进行分析。每月对不平衡电流值进行分析总结。交流滤波器光电流互感器监视数据是否正常。每半年对交流滤波器进行一次紫外检测，检查是否有异常电晕。

（10）直流系统双极停运后，应检查全站所有交流滤波器是否全部退出运行状态。

（11）换流站运维人员需实时掌握直流运行对绝对最小滤波器组数要求，若出现在运交流滤波器 $N-1$ 故障将导致直流功率回降情况，应及时汇报国调。避免换流站发生交流滤波器故障后，由于直流绝对最小滤波器组数不满足要求导致直流功率回降的情况。

（12）交流滤波器不满足绝对最小滤波器组数时，直流功率会在10ms内降至前一档功率限制值（滞回值100MW）。功率回降后会继续判断绝对最小滤波器是否满足，判定过程需延迟30s，若绝对最小滤波器组数不满足时，会继续回降至前一档的功率限制值（滞回值100MW），直到绝对最小滤波器组数满足为止。若降至最小运行功率后绝对最小滤波器仍不满足，则直流系统闭锁。

（13）交流滤波器故障后的处置要求应充分考虑直流工程特点和功率回降对电网运行的影响。

（14）小组交流滤波器停电检修时，应在大组保护屏内投入小组滤波器检修压板，未采取一、二次隔离措施前，严禁对小组交流滤波器电流互感器注流，避免影响本组其他滤波器的运行。

（四）交流滤波器紧急停运规定

运行中的交流滤波器场内有下列情况时，应立即向值班调控人员申请停运，停运前应远离设备：

（1）电容器套管发生破裂或有闪络放电；

（2）电容器明显鼓肚膨胀或严重漏油；

（3）交流滤波器场内电气元件及主通流回路接头严重发热，温度达到危急缺陷及以上；

（4）充油式电流互感器严重漏油；

（5）支持瓷瓶有破损裂纹且放电；

（6）光电流互感器光纤绝缘子断裂；

（7）电容器不平衡电流异常急剧升高；

（8）其他影响交流滤波器正常运行，需将交流滤波器停运的情况。

七、线路并联电抗器

（1）高压侧未装设断路器但装设隔离开关的并联电抗器，只有运行、冷备用、检修三种状态。高压侧未装设断路器及隔离开关的并联电抗器，只有运行和检修两种状态。

（2）配有并联电抗器的线路，不允许无并联电抗器运行；500kV 线路的并联电抗器停运时，必须先将线路停运，然后再停并联电抗器；500kV 线路送电时，必须先投并联电抗器，再送线路；并联电抗器在正常运行时，其中性点小电抗器应投入运行。

（3）未装设断路器的线路并联电抗器，只能在线路处于冷备用或检修时才允许操作并联电抗器。

（4）并联电抗器的重瓦斯保护或差动保护之一动作跳闸，不能进行强送电。

（5）在检查并联电抗器外部无明显故障，检查瓦斯气体和故障录波器动作情况，确认并联电抗器内部无故障后，可以试送一次。有条件时可进行零起升压；并联电抗器后备保护动作，在找到故障并有效隔离后，可试送一次。

八、直流系统

（一）极开路试验原则

（1）极开路试验包括不带线路极开路试验和带线路极开路试验。

（2）高压直流系统正常停运后，如直流设备无检修工作，启动前可不进行极开路试验。

（3）高压直流系统阀厅内设备、极母线、平波电抗器等直流一次设备或极控制系统部分二次设备检修或故障后，相应换流站的检修或故障极应进行不带线路极开路试验，试验成功方具备正式送电条件。

（4）直流输电系统内直流线路检修或故障后，在正式送电前，相应直流线路应由任一换流站进行带线路极开路试验。试验成功，该直流线路具备正式送电条件。

（5）一般情况下，直流输电系统两侧换流站及直流线路均需进行极开路试验时，由一侧换流站进行不带线路极开路试验，由另一侧换流站进行带线路极开路试验。带线路极开路试验不成功，可进行不带线路极开路试验，以确定缺陷设备的具体位置，也可转由对侧换流站进行带线路极开路试验。

（6）直流输电系统两侧换流站站间通信故障时，一般不进行带线路极开路试验。如确需进行，应电话联系对侧换流站确定接线方式满足极开路试验要求。

（二）极开路试验模式

（1）极开路试验可选择自动模式或手动模式。一般情况下，应采取自动模式，当自动模式无法进行或试验失败时，可视情况采取手动模式。

（2）手动模式设定试验电压范围为 0 至额定电压。采取手动模式时，换流站应按照站内规程规定，分挡位逐步提高直流电压，在电压达到每一挡位时，应保持一段时间（一般为 1~2min），确认直流系统运行稳定后再开始下一步升压过程。

（三）特殊天气要求

在遇有雾、细雨等恶劣天气致使直流输电系统设备放电严重时，值班调度员可下令将直流输电系统改为降压方式运行。现场应增加特巡和驻足静观，检查直流场的温度和湿度情况，当直流场放电声加重并出现放电弧光达绝缘子的 1/4~1/3 长度时，应及时汇报值班调度员申请手动降压运行。

如相应极系统输送功率高于降压运行额定功率，须调整功率后再进行降压操作。在降压运行时，需要特别注意监视以下内容：

（1）换流阀冷却系统的测量温度是否过高。

（2）换流站消耗的无功功率是否太多，这将引起换流站交流母线电压的降低。

（3）换流站交流测和直流测的谐波分量是否超标。

（4）换流变压器和平波电抗器是否发热。

（四）中开关联锁逻辑

当与换流变压器相连的交流场用 3/2 接线方式时，"中开关"应按照如下原则设置逻辑：

功能 1：若换流变压器与交流线路共串，两个边开关三相跳开仅中开关运行时，会出现直流单极带交流线路运行，无交流滤波器提供无功，须立即闭锁相应直流单极。

功能 2：若换流变压器与大组交流滤波器共串，两个边开关三相跳开仅中开关运行时，会出现直流单极带滤波器运行，须立即闭锁相应直流单极。

功能 3：若大组交流滤波器与交流线路共串，两个边开关三相跳开仅中开关运行时，会出现交流滤波器带交流线路运行，须立即跳开中开关。

功能 4：若大组交流滤波器与主变压器、厂用变压器共串，两个边开关三相跳开仅中开关运行时，会出现交流滤波器带主变压器或厂用变压器运行，须立即跳开中开关。

功能 5：若换流变压器与主变压器共串，两个边开关三相跳开仅中开关运行时，会出现直流单极带主变压器运行，须立即闭锁相应直流单极。

功能 6：若换流变压器与交流线路共串，且换流变压器与母线间的边开关停运的情况下，如果交流线路发生单相故障，会发生直流非全相运行，须闭锁相应直流单极。

功能 7：若大组交流滤波器与交流线路共串，且大组交流滤波器与母线间的边开关停运的情况下，如果交流线路发生单相故障，须切除相应的大组交流滤波器。

（五）控制极切换的原则

（1）控制极变为独立控制方式。

（2）控制极因保护动作被闭锁。

（3）控制极通信故障，非控制极的通信正常。

（4）两极通信均故障后，原来非控制极的通信先恢复。

（5）控制极降压运行。

（六）中性区域设备运行要求

直流输电系统一极运行，一极停运时，不允许直接对停运极中性区域设备进行注流和加压试验，包括阀厅内停运极中性区域设备。即使对停运极中性区域设备进行预防性高压试验，一定要采取隔离措施，避免直流控制保护系统检测到停运极中性区域 TA、TV 的二次测量量。

（七）智能子系统

极控制系统应监测智能子系统（水冷系统、换流变压器控制系统等）运行情况；极控制系统与智能子系统之间的连接设计为交叉连接，且任一智能子系统故障不应闭锁直流；若极控制系统检测不到智能子系统时，应先发智能子系统切换指令；检测到智能子系统切换不成功后，极控制系统自身再进行系统切换。若切换后，运行极控系统仍检测不到智能子系统，可发直流闭锁指令。

（八）换流变分接头控制

（1）分接头控制配置在阀控层，其目的是保持触发角，熄弧角和直流电压在一定的范围内。

（2）换流变分接头控制功能是在阀控制主机（CCP）中实现阀组层分接头控制（STCC），在极控（PCP）中对本极双阀组进行电压平衡控制，双阀组分接头完全独立的控制，没有挡位限制。

（3）换流变分接头的控制方式有自动控制、运维人员工作站手动控制、现场电动控制和现场手动控制四种，正常运行时，应采用自动控制，严禁现场手动操作。

（4）正常运行时，同一阀组内 6 台换流变分接头挡位一致。当换流变的三相分接头位置不一致时，将产生报警信号至运维人员控制层，此时，自动同步功能可以重新同步换流变分接头，自动同步功能仅在自动控制模式下有效。如果同步不成功，将发出一个报警信号，并禁止自动控制。

（5）在手动控制模式下，如果选择了调节单相换流变分接头的控制模式，在返回自动控制前换流变分接头必须被手动同步。

（6）在运维人员工作站可以实现换流变分接头"自动/手动"控制方式间的切换，正常运行时，控制方式应置"自动"；当选择"手动"控制模式时，再单击"升"/"降"图标来进行分接头挡位的逐级升/降调节操作。

（九）直流线路故障再启动、重启健全阀组

（1）整流侧和逆变侧都配备"直流线路故障再启动"功能，控制级别为系

统层控制时,由主控站控制两站"直流线路故障再启动"功能投退。控制级别为站层控制时,若站间通信正常,由整流侧控制两站"直流线路故障再启动"功能投退;若站间通信故障,由各站独立控制"直流线路故障再启动"功能投退。

(2)重启健全阀组流程:第一步,换流器区域内发生接地故障,换流器差动保护动作,跳开故障换流器进线开关,极闭锁,极隔离。第二步,若重启条件满足,极隔离完成后延时 5s 执行重启(阀组自动解锁功能自动启动):本站极连接、故障阀组隔离、健全阀组连接,对站对应故障阀组隔离、健全阀组连接。第三步,本站健全阀组 RFO 条件满足时,重启极转双极功率控制模式,健全换流器解锁。

(十)其他运行规定

(1)正常情况下,双重化的控制保护系统其中一套系统为"运行"状态,另一套系统为"备用"状态。

(2)直流输电系统运行时,应采取措施避免两套控制保护系统同时不可用。

(3)故障处理时不得影响"运行"系统且不得在"运行"系统上进行任何工作。

(4)在控制保护系统上进行工作时,要有防止静电感应的措施,拔插板卡硬件设备应先关闭电源,以免损坏设备;操作、访问主机或板卡,应采取措施防止误入工作系统。

(5)更换主机或板卡,应检查确认主机或板卡的型号、跳线正确无误。

(6)重新装载主机或板卡程序,应确保程序版本正确。

(7)故障处理完毕,将系统由"测试"状态手动切至"服务"状态之前,应检查该系统无故障告警,无直流闭锁、断路器跳闸等导致误动作的指令。

(8)软件联锁应由可靠的联锁逻辑来保证,联锁条件对不同的控制位置和控制功能来说应均有效。

(9)控制系统软件的修改,必须有上级主管部门批准的正式软件修改联系单。

(10)为了防止直流保护误出口,提高保护可靠性,保护系统宜采用以下防误动设计:

1)两套系统切换后出口的设计。在主保护系统发出跳闸命令之前,"运行"系统要先切换到"备用"系统,如果"备用"系统也发出跳闸命令,跳闸命令才最终出口。

2）启动加动作原理。保护依然按照双重化配置，但任一套保护均按照启动加动作进行设计，启动回路和动作回路独立，只有启动和动作逻辑均动作时，保护才会出口，防止单一回路故障时，保护误出口。

3）三取二原理。保护按照三重化配置，三套保护均在运行状态时，一套保护动作保护不出口，只有两套或三套保护同时动作，保护才出口，能够有效解决单元件故障保护误出口的问题。

九、交流保护

（1）运行中的电气设备，不允许无主保护运行。

（2）对设备进行特殊试验、改变接线，均须有批准的正式方案、图纸。

（3）需要进行定值变更时，申请调度后，退出相应保护，整定定值并核对无误后，汇报调度，投入相应保护。

（4）保护动作或发生拒动、误动时，保持装置状态并汇报调度，进行检修处理。

（5）保护装置发生故障时，应及时汇报调度，进行检修处理，如可能引起保护误动时，可先将保护装置停用，事后立即汇报调度。若需退出保护装置进行检验时，必须经调度批准。

（6）如保护直流电源消失告警，应立即检查直流电源回路，若该直流电源确已消失，应汇报调度将与该直流电源相关的保护停用，进行检查处理。

（7）在保护装置上进行工作，需断开保护直流电源时，应先退出相应保护装置，再拉开直流电源。

（8）不得在运行的保护盘附近进行任何有振动的工作，在其过道上搬运试验设备，要注意与运行设备保持一定距离，防止误碰。

（9）当电压回路断线和失压时，应退出带有该电压回路可能误动的保护装置。并迅速恢复电压互感器电压。

（10）继电保护装置动作后，运行值班人员应按要求做好记录，并将动作情况和结果立即向调度汇报。

（11）电气设备和高压直流系统恢复送电前应复归有关报警信号，不能复归的信号应查明是否会影响设备的送电运行。

（12）运行值班人员应保证打印报告的连续性，严禁乱撕、乱放打印纸，妥善保管打印报告。无打印操作时，应将打印机防尘盖盖好，并推入盘内。现场运行人员应定期检查打印纸是否充足、字迹是否清晰。

（13）当通信人员在通信设备或复用通道上工作而影响微机继电保护装置的正常工作时，应由通信人员联系值长向调度申请停用有关微机继电保护装置，经调度批准后下令给当班值长，将两端有关微机继电保护装置停用，然后由当班值长许可通信人员进行工作。

（14）一次设备运行方式变更时，保护应做相应的变更，保护的投退与运行方式应相适应。

（15）运行中的保护装置的一切操作，均需经管辖该设备的相应调度值班调度员批准。

（16）当保护装置发出报警异常信号时，应及时记录相关信息并汇报管辖该设备的调度，进行检查处理。

（17）在保护装置及二次回路上工作前，必须对照工作票、二次安全措施卡及现场实际做好安全措施。工作结束后，应进行现场验收，检查拆动的接线、元件是否恢复正常，压板位置是否正确，有关记录、标注是否清楚等。

（18）凡是调度管辖的保护装置，新投入或经过变更后，值班负责人必须和当值调度员进行定值核对，无误后方可投运；对本站管理的保护装置在新投入或经过变更后，值班负责人必须和生技部进行定值核对，无误后方可投运。

（19）新安装或定检后的保护装置必须具备下列条件方可投运：

1）有符合实际的原理图、调试记录、保护整定方案和传动记录。

2）继电保护工作人员会同值班人员对保护装置进行模拟传动试验，保护装置动作应正确，开关动作应正确。

3）继电保护工作人员应填写继电保护试验调整记录，交代有关运行注意事项，并给出是否可以投入运行的结论。

（20）在下列情况下应停用整套微机保护装置：

1）在微机保护装置使用的交流电压、交流电流、开关量输入、开关量输出回路上作业。

2）装置内部作业。

3）继电保护人员输入定值。

4）影响到保护功能的其他情况或工作。

（21）继电保护整定计算以常见运行方式为依据。所谓常见运行方式是指正常运行方式和与被保护设备相邻近的一回线或一个元件检修的正常检修运行方式。当采用的运行方式超出系统常见运行方式时，应先与保护管辖的继电保护处联系，在采取措施后方可改变运行方式。但在紧急情况下（如事故处理等情况），调度员有权先行采取其他运行方式。

（22）运行值班员应按调度令执行调度下发的继电保护整定单，并在执行后一周内将定值单回执返回相应调度。如有特殊情况需要对定值进行调整，以继电保护处出具的临时整定单或特别说明为准。已运行的保护装置定值修改前，应提检修申请。

（23）不允许一次电气设备在无保护状态下运行。继电保护装置的状态分为投入、退出两种。

1）投入状态：保护装置正常、保护装置出口压板正常投入。

2）退出状态：保护装置出口压板断开。

（24）线路保护。

配置原则：按双重化原则配置双套微机线路保护装置，每套装置含有完整的主保护和后备保护功能。主保护按原理主要分以下几类：分相电流差动、纵联距离、纵联方向保护。后备保护分别配置三段式相间距离保护、三段式接地距离保护和接地方向过流保护。继电保护通道按传输媒质分以下几类：光纤通道、载波通道、混合通道（光纤与微波混合）。

运行规定：

1）线路两侧对应的线路保护装置运行状态应保持一致。一侧线路保护装置状态改变，线路对侧对应的线路保护装置也要对应改变状态。

2）线路两套保护因故退出时，本线路应同时停运。

3）线路 CVT 因故停用时，本线路应同时停运。

4）对装有线路隔离刀闸的线路，当线路停运且站内开关合串运行时，该线路保护和远方跳闸及就地判别装置应退出。

5）线路保护所采用的通道发生故障无法恢复正常时，应退出该套线路保护，待通道恢复正常后投入。

（25）远方跳闸及就地判别装置。

配置原则：线路远方跳闸及就地判别装置应按双重化配置。远方跳闸功能是指在线路一侧发生某些类型故障或异常时，通过传输远方跳闸信号给对侧，从而达到切除对侧开关的目的。远方跳闸一般由开关失灵、高抗保护、过电压保护、串补保护启动。

运行规定：线路两侧对应的远方跳闸及就地判别装置运行状态保持一致。两套远方跳闸及就地判别装置因故同时退出运行时，该线路应停运。

（26）过电压保护。

配置原则：根据系统计算结果或设备耐受过电压的水平配置过电压保护，在系统或设备出现过电压危及运行或设备安全时隔离有关设备。其中，系统过电压保护定值根据系统计算给出；换流变压器及交流滤波器母线过电压定值由成套设计单位根据一次设备耐压水平给出。

运行规定：过电压保护为双重化配置，两套过电压保护同时退出运行时，相应的一次设备应停运。

（27）断路器保护。

配置原则：按断路器配置，每套断路器保护装置包括：断路器失灵保护、重合闸、充电保护、断路器三相不一致保护。国调直调系统对于允许投入重合闸的线路，其重合闸方式普遍采用单相重合闸方式。

运行规定：

1）线路重合闸方式及重合闸时间定值根据系统计算给出。

2）开关失灵保护因故退出运行时，该开关应停运。

3）系统正常运行时，开关充电保护必须退出。

4）除特殊规定外，重合闸的调度关系与所属开关的调度关系一致。

5）当换流站有两回及以上交流线路运行时，可投入线路重合闸；若出现单回交流线路运行时，重合闸应停用。

（28）短引线保护。

配置原则：短引线保护是为了保证线路停运且断路器仍需合串运行时开关间短线不失去保护而配置的。在安装线路（元件）出线隔离开关的间隔，双重化配置短引线保护。

运行规定：

1）在线路（或变压器）正常运行时，短引线保护应在退出状态。

2）在线路（或变压器）停运（冷备用）、线路（或变压器）隔离开关拉开且开关合串运行时，短引线保护应在投入状态。

3）由于基建投产时间不同或线路切改等原因，造成存在空间隔（装设开关，但没有线路或变压器等元件的间隔）情况，一般采取将中开关电流回路接入母差保护，把空间隔设备纳入母差保护范围，或配置断路器间短引线保护作为空间隔的主保护等方式。

（29）母线保护。

配置原则：220kV 及以上母线均双重化配置母差保护。

运行规定：若一条母线的两套母差保护同时退出，该母线应停运。

（30）变压器保护。

配置原则：保护按双重化原则配置。

运行规定：若两套差动保护均退出运行，该变压器应停运。

（31）高压电抗器保护。

配置原则：保护按双重化配置两套差动保护。

运行规定：若两套差动保护均退出运行，该电抗器应停运。

（32）故障录波器及故障测距装置。

配置原则：

1）故障录波器是记录故障时刻系统、设备情况和装置动作情况的记录装置，按设备规模配置故障录波器的台数。

2）故障测距装置是为快速定位故障点，利用行波原理进行双端测距。当发生对地故障后，直流电压和电流的变化将从闪络点向两端换流站传播。根据行波理论，两端测量的电压和电流可认为是前行波和后行波的叠加，行波传播速度取决于直流线路的参数。电压突然变化将造成线路突然放电，高压直流系统将产生涌流。这些波不断发射会在线路上产生高频的暂态电压和电流。

运行规定：正常情况下故障录波器及故障测距装置均处于正常投入状态。检修或异常消缺时，装置的投退需调度许可操作。

十、站用电系统

（一）10kV 和 0.4kV 系统

（1）变压器低压侧 0.4kV 断路器及联络开关在新投运或进行断路器本体及二次回路检修后，应在试验位置试分合一次，断路器动作正确后，方可推入工作位置，合闸送电。

（2）0.4kV 断路器停电检修时应摇至"隔离"位置。

（3）10kV 和 0.4kV 的电缆在检修中若断引过，恢复送电前，必须摇测电缆绝缘合格并核对相序。

（4）10kV 站用电源进线送电时，先由对侧对线路充电，再由本侧带负荷；停电顺序与送电顺序相反。

（5）0.4kV 断路器在拉出、推入前必须检查断路器确在分位。

（6）0.4kV 断路器进行合闸操作时，手车应完全到达试验或连接位置。

（7）10kV 断路器在新投运或进行本体及二次回路检修后，应试分合一次，断路器正确动作后，方可投入运行。

（8）10kV 开关柜所有的操作都应在开关柜门关闭状态下进行。

（9）站用变压器压力释放阀动作后，若再次投入运行，应将释放阀的机械电气信号手动复位。

（10）0.4kV 系统电源切换倒闸操作，应先停后送，严防交流系统通过站用电 0.4kV 系统非同期合闸、合环。电源切换或事故处理完毕后，应检查 0.4kV 系统负荷运行正常。

（11）在 10kV 开关柜内进行任何工作前，必须检查隔离开关确已拉开，接地刀闸合上正常。

（12）使用"备自投"功能倒换站用电之前，必须先检查"备自投"无闭锁报警。

（二）站用直流及 UPS 系统

（1）直流控制保护设备、重要测量装置的电源模块应稳定可靠。采用双电源模块供电的装置，任一电源模块故障，不会导致设备工作异常。

（2）站用直流系统馈出网络应采用辐射状供电，不得采用环状供电方式，以防发生直流接地时增加直流接地的范围，加大跳闸回路误出口的可能性。

（3）接入相互冗余的控制和保护系统的断路器、隔离开关辅助触点信号电源应相互独立，取自不同直流母线，并分别配置空气断路器。

（4）110V（220V）站直流正常运行时，运行原则是直流 1 号整流器充电带一段直流母线运行，一段直流母线对一组蓄电池进行浮充电；直流 2 号整流器充电带二段直流母线运行，二段直流母线对二组蓄电池进行浮充电；3 号整流器备用。

（5）蓄电池正常运行采用浮充电方式运行，将蓄电池和浮充机组并联，负荷由浮充电机供给，同时浮充电机向蓄电池充电，以补偿蓄电池的自放电。在浮充电机组停机时，全部直流负荷由蓄电池供给，浮充电机启动后，负荷仍恢复由浮充电机供给，蓄电池回入浮充电状态。按浮充电方式运行的蓄电池应经常处于满充电状态，以保证在浮充电机失去电源时供给直流电源的需要。

（6）UPS 不间断电源正常运行时，运行原则是 UPS1 与 UPS2 均投入运行，且由 UPS 逆变模块输出带负荷，交流旁路电源处于正常备用状态。

（7）低压直流系统接地选线原则：

1）测量母线电压，判断绝缘监测装置是否正常。

2）若直流系统确实接地，则判断直流接地性质。

3）分析判断直流回路中是否有人工作或因漏水等原因造成。

4）先选次要负荷，后选重要负荷；先选室外负荷，后选室内负荷。

5）先选支路负荷，后选总电源断路器。

6）选完负荷后，再选母线、电源，最后检查绝缘监测装置是否正常。

7）直流回路接地时，应按照拉开一个电源合上后，再拉开另一电源再合上的原则操作，不允许同时拉开几个电源。

8）选择自动装置、极控、保护、站控等重要负荷的直流回路时，必须征得调度同意后，方可选择，要确保极控、站控有一个系统在主系统运行正常。

十一、消防系统

（1）换流站消防系统一般包括火灾自动报警系统、消防供水系统、变压器固定灭火系统、阀厅消防系统等消防设施。

（2）电气设备投运前，应检查相应消防系统已投入正常。

（3）消防系统投运前，应重点检查系统无告警，表计指示正常、阀门位置正确、管道无漏水，相关负荷电源已投入运行。

（4）正常运行时，定期监视消防管网压力、消防水池、消防水箱、泡沫罐液位等主要运行参数。

（5）正常运行时，严禁擅自退出消防系统，若确需退出，应征得运维单位分管领导批准，并做好消防应急准备工作。消防系统出现故障时应及时处理，尽快恢复消防功能。

（6）定期检查测试烟雾、紫外、温度等火灾探测系统和消防泵、柴油泵、雨淋阀、消防炮、灭火器等消防设施功能正常。

（7）火灾告警时，应立即现场或通过工业视频检查确认。如确实发生火灾，应立即启动换流站消防应急预案，当班值长通知驻站消防队并组织人员灭火，现场指定安全负责人。

（8）消防演习每半年至少一次，运行人员须熟悉消防设施并掌握其使用方法。

（9）正常运行时，水（泡沫）喷雾灭火系统控制模式为"自动"。若无法自动启动，在确认着火变压器交流进线开关处于分闸状态后，应立即远程手动启动。若远程无法启动，运行人员应快速赶往现场，进行就地手动启动或机械应急启动。

（10）正常运行时，消防炮灭火系统应由远程控制。若无法远程控制消防炮，运行人员应赶往现场就地手动控制或无线遥控，控制炮口方向瞄准火源，启动系统灭火。

（11）巡视变压器固定灭火系统时，主要检查项目：

1）变压器固定灭火系统运行正常，无异常报警，信号灯指示正常；

2）设备室内环境清洁，门窗密闭良好，温湿度正常；

3）设备外观正常、无异物，管道、阀门无渗漏、无损伤，喷头无脱落，阀门位置正确；

4）感温电缆完好，无断线、损坏，火灾探测器工作状态正确；

5）设备集装箱、控制柜、二次接线盒、模块箱密闭良好，电源指示正常，电缆进出口封堵完好、接线头无松动，驱潮加热装置正常、防雨罩安装可靠；

6）水喷雾灭火系统隔膜腔压力正常，雨淋阀水力警铃连接透明管无水渍；

7）泡沫喷雾灭火系统泡沫罐压力指示正常，泡沫罐液位正常；

8）消防炮灭火系统炮头无倾斜、无脱落，泡沫罐、水箱液位正常，控制琴台显示正常，消防机器人功能正常、处于满电状态。

（12）换流变、主变、站用变等充油设备的感温电缆发出报警时，应立即组织人员现场进行检查，如确实发生火灾，由当班值长组织进行灭火。

（13）水（泡沫）喷雾灭火系统在停电检修时应由"自动"切为"手动"，检修完毕后切回"自动"模式，手动模式期间应加强巡视。

（14）消防炮炮口平时不应对准带电设备区域，防止消防炮误启动，喷射带电设备。

（15）换流变消防系统每年应开展不少于 1 次试喷测试。

第二章 基 本 技 能

第一节 安 全 工 器 具

一、概述

安全工器具特指"电力安全工器具",为防止触电、灼伤、坠落、摔跌、中毒、窒息、火灾、雷击、淹溺等事故或职业危害,保障工作人员人身安全的个体防护装备、绝缘安全工器具、登高工器具、安全围栏(网)和标识牌等专用工具和器具。

安全工器具分为个体防护装备、绝缘安全工器具、登高工器具、安全围栏(网)和标识牌等四大类。

(一)个体防护装备

个体防护装备是指保护人体避免受到急性伤害而使用的安全用具,包括安全帽、防护眼镜、自吸过滤式防毒面具、正压式消防空气呼吸器、安全带、安全绳、连接器、速差自控器、导轨自锁器、缓冲器、安全网、静电防护服、防电弧服、耐酸服、SF_6防护服、耐酸手套、耐酸靴、导电鞋(防静电鞋)、个人保安线、SF_6气体检漏仪、含氧量测试仪及有害气体检测仪等。

(二)绝缘安全工器具

绝缘安全工器具分为基本绝缘安全工器具、带电作业安全工器具和辅助绝缘安全工器具。

1. 基本绝缘安全工器具

基本绝缘安全工器具是指能直接操作带电装置、接触或可能接触带电体的工器具,其中大部分为带电作业专用绝缘安全工器具,包括电容型验电器、携带型短路接地线、绝缘杆、核相器、绝缘遮蔽罩、绝缘隔板、绝缘绳和绝缘夹钳等。

2. 带电作业绝缘安全工器具

带电作业安全工器具是指在带电装置上进行作业或接近带电部分所进行的各种作业所使用的工器具，特别是工作人员身体的任何部分或采用工具、装置或仪器进入限定的带电作业区域的所有作业所使用的工器具，包括带电作业用绝缘安全帽、绝缘服装、屏蔽服装、带电作业用绝缘手套、带电作业用绝缘靴（鞋）、带电作业用绝缘垫、带电作业用绝缘毯、带电作业用绝缘硬梯、绝缘托瓶架、带电作业用绝缘绳（绳索类工具）、绝缘软梯、带电作业用绝缘滑车和带电作业用提线工具等。

3. 辅助绝缘安全工器具

辅助绝缘安全工器具是指绝缘强度不是承受设备或线路的工作电压，只是用于加强基本绝缘工器具的保安作用，用以防止接触电压、跨步电压、泄漏电流电弧对操作人员的伤害。不能用辅助绝缘安全工器具直接接触高压设备带电部分。包括辅助型绝缘手套、辅助型绝缘靴（鞋）和辅助型绝缘胶垫。

（三）登高工器具

登高工器具是用于登高作业、临时性高处作业的工具，包括脚扣、升降板（登高板）、梯子、快装脚手架及检修平台等。

（四）安全围栏（网）和标识牌

安全围栏（网）包括用各种材料做成的安全围栏、安全围网和红布幔，标识牌包括各种安全警告牌、设备标示牌、锥形交通标、警示带等。

二、安全工器具相关规定

（一）安规中安全工器具的相关规定

（1）安全工器具使用前的外观检查应包括绝缘部分有无裂纹、老化、绝缘层脱落、严重伤痕，固定连接部分有无松动、锈蚀、断裂等现象。对其绝缘部分的外观有疑问时应进行绝缘试验合格后方可使用。

（2）安全工器具应通过国家、行业标准规定的型式试验、出厂试验和预防性试验，并做好记录。

应进行预防性试验的安全工器具如下：

1）规程要求进行试验的安全工器具。

2）新购置和自制安全工器具使用前。

3）检修后或关键零部件经过更换的安全工器具。

4）对其机械、绝缘性能产生疑问或发现缺陷的安全工器具。

（3）安全工器具经试验合格后，应在不妨碍绝缘、使用性能且醒目的部位粘贴合格证。

（4）安全工器具应由具有资质的安全工器具检验机构进行检验。预防性试验可由取得内部检验资质的检测机构实施，也可委托具有国家认可资质的试验机构实施。

（5）绝缘工具在储存、运输时不准与酸、碱、油类和化学药品接触，并要防止阳光直射或雨淋。橡胶绝缘用具应放在避光的柜内，并撒上滑石粉。

（二）五通中安全工器具的相关规定

（1）换流站应配置充足、合格的安全工器具，建立安全工器具台账。安全工器具应统一分类编号，定置存放。

（2）换流站每年应参加安全监察部门组织的安全工器具使用方法培训，新员工上岗前应进行安全工器具使用方法培训；新型安全工器具使用前应组织针对性培训。

（3）定期开展安全工器具清查盘点，确保做到账、卡、物一致。

（4）换流站应定期全面检查安全工器具，做好检查记录，对发现不合格或超试验周期的应隔离存放，做出"禁用"标识，停止使用。

（5）应根据安全工器具试验周期规定建立试验计划表，试验到期前运维人员应及时联系对其进行试验，确认合格后方可使用。

（6）安全工器具使用前，应检查外观、试验时间有效性等。

（7）绝缘安全工器具使用前、使用后应擦拭干净，检查合格方可返库存放。

（8）安全工器具宜根据产品要求存放于合适的温度、湿度及通风条件处，与其他物资材料、设备设施应分开存放。

（9）安全工器具的保管及存放应满足国家和行业标准及产品说明书要求。

三、安全工器具的功能与使用

（一）个体防护装备——安全帽

（1）主要功能：保护作业人员头部不受伤害。

（2）使用场所：电力生产、施工现场。

（3）预防性试验项目/周期：冲击性能试验和耐穿刺性能试验，玻璃钢（维纶钢）橡胶帽不超过三年半。

（4）使用方法：使用者佩戴前要根据头型将内衬调整至适合的位置，并扣紧锁扣。

（5）注意事项：

1）使用前，检查外观是否完好，无缺边、折断、裂痕、孔眼等，衬带和帽衬应佩戴完好，并检验合格。

2）严禁坐、垫安全帽，不能用安全帽盛装物品，严禁佩戴帽内无缓冲层的安全帽。

（二）个体防护装备——护目眼镜

（1）主要功能：阻止颗粒、碎屑、火花、强光、有害液体等有害物质对眼睛的伤害。

（2）使用场所：可能产生颗粒、碎屑、火花、强光、有害液体等有害物质的场所。

（3）检查周期：定期保养。

（4）注意事项：

1）应根据不同工作场所和工作性质，选择合适的护目眼镜。

2）禁止将护目镜镜面朝下放置。

（三）个体防护装备——过滤式防毒面具

（1）主要功能：防止粉尘、烟雾、有害气体等有害物质对人体造成伤害。

（2）使用场所：有粉尘、烟雾、有害气体等可能对人体造成伤害的电力生产场所。

（3）检查周期：定期保养。

（4）使用方法：

1）检查面具外观完好，检查密封性完好，用掌心堵住滤毒罐底部进气孔，呼吸数次，应感觉沉闷，松开后呼吸畅通，方可使用。

2）戴上后，面罩应与脸面紧密贴合，边缘不漏气。

（5）注意事项：

1）使用中若感觉呼吸困难，或自我感觉不适时，应立即退出有害区域。

2）严禁在有害区域摘掉面罩或更换面具。

3）在塔、罐、坑等不通风场所内禁止使用过滤式防毒面具。

（四）个体防护装备——防电弧服

（1）主要功能：将人体与热隔绝，防止和减小电弧对作业人员的伤害。

（2）使用场所：能产生强电弧的电力生产、施工场所。

（3）检查周期：定期保养。

（4）使用方法：

1）根据现场可能产生电弧强度的大小，选择相应能量等级的电弧防护服。

2）穿好电弧防护服后，必须将衣服和袖口扣好。

（5）注意事项：电弧防护服应尽量与防电弧头罩、防电弧手套等配合使用，尽可能地遮住作业人员的身体。

（五）个体防护装备——防静电服

（1）主要功能：临近高压带电体时，防止静电感应，消除感应电对工作人员的伤害。

（2）使用场所：临近 500kV 交流带电设备的作业场所。

（3）预防性试验项目/周期：屏蔽效率试验/半年。

（4）使用方法：穿好静电服后，将上衣、裤子、帽子、鞋子及手套可靠连接，轻扯连接部位，保证工作中不松脱。

（5）注意事项：

1）选择符合自己身体的全套静电服。

2）每次使用前检查外观完好，衣服面料应无破损、连接带完好。

3）等电位作业时，不能将静电服代替屏蔽服使用，严禁将静电服当作短路线用。

（六）个体防护装备——防护手套

（1）主要功能：对工作人员双手起基本安全防护作用。

（2）使用场所：电力生产、施工场所。

（3）检查周期：定期保养。

（4）使用方法：根据工作需要，选择适合相应工种的防护手套。

（5）注意事项：

1）严禁戴手套操作台钻、电钻等可能被机械缠绕夹住的机具。

2）严禁戴手套使用磅锤作业。

（七）个体防护装备——安全绳

（1）主要功能：用于连接安全带的辅助用绳，它的功能是二重保护，确保安全。

（2）使用场所：电力生产、施工场所。

（3）预防性试验项目/周期：负荷试验/1年。

（4）使用方法和注意事项：

1）安全绳应是整根，不应私自接长使用。

2）在具有高温、腐蚀等场合使用的安全绳，应穿入整根具有耐高温、抗腐蚀的保护套或采用钢丝绳式安全绳。

3）安全绳的连接应通过连接扣连接，在使用过程中不应打结。

（八）基本安全工器具–验电器

（1）主要功能：用于验证生产现场的高压电气设备是否带电。

（2）使用场所：生产现场的高压电气设备。

（3）预防性试验项目/周期：启动电压试验/1年，工频耐压试验/1年。

（4）使用方法：

1）确认高压验电器完好，对验电器进行检查：按下高压验电器检查按钮，应发出清晰的声、光报警信号。

2）验电时必须佩戴好绝缘手套，握住高压验电器罩护环以下部分，在相同电压等级的带电设备上或信号发生器上检验高压验电器性能，确认性能良好后，再对被检验高压设备进行验电。检验无电后，还应在带电设备或信号发生器上复验，确认验电可靠。

（5）注意事项：

1）验电前，应检查验电器与被验电设备的电压等级一致，外观完好，绝缘部分无污垢、损伤、裂纹，并在试验有效期内。

2）非雨雪型电容型验电器不得在雷、雨、雪等恶劣天气时使用。

（九）基本安全工器具–绝缘杆

（1）主要功能：用于短时间内对高压带电设备进行操作、承载、测距等工作。

（2）使用场所：需要进行操作、承载、测距等的电力生产现场。

（3）预防性试验项目/周期：工频耐压试验/1年，抗弯静负荷/2年。

（4）使用方法：

1）作业时，必须由两人进行，一人监护，一人操作，操作人员应佩戴绝缘手套、穿上绝缘靴（鞋）。

2）在使用绝缘棒（杆）进行高压带电作业时，应做好对强电场、感应电的防护措施。

（5）注意事项：

1）绝缘杆（棒）须与操作的高压电气设备电压等级相同。

2）使用前应检查绝缘杆（棒）外观完好，无污垢、损坏、裂纹等，并在试验有效期内。

3）雨天操作室外高压设备时，绝缘杆（棒）应装防雨罩、操作人员应穿绝缘靴。

4）使用过程中必须防止绝缘杆（棒）与其他设备碰撞而损坏表面绝缘。

（十）基本安全工器具–携带型接地线

（1）主要功能：对检修设备实施接地，消除感应电压，释放剩余电荷，防止意外来电，保护人身安全。类型一般包括平口螺旋接地棒、圆口螺旋接地棒、双簧压紧式接地棒、手握式接地棒。

（2）使用场所：实施接地的电力生产现场。

（3）预防性试验项目/周期：成组直流电阻试验/不超过 5 年，绝缘杆工频耐压试验/5 年。

（4）使用方法：

1）装设接地线前须验明装设点确无电压。

2）装设接地线必须由两人进行，一人监护，一人操作，操作人员应戴绝缘手套，使用绝缘杆（绳）。

3）装设接地线，必须先接接地端，后接导体端，拆除接地线时顺序相反。

（5）注意事项：

1）接地线使用前必须检查，确认无断股、散股、夹头（两端紧固件）与铜线连接牢固。绝缘杆（绳）无污垢、损伤、裂纹，并在试验有效期内。

2）对检修设备所有可能来电的各侧均应接地，当工作点可能产生危险感应电压时，还应增设接地线。

3）接地线规格应满足装设点短路容量和电压等级的要求。

4）装设接地线夹头必须夹紧，以防短路电流较大时因接触不良熔断或因电动力作用而脱落。

5）禁止以缠绕的方式代替夹头，禁止在接地线和设备之间连接刀闸、熔断器。

6）严禁使用其他导线作接地线。

（十一）带电作业工具——屏蔽服装

（1）主要功能：保护带电作业人员在强电场环境中身体免受伤害，并具有分流作用，可代替静电感应防护服，防止人体感应电（含上衣、裤子、手套、鞋、袜子）。

（2）使用场所：110kV及以上的输变电等电位作业及消除人体感应电的工作场所。

（3）预防性试验项目/周期：成衣电阻试验及屏蔽效率试验/半年。

（4）使用方法：

1）等电位作业须在屏蔽服内先穿上一套阻燃内衣。

2）将屏蔽服的上衣、裤子、帽子、袜子与手套之间的连接头可靠连接。

3）收紧帽子细绳，尽可能缩小脸部外露面积，以不遮挡视线、脸部舒适为宜。

4）全套屏蔽服穿好后，将各部分连接头藏入衣裤内，减少屏蔽服尖端。

5）使用万用表的直流电阻档测量鞋尖至帽顶的直接电阻，应不大于20Ω。

（5）注意事项：

1）将各部分连接头藏入衣裤内，减少屏蔽服尖端。尽可能地缩小脸部外露面积。

2）选择符合自己身体的屏蔽服。等电位作业须在屏蔽服内先穿上一套阻燃内衣。

3）每次使用前检查外观完好，衣服面料应无破损、各连接头完好，无折断。

4）严禁将屏蔽服作为短路线使用。

（十二）辅助绝缘安全工器具——辅助绝缘手套

（1）主要功能：提高操作人员与高压电气设备的绝缘强度，防止人身触电伤害。

（2）使用场所：电力生产现场。

（3）预防性试验项目/周期：工频耐压（泄漏电流）试验/半年。

（4）绝缘手套的类别和使用场合：

1）耐 5kV 的橡胶绝缘手套：是用绝缘橡胶片模压硫化成型的五指手套。在 1000V 以下电压时，作辅助安全防护用品使用。

2）耐 12kV 的绝缘橡胶手套：用绝缘橡胶片模压硫化成型的五指手套，为米黄色、褐色、质地柔软、耐曲折。这种手套在使用电压 1000V 以上的高压区作业，只能作辅助安全防护用品，不得接触有电设备。

（5）使用方法：

1）检查气密性是否良好。将手套从筒口向指头部分卷压，稍用力将空气压至手掌及指头部分，确认是否有漏气现象。

2）戴绝缘手套需先将衣袖口套入筒口内戴好。

（6）注意事项：

1）使用前，检查外观完好，无污垢、损伤、裂纹、潮湿等，并在试验有效期内。

2）使用过程中，防止尖锐物体刺破手套，破坏手套性能。

（十三）辅助绝缘安全工器具——绝缘靴（鞋）

（1）主要功能：增强人体对地绝缘强度，预防触电伤害。

（2）使用场所：在雷雨天气或一次系统有接地时，进行特殊巡视、操作、事故处理的生产现场。

（3）预防性试验项目/周期：工频耐压（泄漏电流）试验/半年。

（4）使用方法：

1）取出绝缘靴，并穿好绝缘靴。

2）穿好绝缘靴后，需裤管套入靴筒内。

（5）注意事项：

1）使用前，检查外观是否完好，无裂痕、破漏、严重磨损等情况，并在试验有效期内。

2）避免接触锐器、高温和腐蚀性物质，破坏绝缘性能。

3）不能作为雨具使用。

（十四）辅助绝缘安全工器具——绝缘垫

（1）主要功能：增强人体对地的绝缘强度，防止静电伤害。

（2）使用场所：高压配电室、继电保护室、试验场所等作业面或操作平台。

（3）预防性试验项目/周期：工频耐压试验/1年。

（4）使用方法：将绝缘垫平整地铺放在地面、作业面或操作平台上。

（5）注意事项：

1）使用前，检查外观是否完好，无污垢、损伤、裂纹、潮湿等，并在试验有效期内。

2）绝缘垫应防止锐利金属划刺，避免阳光长期直射。

3）绝缘垫使用过程中应保持清洁、干燥，不得与酸、碱及各种油类物接触。

（十五）登高工器具——脚扣

（1）主要功能：用于攀爬水泥杆、门构、支柱的登高工具。

（2）使用场所：未安装爬梯（脚扣）的水泥杆、门构、支柱等。

（3）预防性试验项目/周期：静负荷试验/1年。

（4）使用方法：根据工作需要，选择适合相应工种的防护手套。

1）根据杆径大小调节脚扣扣环，将扣环套在杆上，将脚套入脚蹬并调整松紧。

2）向下轻踩，抱紧，攀登。

（5）注意事项：

1）检查有无裂纹、变形，橡胶防滑条完好，无裂损。

2）皮带完好，无霉变、裂缝、端损，上下杆要配合安全带、防护绳使用。

（十六）登高工器具——升降板

（1）主要功能：用于攀登水泥杆、钢管杆、门构、支柱、树木的登高工具。

（2）使用场所：未安装爬梯（脚钉）的水泥杆、钢管杆、门构、支柱，以及不能搭设梯子的树木等。

（3）预防性试验项目/周期：静负荷试验/半年

（4）使用方法：将第一个升降板的挂绳环绕杆身一周后自扣向下轻拉升降

板，无滑动后，登上升降板大腿跨过升降板一侧挂绳并贴紧，站稳后向上挂另一只升降板用此方法交替攀登。

（5）注意事项：

1）使用前，外观检查完好，脚踏板木质无腐朽、劈裂及机械或化学损伤，绳索无霉变、断股和松散，金属钩无损伤及变形，挂绳与脚踏板固定牢靠。

2）使用时，动作要平稳，姿势要正确。

（十七）登高工器具——绝缘硬梯

（1）主要功能：用于作业人员上下设备和建、构筑物。

（2）使用场所：电力生产、施工场所。

（3）预防性试验项目/周期：静负荷试验和工频耐压试验/1 年。

（4）使用方法：

1）硬梯应安置稳固，平梯与地面的倾斜度以 45°～60° 为宜。

2）在硬梯上作业，应设专人扶梯、监护。

（5）注意事项：

1）在通道上使用梯子时，应设监护人或设置临时围栏；在门前使用，应采用防止门突然开启的措施。

2）搬动梯子时，应放倒两人搬运，并与带电部分保持足够的安全距离。

3）高压电气场所必须使用绝缘材料制作的梯子，梯子应能承受作业人员和携带工具的总质量。

4）作业人员腰部不得超过梯顶，不准以骑马方式在人字梯上作业，严禁站在梯顶作业。

5）梯子不能绑接延长使用。

6）在光滑坚硬的地面上使用时应采取防滑措施。

7）距离不够应及时移动梯子，不能过分伸展身体偏离梯子的中心线。

（十八）登高工器具——绝缘软梯

（1）主要功能：用于攀爬输电线路导地线、变电站母线。

（2）使用场所：电力生产、施工场所。

（3）预防性试验项目/周期：静负荷试验/半年。

（4）使用方法：

1）将吊绳绕过挂点；用吊绳将软体牵引至挂点并可靠连接。

2）在软体侧面两脚交替登梯；软梯下端须设专人掌控。

（5）注意事项：

1）梯头与挂点连接必须牢固，上下梯要平稳，避免摆动过大，软梯上只能1个人工作。

2）上下梯应采取防坠落措施。

（十九）安全围栏（网）

（1）主要功能：用于将工作人员与带电区域隔离或将危险区域隔离，防止人员误入误碰造成人身伤害。

（2）使用场所：需要隔离的工作区域或坑、洞、边等危险区域。

（3）检查周期：日常保养。

（4）使用方法和注意事项：

1）围栏包围停电设备时，应留有出入口。

2）围栏包围带电设备、危险区域时，应封闭，不得留出入口，并向外设置警示标志。

3）围栏（遮拦）须与带电体有足够的安全距离。

第二节　换流站"五防"功能

一、概述

防误闭锁装置应简单、完善、安全、可靠，操作和维护方便，能够实现"五防"功能。电气设备的"五防"功能是：指防止误分、误合开关；防止带负荷拉、合刀闸；防止带电挂（合）接地线（接地刀闸）；防止带接地线（接地刀闸）合开关（刀闸）；防止误入带电间隔。

防误装置包括：机械连锁、电气连锁、软件连锁、带电显示装置等。

1. 机械连锁

机械连锁也称机械式防误方式，是利用电气设备的机械联动部件对相应电气设备操作构成的联锁，其一般由电气设备自身机械结构完成。机械闭锁装置应能可靠锁死电气设备的传动机构，并满足操作灵活、牢固和耐环境条件等使用要求。

2. 电气连锁

电气连锁也称电气式防误方式，是将开关、刀闸、接地刀闸等设备的辅助接点或测控装置防误输出接点接入电气设备控制电源或电磁锁的电源回路构成的联锁。

3. 软件连锁

软件连锁也称微机式防误方式，是采用计算机技术，将现场采集的信息通过一定的软件控制逻辑构成的联锁。

4. 带电显示装置

带电显示装置提供高压电气设备安装处主回路电压状态的信息，用以显示设备上带有运行电压的装置。对使用常规闭锁技术无法满足防止电气误操作要求的设备（如联络线、封闭式电气设备等），应采取加装带电显示装置等技术措施达到防止电气误操作要求。对采用间接验电的高压带电显示装置，在技术条件具备时应与防误装置联接，以实现接地操作时的强制性闭锁功能。

二、五防的相关规定

（一）安规中五防的相关规定

（1）高压电气设备都应安装完善的防误操作闭锁装置。防误操作闭锁装置不得随意退出运行，停用防误操作闭锁装置应经本单位分管生产的行政副职或总工程师批准；短时间退出防误操作闭锁装置时，应经变电站站长或发电厂当班值长批准，并应按程序尽快投入。

（2）未装防误操作闭锁装置或闭锁装置失灵的刀闸手柄、阀厅大门和网门，应加挂机械锁。

（3）现场开始倒闸操作前，应先在模拟图（或微机防误装置、微机监控装置）上进行核对性模拟预演，无误后，再进行操作。

（4）倒闸操作中，不准随意解除闭锁装置。解锁工具（钥匙）应封存保管，所有操作人员和检修人员禁止擅自使用解锁工具（钥匙）。若遇特殊情况需解锁操作，应经运维管理部门防误操作装置专责人或运维管理部门指定并经书面公布的人员到现场核实无误并签字后，由运维人员告知当值调控人员，方能使用解锁工具（钥匙）。

（二）五通中五防的相关规定

（1）新、扩建变电工程或主设备经技术改造后，防误闭锁装置应与主设备同时投运。

（2）换流站现场运行专用规程应明确防误闭锁装置的日常运维方法和使用规定，建立台账并及时检查。

（3）高压电气设备都应安装完善的防误闭锁装置，装置应保持良好状态；发现装置存在缺陷应立即处理。

（4）高压电气设备的防误闭锁装置因为缺陷不能及时消除，防误功能暂时不能恢复时，可以通过加挂机械锁作为临时措施；此时机械锁的钥匙也应纳入防误解锁管理，禁止随意取用。

（5）防误装置解锁工具应封存管理并固定存放，任何人不准随意解除闭锁装置。

（6）若遇危及人身、电网、设备安全等紧急情况需要解锁操作，可由换流站当值负责人下令紧急使用解锁工具，解锁工具使用后应及时填写解锁钥匙使用登记记录。

（7）防误装置及电气设备出现异常要求解锁操作，应由防误装置检修专业人员核实防误装置确已故障并出具解锁意见，经防误装置专责人或运维管理部门指定并书面公布的人员到现场核实无误并签字后，由换流站运维人员报告当值调控人员，方可解锁操作。

（8）电气设备检修需要解锁操作时，应经防误装置专责人现场批准，并在换流站值长监护下由值班人员进行操作，不得使用万能钥匙解锁。

（9）停用防误闭锁装置应经省检修公司分管生产的行政副职或总工程师批准。

（10）应设专人负责防误装置的运维检修管理，防误装置管理应纳入现场运行规程。

（11）防误装置日常运行时应保持良好的状态：运行巡视及缺陷管理应等同主设备管理；检修维护工作应有明确分工和专人负责，检修项目与主设备检修项目协调配合。

（12）防误闭锁装置应有符合现场实际并经审批的五防规则。

（13）每年应定期对换流站运维人员进行培训工作，使其熟练掌握防误装置，做到"四懂三会"（懂防误装置的原理、性能、结构和操作程序，会熟练操作、会处缺和会维护）。每年春季、秋季检修预试前，对防误装置进行普查，保证防误装置正常运行。

（14）接地线的使用和管理严格按"安规"执行；接地线的装设点应事先明确设定，并实现强制性闭锁；在换流站内工作时，不得将外来接地线带入站内。

三、换流站设备的"五防"系统

（一）HGIS/GIS 五防系统

1. HGIS/GIS 设备电气联锁

（1）HGIS/GIS 刀闸电气联锁。

刀闸分为：母线侧刀闸、进线侧刀闸、分段间隔刀闸。电气联锁汇总如表 2-2-1 所示。

表 2-2-1　　　　　　　　HGIS/GIS 刀闸电气联锁

项目名称		电气联锁
母线侧刀闸	合闸操作	本间隔开关、接地刀闸、母线接地刀闸三相在分闸状态
	分闸操作	本间隔开关、接地刀闸、母线接地刀闸三相在分闸状态
进线侧刀闸	合闸操作	本间隔开关、接地刀闸、进线接地刀闸三相在分闸状态
	分闸操作	本间隔开关、接地刀闸、进线接地刀闸三相在分闸状态
分段间隔刀闸	合闸操作	本间隔开关、接地刀闸、母线接地刀闸三相在分闸状态
	分闸操作	本间隔开关、接地刀闸、母线接地刀闸三相在分闸状态

（2）HGIS/GIS 接地刀闸电气联锁

接地刀闸分为：母线接地刀闸、开关检修接地刀闸、进线接地刀闸。电气联锁汇总如表所示。

表 2-2-2　　　　　　　　　　　HGIS/GIS 接地刀闸电气联锁

项目名称		电气联锁
母线接地刀闸	合闸操作	与该母线相连之路刀闸为分位状态，母联间隔该母线侧刀闸为分位状态，母线 PT 检无压
	分闸操作	与该母线相连之路刀闸为分位状态，母联间隔该母线侧刀闸为分位状态，母线 PT 检无压
开关检修接地刀闸	合闸操作	开关两侧刀闸为分位状态
	分闸操作	开关两侧刀闸为分位状态
进线接地刀闸	合闸操作	本间隔进线接地刀闸侧刀闸为分位状态，相邻间隔接地刀闸侧刀闸为分位状态，高压带电显示装置无电，对侧开关或刀闸为分位状态
	分闸操作	本间隔进线接地刀闸侧刀闸为分位状态，相邻间隔接地刀闸侧刀闸为分位状态，高压带电显示装置无电，对侧开关或刀闸为分位状态

2. HGIS/GIS 设备软件联锁

HGIS/GIS 的软件联锁在交流站控系统 ACC 中实现，对应的开关、刀闸和接地刀闸的软件联锁如下。

（1）HGIS/GIS 开关软件联锁

表 2-2-3　　　　　　　　　　　HGIS/GIS 开关软件联锁

配串形式	项目名称		软件联锁
换流变+线路	换流变侧边开关	合闸	1. 开关两侧刀闸在分闸状态。 2. 开关两侧刀闸在合闸状态、同串内其他两个开关在连接状态。 3. 开关两侧刀闸在合闸状态、对应换流变在 RFE 状态。 以上条件为或的关系
		分闸	1. 开关两侧刀闸均在分闸状态。 2. 相应换流阀在闭锁状态。 3. 同串内其他两个开关在连接状态。 以上条件为或的关系
	中开关	合闸	1. 开关两侧刀闸在分闸状态。 2. 开关两侧刀闸在合闸状态、同串内换流变进线边开关在连接状态。 3. 开关两侧刀闸在合闸状态、同串内另一边开关已连接、对应换流变在 RFE 状态。 4. 开关两侧刀闸在合闸状态、同串内换流变进线边开关及另一边开关在连接状态。 以上条件为或的关系

续表

配串形式	项目名称		软件联锁
换流变+ 线路	中开关	分闸	1. 开关两侧刀闸均在分闸状态。 2. 相应换流阀在闭锁状态。 3. 同串内换流变进线边开关在连接状态。 以上条件为或的关系
	线路侧边 开关	合闸	1. 开关两侧刀闸在分闸状态。 2. 开关两侧刀闸在合闸状态。 以上条件为或的关系
		分闸	1. 开关两侧刀闸均在分闸状态。 2. 相应换流阀在闭锁状态。 3. 换流变进线边开关在连接状态。 4. 换流变进线中开关在连接状态。 以上条件为或的关系
交流滤波器 + 线路	滤波器进 线边开关	合闸	1. 开关两侧刀闸均在分闸状态。 2. 开关两侧刀闸均在合闸状态。 以上条件为或的关系
		分闸	1. 开关两侧刀闸均在分闸状态。 2. 滤波器进线边开关在连接状态。 3. 滤波器进线中开关在未连接状态。 4. 对应滤波器小组在热备用状态。 以上条件为或的关系
	中开关	合闸	1. 开关两侧刀闸在分闸状态。 2. 开关两侧刀闸在合闸状态，滤波器进线边开关在连接状态。 3. 开关两侧刀闸在合闸状态，串内另一边开关已连接，对应滤波器小组热备用。 以上条件为或的关系
		分闸	1. 开关两侧刀闸均在分闸状态。 2. 滤波器进线边开关在连接状态。 3. 开关两侧刀闸在合闸状态，串内另一边开关已连接，对应滤波器小组热备用。 以上条件为或的关系
	线路侧边 开关	合闸	1. 开关两侧刀闸均在分闸状态。 2. 开关两侧刀闸均在合闸状态。 以上条件为或的关系
		分闸	1. 开关两侧刀闸均在分闸状态。 2. 滤波器进线边开关在连接状态。 3. 滤波器进线中开关在未连接状态。 4. 对应滤波器小组在热备用状态。 以上条件为或的关系
主变+线路	主变进线 边开关	合闸	1. 开关两侧刀闸均在合位，主变未连接且进线接地刀闸拉开。 2. 开关两侧刀闸均在合位，本串另两开关运行（主变已充电）。 3. 两侧刀闸均在分位。 以上条件为或的关系
		分闸	1. 串内另外两个开关在运行状态 2. 该主变未连接（低压侧分支开关均断开）。 3. 两侧刀闸任一侧在分闸状态。 以上条件为或的关系

续表

配串形式	项目名称		软件联锁
主变+线路	中开关	合闸	1. 开关两侧刀闸均在合位，主变未连接且进线接地刀闸拉开。 2. 开关两侧刀闸均在合位，主变侧边开关处于运行状态（主变已充电）。 3. 两侧刀闸均在分位。 以上条件为或的关系
		分闸	1. 串内主变侧边开关在运行状态。 2. 该主变未连接（低压侧分支开关均断开）。 3. 两侧刀闸任一侧在分闸状态。 以上条件为或的关系
	线路侧边开关	合闸	1. 开关两侧刀闸均在合位，主变侧边开关未运行中开关运行，且主变未连接（低压侧分支开关均断开）。 2. 开关两侧刀闸均在合位，主变侧边开关运行。 3. 开关两侧刀闸均在合位，中开关未运行。 4. 两侧刀闸均在分位。 以上条件为或的关系
		分闸	1. 主变侧边开关在运行状态。 2. 中开关未在运行状态。 3. 该主变未连接（低压侧分支开关均断开）。 4. 两侧刀闸任一侧在分闸状态。 以上条件为或的关系
换流变+交流滤波器	换流变侧边开关	合闸	1. "FLTER_YARD_RFE_A"信号联锁条件（以下条件为或的关系）： （1）中开关运行状态且滤波器边开关未运行时，滤波器出现处于隔离（小组滤波器开关均拉开），且出线接地刀闸拉开。 （2）换流变侧边开关两侧刀闸任一分闸。 （3）中开关未处于运行状态。 （4）滤波器侧边开关运行状态。 2. 该开关两侧刀闸均在合位，且串内另外2个开关均在运行状态。 3. 该开关两侧刀闸均在合位，RFE允许。 4. 两侧刀闸均在分位。 以上条件为或的关系
		分闸	1. 串内另外2个开关均在运行状态 2. 换流器闭锁 3. 两侧刀闸任一侧在分闸状态 以上条件为或的关系
	中开关	合闸	1. "FLTER_YARD_RFE_B"信号联锁条件（以下条件为或的关系）： （1）滤波器出线处于隔离（小组滤波器开关均拉开），且出线接地刀闸拉开。 （2）滤波器侧边开关处于运行状态。 （3）中开关两侧刀闸任一分闸。 2. 开关两侧刀闸均在合位，换流变侧边开关在运行状态（换流变已充电或以上）。 3. 开关两侧刀闸均在合位，换流变充电允许RFE。 4. 两侧刀闸均在分位。 在满足条件1基础上，2、3、4条件任意满足一个
		分闸	1. 阀组闭锁。 2. 换流变侧边开关在运行状态。 3. 两侧刀闸任一侧在分闸状态。 以上条件为或的关系

配串形式	项目名称		软件联锁
换流变+ 交流滤波器	线路侧边 开关	合闸	1. "FLTER_YARD_RFE_C"信号联锁条件（以下条件为或的关系）： （1）串内另外 2 个开关处于运行状态。 （2）滤波器出线处于隔离（小组滤波器开关均拉开），且出线接地刀闸拉开。 （3）该开关两侧刀闸任一分闸。 2. 开关两侧刀闸均在合位，且换流变侧边开关处于运行且中开关未运行时，换流变 RFE。 3. 开关两侧刀闸均在合位，换流变侧边开关未运行。 4. 开关两侧刀闸均在合位，中开关运行。 5. 两侧刀闸均在分位。 以上条件为或的关系
		分闸	1. 中开关处于运行且换流变侧边开关未运行。 2. 阀组闭锁。 3. 两侧刀闸任一侧在分闸状态。 以上条件为或的关系
线路+线路	线路串 开关	合闸	开关两侧刀闸分合闸位置一致
		分闸	无
母线联络开关		合闸	开关两侧刀闸分合闸位置一致
		分闸	无

（2）HGIS/GIS 刀闸软件联锁。

表 2-2-4　　　　　　　　　　**HGIS/GIS 刀闸软件联锁**

项目名称		软件联锁
换流变进线侧刀闸	合闸	本间隔开关、本间隔接地刀闸、换流变进线接地刀闸、阀厅区域接地刀闸在分闸状态
	分闸	本间隔开关在分闸状态
交流滤波器进线侧刀闸	合闸	本间隔开关、本间隔接地刀闸、交流滤波器进线接地刀闸、交流滤波器大组母线接地刀闸在分闸状态
	分闸	本间隔开关在分闸状态
主变侧刀闸	合闸	本间隔开关、本间隔 2 把接地刀闸、联络变出线接地刀闸、联络变低压侧母线接地刀闸在分闸状态
	分闸	本间隔开关在分闸状态
交流出线侧刀闸	合闸	本间隔开关、本间隔 2 把接地刀闸、交流线路接地刀闸在分闸状态
	分闸	本间隔开关在分闸状态
HGIS/GIS 母线侧刀闸	合闸	本间隔开关、本间隔接地刀闸、HGIS/GIS 母线接地刀闸在分闸状态
	分闸	本间隔开关在分闸状态
母线联络开关刀闸	合闸	本间隔开关、本间隔接地刀闸、与其相连 HGIS/GIS 母线接地刀闸在分闸状态
	分闸	本间隔开关在分闸状态

（3）HGIS/GIS 接地刀闸软件联锁。

表 2-2-5　　　　　　　　　　HGIS/GIS 接地刀闸软件联锁

项目名称		软件联锁
GIS 母线侧刀闸	合闸	母线侧刀闸在分闸状态
	分闸	无
换流变进线接地刀闸	合闸	接地刀闸两侧刀闸、换流器在隔离状态
	分闸	无
交流滤波器进线侧接地刀闸	合闸	接地刀闸两侧刀闸、交流滤波器小组刀闸在分闸状态
	分闸	无
交流出线侧刀闸	合闸	接地刀闸两侧刀闸在分闸状态，线路相电压小于 52.5kV
	分闸	无
联络变进线接地刀闸	合闸	接地刀闸两侧刀闸在分闸状态、抵抗及站用变进线刀闸在分闸状态
	分闸	无
开关两侧接地刀闸	合闸	本间隔刀闸在分闸状态
	分闸	无

（二）交流滤波器五防系统

1. 交流滤波器设备机械联锁

表 2-2-6　　　　　　　　　　小组交流滤波器机械联锁

项目名称		机械联锁
刀闸	合闸	接地刀闸应在分闸位置
	分闸	无
接地刀闸	合闸	刀闸应在分闸位置
	分闸	无

2. 交流滤波器设备电气联锁

表 2-2-7　　　　　　　　　　交流滤波器电气联锁

项目名称		电气联锁
大组母线接地刀闸	合闸	交流滤波器进线两侧刀闸、交流滤波器小组进线刀闸处于分位，且母线 PT 无压、PT 二次小空开处于合位
	分闸	交流滤波器进线两侧刀闸、交流滤波器小组进线刀闸处于分位，且母线 PT 无压、PT 二次小空开处于合位

续表

项目名称		电气联锁
交流滤波器 小组刀闸	合闸	交流滤波器小组接地刀闸、交流滤波器大组母线接地刀闸、交流滤波器小组开关、交流滤波器大组进线接地刀闸处于分位
	分闸	交流滤波器小组接地刀闸、交流滤波器大组母线接地刀闸、交流滤波器小组开关、交流滤波器大组进线接地刀闸处于分位
交流滤波器 小组接地刀闸	合闸	交流滤波器小组刀闸处于分位
	分闸	交流滤波器小组刀闸处于分位

3. 交流滤波器设备软件联锁

表 2 - 2 - 8　　　　　　　交流滤波器软件联锁

项目名称		软件联锁
大组母线接地刀闸	合闸	1. 远方控制； 2. 所有滤波器小组刀闸在分位； 3. 交流场滤波器大组进线两侧刀闸分位
	分闸	远方控制
交流滤波器 小组开关	合闸	1. 远方控制； 2. 无功控制方式为手动； 3. 开关 SF_6 压力正常； 4. 开关分闸油压正常； 5. 开关未锁定； 6. 开关可用
	分闸	1. 远方控制； 2. 无功控制方式为手动； 3. 开关 SF_6 压力正常； 4. 开关分闸油压正常
小组刀闸	合闸	1. 远方控制； 2. 大组母线接地刀闸分位； 3. 小组滤波器接地刀闸分位； 4. 大组母线进线接地刀闸分位
	分闸	1. 远方控制； 2. 交流滤波器小组开关处于分位
接地刀闸 Q21	合闸	1. 远方控制； 2. 交流滤波器小组刀闸分位
	分闸	无
接地刀闸 Q22	合闸	1. 远方控制； 2. 交流滤波器小组刀闸分位且超过 10min
	分闸	无

（三）直流场设备五防系统

1. 直流场设备机械联锁

（1）直流场开关机械联锁。直流场开关无机械联锁。

（2）直流场刀闸和接地刀闸机械联锁。直流场部分刀闸接地刀闸之间有机械联锁装置，在接地刀闸合闸时，刀闸不能操作，刀闸在合闸时，接地刀闸不能操作。直流场以下刀闸接地刀闸有机械联锁：

00102 与 001027，00202 与 001027，01002 与 010027，02002 与 020027，040017 与 04001，05000 与 050007、0500017。

2. 直流场设备电气联锁

直流场开关、刀闸和接地刀闸无电气联锁。

3. 直流场设备软件联锁

（1）直流场开关软件联锁。

表 2-2-9　　　　　　　　　　直流场开关软件联锁

开关名称	项目名称		软件联锁
中性线开关	0100、0200	合闸	无
		分闸	本极所有阀组闭锁且中性线电压小于24kV
换流器旁通开关	8011、8021、8012、8022	合闸	无
		分闸	1. 相应阀组解锁指令分换流器旁通开关； 2. 相应阀组在隔离状态； 3. 在并联融冰模式下极Ⅱ高端阀组在闭锁状态。 以上条件为或的关系
大地回线转换开关	0400	合闸	1. 04001 刀闸在合闸状态且 81201、81202 刀闸任一在合闸状态； 2. 04001、81201、81202 刀闸皆在分闸状态。 以上条件为或的关系
		分闸	1. 04001 刀闸在分闸状态； 2. 极Ⅰ极Ⅱ都在闭锁状态； 3. 极Ⅰ在极隔离状态时极Ⅱ在闭锁状态，或者极Ⅰ在极隔离状态时 IDEL 大于 36A 且同里站 05000 刀闸在合闸状态且 01001、02001 任一在合闸状态； 4. 极Ⅱ在极隔离状态时极Ⅰ在闭锁状态，或者极Ⅱ在极隔离状态时 IDEL 大于 36A 且同里站 05000 刀闸在合闸状态且 01001、02001 任一在合闸状态； 以上条件为或的关系
金属回线转换开关	0300	合闸	1. 03001、03002 刀闸皆在合闸状态； 2. 03001、03002 刀闸皆在分闸状态。 以上条件为或的关系

续表

开关名称	项目名称		软件联锁
金属回线转换开关	0300	分闸	1. 极Ⅰ极Ⅱ皆在双极功率控制且80105、80205刀闸皆在合闸状态且接地极极线路电流小于50A且06001、0600皆在合闸状态； 2. 极Ⅰ极Ⅱ皆在闭锁状态； 3. 极Ⅰ在极隔离状态时极Ⅱ在金属回线状态（0400、04001、81201、02002皆在合闸状态）且极Ⅱ金属回线电流大于12A； 4. 极Ⅱ在极隔离状态时极Ⅰ在金属回线状态（0400、04001、81202、01002皆在合闸状态）且极Ⅰ金属回线电流大于12A。 以上条件为或的关系
中性线接地刀闸	0600	合闸	极Ⅰ不在金属回线状态（0400、04001、81202、01002皆在合闸状态）且极Ⅱ不在金属回线状态（0400、04001、81201、02002皆在合闸状态）
		分闸	1. 极Ⅰ极Ⅱ任一在金属回线状态； 2. 大地回线状态； 3. 06001刀闸在分闸状态； 4. 极Ⅰ极Ⅱ皆在极隔离状态； 5. NBSF（中性线开关失灵）发分0600开关的指令。 以上条件为或的关系

（2）直流场刀闸软件联锁。

表2-2-10 直流场刀闸软件联锁

刀闸名称	项目名称		软件联锁
换流器旁通刀闸BPI	80116、80126、80216、80226	合闸	1. 本极隔离且阳极刀闸、阴极刀闸皆在分闸状态； 2. 换流器旁通开关、阳极刀闸、阴极刀闸皆在合闸状态； 3. 换流器旁通开关在分闸状态、阳极刀闸、阴极刀闸皆在合闸状态的情况下有任意的闭锁信号。 以上条件为或的关系
		分闸	1. 换流器旁通开关、阳极刀闸、阴极刀闸皆在合闸状态； 2. 本极隔离且阳极刀闸、阴极刀闸皆在分闸状态。 以上条件为或的关系
换流器阴、阳刀闸 AI、CI	80111、80112、80121、00122、00222、80221、80212、80211	合闸	1. 本极隔离且阀厅Q23、Q24接地刀闸在合闸状态； 2. 换流器已充电且阀厅Q23、Q24接地刀闸在分闸状态且换流器旁通开关、换流器旁通刀闸皆在合闸状态。 以上条件为或的关系
		分闸	1. 换流器旁通开关、换流器旁通刀闸皆在合闸状态； 2. 本极隔离且阀厅Q23、Q24接地刀闸在合闸状态。 以上条件为或的关系

续表

刀闸名称	项目名称		软件联锁
极母线刀闸	80105、80205	合闸	1. 本极中性线已经连接且 P_WP_Q22、P_WP_Q23 接地刀闸、P_WP_Q18 刀闸在分闸状态的条件下，在独立模式下； 2. 本极中性线已经连接且 P_WP_Q22、P_WP_Q23 接地刀闸、P_WP_Q18 刀闸在分闸状态的条件下，在通信正常的情况下对站 P_WP_Q23 接地刀闸在分闸状态且对站没有做 OLT 试验。 以上条件为或的关系
		分闸	本极所有阀组闭锁且直流线路电流低（IDL＜90A、IDNC＜90A）
直流滤波器高低压侧刀闸	高压侧刀闸 80101、80201	合闸	直流滤波器低压侧刀闸在合闸状态
		分闸	无
	低压侧刀闸 00102、00202	合闸	直流滤波器高压侧刀闸、直流滤波器高、低压侧接地刀闸在分闸状态
		分闸	直流滤波器高压侧刀闸在分闸状态
旁路线刀闸	81201	合闸	1. 双极闭锁在并联融冰模式下； 2. 在独立模式下极 I 极隔离且 81202 刀闸、8010517 接地刀闸、040007 接地刀闸、0400 开关在分闸状态； 3. 在通信正常的情况下本站和对站的极 I 极隔离、对站 81202 刀闸在分闸状态，且本站 81202 刀闸、8010517 接地刀闸、040007 接地刀闸、0400 开关在分闸状态。 以上条件为或的关系
		分闸	1. 双极闭锁在并联融冰模式下； 2. 极 I 极隔离且金属回线上的电流小于 90A 且 0400 开关在分闸状态。 以上条件为或的关系
	81202	合闸	1. 双极闭锁在并联融冰模式下； 2. 在独立模式下极 II 极隔离且 81201 刀闸、8020517 接地刀闸、040007 接地刀闸、0400 开关在分闸状态； 3. 在通信正常的情况下本站和对站的极 II 极隔离、对站 81201 刀闸在分闸状态，且本站 81201 刀闸、8020517 接地刀闸、040007 接地刀闸、0400 开关在分闸状态。 以上条件为或的关系
		分闸	1. 双极闭锁在并联融冰模式下； 2. 极 I 极隔离且金属回线上的电流小于 90A 且 0400 开关在分闸状态。 以上条件为或的关系
大地、金属回线刀闸	01001	合闸	1. 0100 开关、81201 刀闸、010027 接地刀闸、010007 接地刀闸、801057 接地刀闸、050007 接地刀闸皆在分闸状态
		分闸	1. 0100 开关在分闸状态； 2. 宜宾站 03001、05000 刀闸在分闸状态； 3. NBSF（中性线开关失灵）发允许分 01001 的指令。 以上条件为或的关系

续表

刀闸名称	项目名称		软件联锁
大地、金属回线刀闸	02001	合闸	0200 开关、81202 刀闸、020027 接地刀闸、020007 接地刀闸、802057 接地刀闸、050007 接地刀闸皆在分闸状态
		分闸	1. 0200 开关在分闸状态； 2. 宜宾站 03001、05000 刀闸在分闸状态； 3. NBSF（中性线开关失灵）发允许分 02001 的指令。 以上条件为或的关系
	01002	合闸	1. 0100 开关、81201 刀闸、040017 接地刀闸、010027 接地刀闸、010007 接地刀闸、801057 接地刀闸皆在分闸状态； 2. 0600 开关、0400 开关、81201 刀闸、040017 接地刀闸、010027 接地刀闸、010007 接地刀闸、801057 接地刀闸皆在分闸状态。 以上条件为或的关系
		分闸	1. 0100 开关在分闸状态； 2. NBSF（中性线开关失灵）发允许分 01002 的指令。 以上条件为或的关系
	02002	合闸	1. 0200 开关、81202 刀闸、040017 接地刀闸、020027 接地刀闸、020007 接地刀闸、802057 接地刀闸皆在分闸状态； 2. 0600 开关、0400 开关、81202 刀闸、040017 接地刀闸、020027 接地刀闸、020007 接地刀闸、802057 接地刀闸皆在分闸状态。 以上条件为或的关系
		分闸	1. 0200 开关在分闸状态； 2. NBSF（中性线开关失灵）发允许分 02002 的指令。 以上条件为或的关系
站内接地极刀闸	06001	合闸	040017 刀闸在分闸状态且 0100 开关已经拉开 15s
		分闸	0100 开关在分闸状态
大地回线转换刀闸	04001	合闸	0400 开关、040007 接地刀闸、040017 接地刀闸在分闸状态且极 I、极 II 最少有一个处于极隔离状态
		分闸	0400 开关在分闸状态
接地极刀闸	05000	合闸	1. 01001 刀闸、02001 刀闸、050007 接地刀闸、0500017 接地刀闸皆在分闸状态； 2. 接地极线路电流小于 90A 且在双极功率控制下且 0600 开关、06001 刀闸、80105 刀闸、80205 刀闸皆在合闸状态且 050007 接地刀闸、0500017 接地刀闸皆在分闸状态； 3. 地极线路电流小于 90A 且 0300 开关、03001 刀闸、03002 刀闸皆在合闸状态且 050007 接地刀闸、0500017 接地刀闸皆在分闸状态。 以上条件为或的关系
		分闸	1. 01001 刀闸、02001 刀闸在分闸状态； 2. 接地极线路电流小于 90A 且 0300 开关、03001 刀闸、03002 刀闸皆在合闸状态； 3. 接地极线路电流小于 90A 且在双极功率控制下且 0600 开关、06001 刀闸、80105 刀闸、80205 刀闸皆在合闸状态。 以上条件为或的关系

续表

刀闸名称	项目名称		软件联锁
金属回线转换刀闸	03001	合闸	1. 0300 开关、050007 接地刀闸、0500017 接地刀闸皆在分闸状态； 2. 01001 刀闸、02001 刀闸、050007 接地刀闸、0500017 接地刀闸皆在分闸状态。 以上条件为或的关系
		分闸	1. 01001 刀闸、02001 刀闸皆在分闸状态； 2. 0300 开关在分闸状态。 以上条件为或的关系
金属回线转换刀闸	03002	合闸	0300 开关、0500017 接地刀闸在分闸状态
		分闸	0300 开关在分闸状态

（3）直流场接地刀闸软件联锁。

表 2-2-11　　　　　　　　直流场接地刀闸软件联锁

接地刀闸名称	项目名称		软件联锁
换流器间接地刀闸	801007、802007	合闸	本极隔离
		分闸	无
极母线接地刀闸	801057、802057	合闸	本极隔离
		分闸	无
极线路接地刀闸	8010517	合闸	1. 独立模式下 80105 刀闸、81201 刀闸皆在分闸状态； 2. 通信正常的情况下本站和对站的 80105 刀闸、81201 刀闸皆在分闸状态。 以上条件为或的关系
		分闸	无
极线路接地刀闸	8020517	合闸	1. 独立模式下 80205 刀闸、81202 刀闸皆在分闸状态； 2. 通信正常的情况下本站和对站的 80205 刀闸、81202 刀闸皆在分闸状态。 以上条件为或的关系
		分闸	无
中性线接地刀闸	010007、020007、010027、020027	合闸	本极隔离
		分闸	无
直流滤波器高低侧接地刀闸	高压侧 801017、802017	合闸	直流滤波器两侧刀闸拉开后 10ms
		分闸	无
	低压侧 001027、002027	合闸	直流滤波器两侧刀闸拉开
		分闸	无
大地转换回线接地刀闸	040017	合闸	01002 刀闸、02002 刀闸、04001 刀闸皆在分闸状态
		分闸	无

接地刀闸名称	项目名称		软件联锁
旁路线接地刀闸	040007	合闸	81201 刀闸、81202 刀闸、04001 刀闸皆在分闸状态
		分闸	无
接地极接地刀闸	050007	合闸	01001 刀闸、02001 刀闸、03001 刀闸、05000 刀闸皆在分闸状态
		分闸	无
接地极接地刀闸	0500017	合闸	03002 刀闸、05000 刀闸皆在分闸状态
		分闸	无

第三章 运 行 监 视

换流站运行维护人员通过运行人员工作站（OWS）界面对整个换流站设备运行工况进行实时监控，对设备运行数据和事件进行监视，对出现异常或故障情况及时进行处理，以保证站内设备正常稳定地工作。

一、监视范围

监视范围包括运行人员工作站上交流场、交流滤波器、直流场、阀组状态、顺序控制、站网结构、站用电系统、水冷系统、辅助系统、重要数据、事件记录、告警列表、故障列表、系统告警、历史事件、历史系统等各界面以及空调监控系统、一体化在线监测后台、VESDA 早期火灾探测系统、CAFS 消防系统、接地极在线监测、阀厅红外测温系统、火灾报警系统等后台上的有关界面。

二、监视内容

由于设计和监控系统厂家的不同，特高压换流站配置的 OWS 界面和监控后台不同，根据系统要求设定的参量数值也有所不同，以下以武汉站 OWS 界面进行说明。

1. 事件记录类型

（1）事件列表：记录运行操作，发生事故时的事件顺序，设备异常信号及其他重要事件；可以查看当天及历史事件记录，并能实现事件过滤显示。事件列表包括报警、故障及异常列表中的所有报警，事件列表的信息不能被清除。

（2）报警列表：以不同的颜色分级别显示报警内容，报警可以逐条，也可以几条一起手动清除。当报警被清除后，若故障仍然存在，报警将会在列表中重新显示。

（3）故障列表：按时间先后顺序显示值班系统发出报警内容。列表中的报警将随着故障的出现和消失而自动发出和复归。

（4）事件记录主要功能

1）实现本站设备发生故障或事故时的报警。

2）实现对站传来的成组信号报警。

3）以不同的颜色区分不同级别的报警（红色：紧急报警，黄色：严重报警，橙色：监视报文，绿色：命令信号/轻微报警，灰色：正常报文）。

4）实时显示和记录报警内容，通过键盘鼠标实现人机联系功能。

2. 开关、刀闸、地刀状态

（1）开关状态：位置与运行方式相符：红色为合闸；绿色为分闸；黄色为状态不明、灰色为无状态指示。

（2）刀闸状态：位置与运行方式相符：红色为合闸；绿色为分闸；黄色为状态不明、灰色为无状态指示。

（3）地刀状态：位置与运行方式相符：红色为合闸；绿色为分闸；黄色为状态不明、灰色为无状态指示。

以上状态出现变化，应查看现场设备状态、相关电气量参数以及事件记录，如发现设备运行方式发生变化，则说明有设备故障的发生；如设备运行方式没有发生变化，说明仅监控系统出现了相关故障。注：开关、刀闸和地刀状态变化的说明适用于所有监视界面，以下不再赘述。

3. 系统概况图界面

（1）过负荷时间：716.4min。

（2）线路电压（UDL）：400kV、640kV、800kV。

（3）线路电流（IDL）：500A～5000A。

4. 直流场界面

直流场界面用于监视直流场开关、刀闸和地刀状态，双极换流变交流侧电压、有功功率、无功功率、功率因数、分接头一致档位，双极换流阀触发角，双极直流线路电压、电流、功率、中性母线电压、接地极电流，与系统交换无功功率，直流线路再启动逻辑保护的状态，以及点击界面上光电流互感器模块查看直流场光电流互感器相关运行参数。具体如下：

（1）直流系统工况：

1）系统层级控制界面：系统层级控制级别主站或从站；系统层控制位置；站间通信正常；安稳控制投入；双极功率模式自动；直流场控制模式自动；双极高、低端顺控模式自动。

2）直流线路电流：500～5000A。

3）直流传输功率：200～2000MW（单极单阀组）、320～4000MW（单极双阀组）、400～4000MW（双极双阀组）、520～6000MW（双极三阀组）、640～8000MW（双极四阀组）。

4）直流极母线电流：500～5000A。

5）γ角：19.5°±2°。

6）电流控制器优化退出。

7）接地接差动保护投入。

（2）接地极不平衡电流 | IDEL1－IDEL2 |：＜100A。

（3）接地极电流安全限值：3000A。

（4）Box－in风机启动定值：25℃（第一组）/30℃（第二组）。

（5）Box－in风机停止定值：25℃（第一组）/20℃（第二组）。

（6）双极低端换流变：

1）分接头档位1～31档。

2）分接头控制模式自动。

3）油温：告警70℃。

4）绕温：报警100℃。

（7）双极高端换流变：

1）分接头档位1～31档。

2）分接头控制模式自动。

3）油温：告警85℃。

4）绕温：报警115℃。

5. 顺控流程界面

顺控流程界面用于监视高压直流系统状态，红色代表系统目前正处于的状态，绿色代表系统目前不处于的状态，点击"无功控制"图标可以查看无功控制和运行方式。直流系统在双极正常运行状态下，不接地图标、极连接图标、极运行图标、联合控制图标、充电图标、极解锁图标、对侧极解锁图标、对侧极充电图标、对侧极连接图标、正常功率方向图标、大地回路图标、手动控制图标、双极功率图标、双极功率命令图标、极消防模式均为红色，通信正常图标为绿点，无功控制为自动，无功控制 ON/OFF 为"ON"，U/Q 控制方式（根据调度要求设定）两者均可；其他图标均为绿色。在运行改变后，相关图标的颜色会发生对应变化，若出现与运行方式不符的情况，说明监视系统存在异常或故障。

6. SCADA 界面

SCADA 界面中主机的图标颜色代表目前主机的状态，绿色（值班）、墨绿色（备用）、粉色（未准备好）、灰色（状态未知）、黄色（轻微故障）、红色（严重故障）。正常运行时控制主机一主一备，保护主机均在运行。

表 2-3-1   SCADA 界面表

监视内容	监视标准
阀组控制主机 CCP	1 台运行（绿色），1 台备用（墨绿色）
极控制主机 PCP	1 台运行（绿色），1 台备用（墨绿色）
直流站控系统 DSC	1 台运行（绿色），1 台备用（墨绿色）
500kV 高端交流站控系统 1 ASC1	1 台运行（绿色），1 台备用（墨绿色）
500kV 低端交流站控系统 2 ASC2	1 台运行（绿色），1 台备用（墨绿色）
站用电控制系统 SPC	1 台运行（绿色），1 台备用（墨绿色）
阀组保护主机 CPR	3 台均在运行（绿色）
极保护主机 PPR	3 台均在运行（绿色）
变电站站用电控制系统	1 台运行（绿色），1 台备用（墨绿色）
变电站 500kV 交流站控系统	1 台运行（绿色），1 台备用（墨绿色）
110kV 交流站控系统	1 台运行（绿色），1 台备用（墨绿色）
1000kV 交流站控系统	1 台运行（绿色），1 台备用（墨绿色）

7. 交流场界面

主要监视交流母线电压、频率，开关刀闸状态，电流量遥测值，三相电压是否平衡，功率、功率因数是否与实际一致等。

（1）交流母线电压在正常范围以内（具体根据调度所下电压曲线执行），如电压越限时应立即汇报调度。

（2）查看开关状态与实际是否一致，正常时开关刀闸都在合位，地刀在分位，红色表示开关合上，绿色表示开关拉开，黄色表示开关状态不定，灰色表示开关无状态指示，开关上有锁表示闭锁。

表2-3-2　　　　　　　　　　交流场界面表

监视内容	监视标准
500kV 交流系统频率	50 ± 0.1Hz
500kV 交流母线电压（三相）	525～538kV
武木 I / II、武吉 I / II 线	武木、武吉限额各 230 万 kW
武泉 I / II、武道 I / II 线	武泉、武道限额各 250 万 kW，两者和限额 450 万 kW

8. 交流滤波器场界面

监视交流滤波器的可用率，防止无功过负荷出现报警，在闪动的交流滤波器说明为下一组投入/切除的交流滤波器。

表2-3-3　交流滤波器场界面表

监视内容	监视标准		
无功控制方式	Q 模式		
无功运行方式	投入/自动		
无功控制参考值	0Mvar		
无功死区值	分层接入：高端 176Mvar；低端 216Mvar		
QPC/Gamma Kick	退出		
后备无功状态	退出		
高端交流滤波器	I 段不平衡电流（系数）（动作后果：报警）	II 段不平衡电流（系数）（动作后果：跳闸）	III 段不平衡电流（系数）（动作后果：跳闸）
交流滤波器 ACF HP12/24	0.0386%（延时 10s）	0.0767%（延时 7200s）	0.1142%（延时 0.02s）
并联电容器 SC	0.0470%（延时 10s）	0.1114%（延时 7200s）	0.1343%（延时 0.02s）
交流滤波器 ACF HP3	0.0463%（延时 10s）	0.0920%（延时 7200s）	0.1370%（延时 0.02s）

续表

光 CT 状态量定值（许继）			
状态量名称	定值		
光路温度	≤70℃		
光纤温度	≤85℃		
相对光功率	≥200%		
绝对光功率	−0.5～0.5V		
低端交流滤波器	Ⅰ段不平衡电流（系数）（动作后果：报警）	Ⅱ段不平衡电流（系数）（动作后果：跳闸）	Ⅲ段不平衡电流（系数）（动作后果：跳闸）
交流滤波器 ACF HP12/24	0.0308%（延时 10s）	0.0557%（延时 7200s）	0.0726%（延时 0.02s）
并联电容器 SC	0.0314%（延时 10s）	0.0637%（延时 7200s）	0.0787%（延时 0.02s）
交流滤波器 ACF HP3	0.0430%（延时 10s）	0.1018%（延时 7200s）	0.1229%（延时 0.02s）
无功运行/控制方式	投入	自动	Q 模式
计算公式	C1_IUNB1＋尾端电流×100%（计算单位 A）		

9. 水冷却系统界面

水冷却系统界面用于监视内、外水冷却系统中主循环泵运行状态，主循环泵前后压力，主回路流量，主回路中冷却水电导率，阀厅进、出水温度，膨胀罐液位和喷淋池水位，外水冷却塔风扇转速，还有换流阀泄漏保护状态。

10. 站用电系统界面

站用电系统界面用于监视站用电系统内开关、刀闸和地刀状态，站用变的档位、油温、绕温及分接头控制模式，干式变的档位，电压、电流的遥测信号是否正常，备自投是否正确投入等。

总结，以上很多设备运行参数有两个系统读取，所以监视同一个参数时，需要同时调取两个系统的数据进行对比查看，发现差别较大时，说明控制保护系统存在异常；若两个系统均显示不正常，可以通过检查其他相关量和设备状态，分析判断设备的运行状况。所以，监视工作能做到及时发现有数据越限的现象，对设备故障可以防患于未然。

第四章 设 备 巡 检

设备巡视一般由两人一组进行，其中一名应具备副值班员及以上岗位资格。具备单独巡视资格的人员可进行单人巡视。换流站应定期开展巡检工作，并做好巡视记录。

一、巡视分类及周期

换流站的设备巡视检查，分为例行巡视、全面巡视、专业巡视、熄灯巡视和特殊巡视。其中，专业巡视指为深入掌握设备状态，开展对设备的集中巡查和检测，由换流站检修人员开展，每月不少于一次。

1. 例行巡视

例行巡视是指对站内设备及设施外观、异常声响、设备渗漏、监控系统、二次装置及辅助设施异常告警、消防安防系统完好性、换流站运行环境、缺陷和隐患跟踪检查等方面的常规性巡查，具体巡视项目按照现场运行通用规程和专用规程执行。换流站例行巡视每天不少于 1 次，迎峰度夏期间每天 2 次。

2. 全面巡视

全面巡视包括在例行巡视项目基础上，按照设备运维细则对站内设备开展检查。全面巡视和例行巡视可一并进行，每月原则上至少完成一次全面巡视，迎峰度夏期间每月 2 次，若需要解除防误闭锁装置才能进行巡视的，巡视周期根据换流站运行环境及设备情况制定。

3. 熄灯巡视

熄灯巡视指夜间熄灯开展的巡视，重点检查设备有无电晕、放电，接头有无过热现象。阀厅设备熄灯巡视每周不少于 1 次，其他设备每月不少于 1 次。

4. 特殊巡视

特殊巡视指因设备运行环境、方式变化而开展的巡视。遇有以下情况，应进行特殊巡视：

（1）大风、雷雨、地震天气后；

（2）冰雪、冰雹后、雾霾天气过程中；

（3）新设备投入运行后；

（4）设备经过检修、改造或长期停运后重新投入系统运行后；

（5）设备缺陷有发展时；

（6）设备发生过负载或负载剧增、超温、发热、系统冲击、跳闸等异常情况；

（7）法定节假日、上级通知有重要保供电任务时；

（8）电网供电可靠性下降或存在发生较大电网事故（事件）风险时段。

二、设备巡视内容

（一）换流变压器

1. 换流变压器常规巡视

（1）本体及套管例行巡视。

1）运行监控信号、灯光指示、运行数据等均应正常；

2）各部位无渗油、漏油，油位读数正常；

3）换流变压器声响和振动正常；

4）引线接头、电缆应无发热迹象；

5）外壳及箱沿应无异常发热；

6）换流变压器各部件的接地完好；

7）套管压力正常或油位正常，套管外部无破损裂纹、无严重油污、无放电痕迹，防污涂料无起皮、脱落等异常现象；

8）套管末屏无异常声音，接地引线固定良好，套管均压环无开裂歪斜。

（2）有载分接开关例行巡视。

1）分接档位指示与监控系统对应，且换流变压器三相分接档位应一致；

2）机构箱电源指示正常，密封良好，加热、驱潮等装置运行正常；

3）分接开关油枕的油位、智能免维护呼吸器应正常；

4）分接开关传动机构电机运行正常，无传动卡涩；

5）滤油装置压力表指示正常；

6）滤油装置无渗漏油。

（3）冷却器例行巡视。

1）各冷却器的风扇、油泵运转正常，油流指示器工作正常；

2）风扇和散热器无异物附着或严重积灰；

3）潜油泵无异常声响、振动，油流指示器指示正确；

4）冷却器及连接管道无渗漏油，特别注意散热器无渗漏油。

（4）非电量保护装置例行巡视。

1）温度指示器外观完好、指示正常，表盘密封良好，无进水、凝露，温度指示正常，并应与远方温度显示比较，相差不超过±5℃；

2）压力释放阀无异常；

3）瓦斯继电器及其集气盒内应无气体；

4）瓦斯继电器、压力释放阀等防雨措施完好；气体继电器、油流速动继电器、温度计、油位表等防雨措施完好。

（5）储油柜例行巡视。

1）本体储油柜的油位应与制造厂提供的油温油位曲线相对应；

2）分接开关储油柜的油位应处于最高油位与最低油位之间；

3）智能免维护呼吸器完好、无报警，表面洁净、呼吸畅通。

（6）事故排油例行巡视。

1）管路及零部件对接部位无渗漏油；

2）防火箱密封良好，外观无破损；

3）应急排油控制屏各指示灯显示正常，监控后台无异常报警；

4）法兰、管道、波纹管、支架和紧固件无变形、损伤、防腐层完好；

5）阀门开闭指示位置标识清晰、位置正确，阀门旋转方向正确、清晰；

6）应急排油系统电源工作正常；

7）排油系统接地良好，阀门和对接面的等电位连接线连接可靠。泄漏检测仪无渗油，外观无破损。

（7）其他例行巡视。

1）照明及通风装置运行正常；

2）电缆穿管端部封堵严密；

3）各种标志应齐全明显；

4）换流变压器导线、接头、母线上无异物；

5）降噪装置固定良好，无松动、掉落情况。

2. 换流变压器全面巡视

全面巡视在例行巡视的基础上增加以下项目：

（1）消防设施应齐全完好；

（2）检查排油控制屏柜内各元件运行正常，接线紧固，无过热、异味、冒烟现象；

（3）冷却器各信号正确；

（4）在线监测装置应保持良好状态，无报警信号；

（5）各控制箱、端子箱和机构箱应密封良好、无进水、受潮、凝露现象，加热、驱潮等装置运行正常。

3. 换流变压器熄灯巡视

（1）引线、接头无放电、发红迹象；

（2）套管无闪络、放电。

4. 换流变压器特殊巡视

（1）新投入或者大修后的换流变压器巡视：

1）各部件无渗漏油；

2）声音应正常，无不均匀声响或放电声；

3）油位变化应正常，应随温度的增加合理上升，并符合换流变油温-油位曲线；

4）冷却器运行良好；

5）油温变化应正常，换流变压器带负载后，油温应缓慢上升，上升幅度合理。

（2）异常天气时的巡视：

1）气温骤变时，检查储油柜油位和套管油位变化情况，各侧连接引线受力情况，引线无断股，线夹无开裂，接头部位、部件无发热，各密封部位、部件无渗漏油现象；

2）大风、雷雨、冰雹天气过后，检查导引线摆动幅度正常，引线无断股，线夹无开裂，设备上无飘落积存杂物，套管无放电痕迹及破裂现象；

3）浓雾、雾霾、毛毛雨天气时，检查套管无沿面爬电和放电，各接头部位、部件在小雨中不应有水蒸气上升现象；

4）大雨天气后，检查汇控柜和二次端子箱、机构箱无进水、受潮、凝露，温控装置工作正常；

5）下雪天气时，应根据接头部位积雪融化迹象检查发热迹象。检查导引线积雪累积厚度情况，为了防止套管因积雪过多受力引发套管破裂和渗漏油等，必要时应清除导引线上的积雪和形成的冰柱；

6）夏季高温天气时，应特别检查油温、油位和冷却器运行正常；

7）冬季低温天气时，应检查油位、加热器运行正常。

（3）过负荷时的巡视：

1）定时检查并记录输送功率，检查并记录油温和油位的变化；

2）检查换流变压器声音正常，接头无发热，冷却器投入数量足够。

（4）故障跳闸后的巡视：

1）检查现场一次设备（特别是保护范围内设备）有无着火、爆炸、喷油、放电痕迹、短路或接地、小动物爬入、导线断线等情况；

2）检查油位和油温变化，接头是否过热，冷却器运行情况；

3）检查保护装置（包括瓦斯继电器和压力释放阀等）的动作情况；

4）检查网侧断路器运行状态（位置、压力、油位等）。

油浸式平波电抗器等其他变压器类设备，在巡视过程中，均可参照换流变压器巡视技能的相关标准进行。

（二）调相机

1. 主机（含盘车）的巡视检查

（1）所有与调相机相关的电气参数、温度指示值应每两小时记录一次。

（2）调相机定、转子及轴承振动无异常，各部件温度正常；轴承供油正常。

（3）调相机风室内无异味、异声；空气冷却器表面无油污，管路、阀门等无渗漏、结露。

（4）对于双水内冷调相机在运行过程中，检漏计发出报警信号，但不能确定是否漏水时，应加强巡视。

（5）检查机组大轴接地碳刷的接地情况及机组运行时轴电压的大小，发现异常应查明原因；定期检查轴承绝缘符合技术规范要求。

（6）盘车装置工作时，盘车电机电流值应正常无明显摆动。

（7）盘车装置运行时应无异音；顶轴油温、油压正常；低油压保护必须投入。

2. 封母、出线罩及中性点接地装置的巡视检查

（1）封闭母线外壳温度正常（不超过 70℃），无过热、变色现象；无异响、变形等情况。微正压装置或空气干燥循环装置正常投入，工作正常，空压机无频繁启动现象。

（2）对于采用集装式中性点接地出线罩装置的调相机，定期检查相关监测装置无异常；装置表面及与调相机连接处、与封闭母线连接处温度正常。

（3）中性点接地装置运行声音正常无异响，引出线接头无过热现象。

（4）接地刀闸的触头接触紧密，位置指示清晰正确，柜内无放电现象，观察孔可见部分无异常过热、脏污、异物等。

3. 空冷系统的巡视检查

（1）空气冷却器进出风温度、温差符合规定要求，冷却器进水温度、压力正常。

（2）空气冷却器无漏水现象。

4. 内冷水系统的巡视检查（适用于双水内冷调相机组）

（1）内冷水电导率、pH 值及溶氧量运行值合格，水质应符合 DL/T 801 的规定，并定期进行排污或反冲洗。

（2）定、转子冷却水压力、流量、温度正常；定、转子水箱的水位正常。

（3）定、转子冷却水供水系统管道、阀门无漏水现象。

（4）定子加碱装置和转子膜碱化水处理装置工作正常。

（5）内冷水泵运行电流、压力、振动等正常。

（6）氮气稳压系统工作正常。调相机组运行中，定子水箱内要维持氮气压力达到 14～20kPa 范围内，不得中途停止供氮。

（7）内冷水过滤器压差正常。

5. 外冷系统的巡视检查

（1）控制柜运行指示灯无报警。

（2）主泵、喷淋泵、加药泵、加碱泵、补水泵等设备运行电流、出口压力、振动等正常。

（3）冷却塔风机、空冷器风机运行正常。

（4）冷却塔集水箱无渗漏，水位正常；外冷水系统管道、阀门无漏水现象。

（5）调相机冷却器、润滑油冷却器水流量、温度正常。

（6）系统所有压力、流量、温度表计指示正确；化学仪表工作正常。

6. 除盐水系统的巡视检查

（1）各设备出水水量、水质和压差正常。

（2）各连接设备无漏水现象，各水箱液位正常。

（3）各水泵运行正常。

（4）各制水环节流量计、压力表指示正常；除盐水系统化学仪表正常。

7. 润滑油系统的巡视检查

（1）润滑油系统无油泄漏现象，主油箱油位正常。

（2）冷油器工作正常；系统所有压力、温度表计指示正确。

（2）主油箱排烟风机负压正常，无漏油。

（3）各轴承回油窥视孔油流正常，轴承温度及润滑油温正常，油温过低时可投入油箱油加热器。

（4）顶轴油泵运行时电流、进出口压力、各轴承顶轴油压力、振动等正常。

（5）顶轴油泵过滤器压差正常。

（6）蓄能器无渗漏油、压力正常

（7）定期检查润滑油油质，油质应符合 GB/T 7596 的规定。

8. 静止变频器（SFC）的巡视检查

（1）控制盘柜电源投入正常，控制方式正确，风机工作正常，滤网清洁。

（2）电气元件无过热现象。

（3）输入变压器无过热、异声，冷却系统正常。

（4）输入、输出断路器指示正常。

（5）晶闸管冷却系统运行正常。

（6）运行时，无异声、异味。

（7）控制盘柜室内温度正常，清洁干燥。

9. 励磁系统的巡视检查

（1）励磁盘柜电源投入正常，控制方式正确，风机工作正常。

（2）电气元件、各电缆接头、开关及刀闸触头无过热现象；快速熔断器及其他熔断器无熔断现象。

（3）机组运行时，励磁系统运行应稳定，电压、无功无异常波动，表计指示正常。

（4）整流功率柜电流分配均匀，灭磁开关工作正常，风机无异声，滤网清洁，备用电源在良好备用状态。

（5）励磁变压器无过热、异声，冷却系统工作正常。

10. 集电环及碳刷的巡视检查

（1）集电环、刷架及刷握表面清洁，温度正常（不大于 120℃），无变色、过热现象。

（2）机组运行中，碳刷无跳火、异声、跳动、卡涩、破碎及过度磨损现象。

（3）各碳刷电流分布均匀，无过热现象。

11. DCS 系统的巡视检查

（1）DCS 保护盘柜工作正常无告警。

（2）屏柜内元件无过热现象，接线端子无松动、氧化现象；各元件标志、名称齐全。

（3）屏柜门关闭良好，开关自如，无锈蚀，接地良好，屏柜体和柜门用软铜导线可靠连接。

（4）屏柜内防火封堵完好。

12. 在线监测装置的巡查

（1）检查调相机在线监测装置工作正常。

（2）定期检查调相机绝缘过热、局部放电、转子匝间短路、定子端部振动、漏液检测等在线监测装置运行情况，发现报警时，应立即分析数据合理性，并根据调相机运行参数及大修试验数据进行综合分析，必要时应停机处理。

13. 水冷调相机运行中的巡查

（1）定、转子内冷水的流量、进出水温度、电导率、pH 值以及进出水压力和冷热风温度应符合技术规范要求，并至少每 2h 记录一次。

（2）转子进水支座的水封处应有水滴落下，无过热现象。

（3）检查检漏计和自动测温装置的指示值应在正常范围内，否则应查明原因。

（4）检查湿度监测装置的指示及变化趋势应正常，否则应分析原因并进行相应处理。

（5）检查水冷系统的联锁及信号开关应在正常运行位置，内冷水泵低压力自启动整定值应正确。

（三）开关类设备

1. 直流转换开关例行巡视

（1）直流转换开关本体。

1）直流转换开关各部件无异常振动声响；

2）各部件无渗漏油情况，机构箱应关严密封良好；

3）机构箱外观无变形，金属件无锈蚀；

4）构架和基础无松动、沉降；

5）SF$_6$压力正常，防雨罩完好；

6）弹簧储能情况正常；

7）机构箱内照明正常，加热器正常投退，温湿度控制器、接触器、继电器等二次器件无异常；

8）分、合闸指示正确，与实际位置相符；

9）振荡回路非线性电阻；

10）振荡回路非线性电阻无吹弧痕迹；

11）引流线无松股、断股和弛度过紧及过松现象；接头无松动、发热或变色等现象；

12）瓷套部分无裂纹、破损、无放电现象，防污闪涂层无破裂、起皱、鼓泡、脱落；硅橡胶复合绝缘外套伞裙无破损、变形；

13）密封结构金属件和法兰盘无裂纹、锈蚀；

14）压力释放装置封闭完好且无异物；

15）设备基础完好、无塌陷；底座固定牢固、整体无倾斜；绝缘底座表面无破损、积污；

16）接地引下线连接可靠，无锈蚀、断裂；

17）运行时无异常声响；

18）设备铭牌、设备标识牌应齐全清晰。

（2）电容器。

1）设备铭牌标识齐全、清晰；

2）母线及引线无过紧过松、散股、断股、无异物缠绕，各连接头无发热现象；

3）无异常振动或响声；

4）电容器壳体无变色、膨胀变形、渗漏油；

5）设备的接地良好，接地引下线无锈蚀、断裂且标识完好；

6）套管及支柱绝缘子完好，无破损裂纹及放电痕迹。

（3）电抗器。

1）设备铭牌标识齐全、清晰；

2）包封表面无裂纹、无爬电，无油漆脱落现象，防雨帽、防鸟罩完好，螺栓紧固；

3）空心电抗器撑条无松动、位移、缺失等情况；

4）引线无散股、断股、扭曲，松弛度适中；连接金具接触良好，无裂纹、发热变色、变形；

5）瓷瓶无破损，金具完整；支柱绝缘子金属部位无锈蚀，支架牢固，无倾斜变形；

6）运行中无过热，无异常声响、震动及放电声；

7）电抗器本体及支架上无鸟窝、漂浮物等异物；

8）设备基础构架无倾斜、下沉。

（4）充电装置。

1）无异响；

2）设备连接处无松动、过热。

2. 直流转换开关全面巡视

全面巡视是在例行巡视基础上增加以下巡视项目：

（1）直流转换开关动作计数器指示正常；

（2）液压、气动操动机构管道阀门位置正确；

（3）指示灯正常，远方/就地切换把手位置正确；

（4）空气开关位置正确，二次元件外观完好、标识、电缆标牌齐全清晰；

（5）端子排无锈蚀、裂纹、放电痕迹；二次接线无松动、脱落，绝缘无破损、老化现象；备用芯绝缘护套完备；电缆孔洞封堵完好；

（6）照明、加热驱潮装置工作正常。加热驱潮装置线缆的隔热护套完好，附近线缆无过热灼烧现象。加热驱潮装置投退正确；

（7）机构箱透气口滤网无破损，箱内清洁无异物，无凝露、积水现象；

（8）箱门开启灵活，关闭严密，密封条无脱落、老化现象；

（9）高寒地区应检查直流转换开关本体、气动机构及其联接管路加热带工作正常。

3. 直流转换开关熄灯巡视

（1）检查引线、接头有无放电、过热迹象；

（2）检查电容器套管、支柱绝缘子有无电晕、闪络、放电痕迹。

4. 直流转换开关特殊巡视

设备新投入运行、设备变动、设备经过检修、改造或长期停运后重新投入运行后，应增加巡视频次。

（1）直流转换开关异常天气时巡视。

1）大风天气时，检查引线摆动情况，有无断股、散股，均压环及绝缘子是否倾斜、断裂，各部件上有无搭挂杂物；

2）气温骤变时，应增加巡视频次，重点检查油位是否有明显变化，各密封处有否渗漏油现象，各连接引线是否有断股或接头处发红现象，SF_6 压力是否有明显变化，加热器工作是否正常；

3）雷雨、大风、冰雹后，应增加巡视频次，重点检查引线摆动情况及有无断股，设备上有无其他杂物，外绝缘有无放电现象及破裂现象，设备箱柜是否完好，密封良好；

4）浓雾、小雨、大雪时，应增加巡视频次，重点检查外绝缘有无沿表面闪络和放电；

5）大雨天气后，应增加巡视频次，重点检查各控制箱和二次端子箱、机构箱有无进水、受潮，加热驱潮装置是否工作正常；

（2）过负荷或负荷剧增、设备过热、系统冲击、跳闸、有接地故障情况时，应增加巡视频次。

（3）迎峰度夏、迎峰度冬及特殊保电期间，应增加巡视频次。

（4）直流转换开关故障跳闸后的巡视。

1）直流转换开关外观是否完好；

2）直流转换开关的位置是否正确；

3）直流转换开关内部有无异常声音；

4）SF_6 密度继电器（压力表）指示是否正常，操动机构压力是否正常，弹簧机构储能是否正常；

5）各附件有无变形，引线、线夹有无过热、松动现象；

6）保护动作情况及故障电流情况；

7）检查外部是否完好，有无放电痕迹；

8）与振荡回路避雷器连接的导线及接地引下线有无烧伤痕迹或断股现象，喷口有无动作；

9）检查电容器各引线接点有无发热现象，外熔断器有无熔断或松弛；

10）检查电抗器外表涂漆是否变色，壳体是否膨胀变形；

11）检查绝缘支架、接地装置有无放电痕迹。

5. 直流隔离开关例行巡视

（1）导电部分。

1）合闸状态的直流隔离开关触头接触良好，合闸角度符合要求；分闸状态的直流隔离开关触头间的距离或打开角度符合要求；

2）触头、触指（包括滑动触指）、压紧弹簧无损伤、变色、锈蚀、变形，导电杆无损伤、变形现象；

3）引弧触头完好、无烧损；

4）引线弧垂满足要求，无散股、断股，两端线夹无松动、裂纹、变色现象；

5）导电底座无变形、裂纹，连接螺栓无锈蚀、松动、脱落现象；

6）均压环安装牢固，表面光滑，无锈蚀、损伤、变形现象。

（2）绝缘子。

1）绝缘子外观清洁，无异物，无倾斜、破损、裂纹、放电痕迹或放电异声；

2）金属法兰与瓷件的胶装部位完好，防水胶无开裂、起皮、脱落现象；

3）金属法兰无裂痕，连接螺栓无锈蚀、松动、脱落现象；

4）防污闪辅助伞裙接合良好，无开胶脱落现象。

（3）传动部分。

1）传动连杆、拐臂、万向节、齿轮无锈蚀、松动、变形、脱落现象；

2）轴销无锈蚀、脱落现象，开口销齐全；

3）接地开关平衡弹簧无锈蚀、断裂现象，平衡锤牢固可靠；接地开关可动部件与其底座之间的软连接完好、牢固；

4）基座、机械闭锁及限位部分；

5）基座无裂纹、破损，连接螺栓无锈蚀、松动、脱落现象；

6）机械闭锁位置正确，机械闭锁盘、闭锁板、闭锁销无锈蚀、变形现象，闭锁间隙符合要求；

7）限位装置完好可靠。

（4）操动机构。

1）直流隔离开关操动机构机械指示与直流隔离开关实际位置一致；

2）各部件无锈蚀、松动、脱落现象，连接轴销齐全。

（5）其他。

1）名称、编号、铭牌齐全清晰；

2）机构箱无锈蚀、变形现象，机构箱锁具完好；

3）基础无破损、开裂、倾斜、下沉，架构无锈蚀、松动、变形现象，无鸟巢、蜂窝等异物；

4）接地引下线标志无脱落，接地引下线可见部分连接完整可靠，接地螺栓紧固，无放电痕迹，无锈蚀、变形现象；

5）原存在的设备缺陷无发展趋势。

6. 直流隔离开关全面巡视

全面巡视在例行巡视的基础上增加以下项目：

（1）直流隔离开关远方/就地切换把手、手动/电动操作把手位置正确，电机和控制电源空开位置在合闸位置；

（2）辅助开关外观完好，与传动杆连接可靠；

（3）空气开关、电动机、接触器、继电器、限位开关等元件外观完好，二次元件标识、电缆标牌齐全清晰；

（4）端子排无锈蚀、裂纹、放电痕迹；二次接线无松动、脱落，绝缘无破损、老化现象；备用芯绝缘护套完备；电缆孔洞封堵完好；

（5）照明、加热除潮装置工作正常，加热器线缆的隔热护套完好，附近线缆无烧损现象；

（6）机构箱透气口滤网无破损，箱内清洁无异物，无凝露、积水现象；

（7）箱门开启灵活，关闭严密，密封条无脱落、老化现象。

7. 直流隔离开关熄灯巡视

重点检查直流隔离开关触头、引线、接头、线夹有无发热，绝缘子表面有无放电现象。

8. 直流隔离开关特殊巡视

新安装或 A、B 类检修后投运的直流隔离开关应增加巡视次数，巡视项目按照全面巡视执行。

（1）直流隔离开关异常天气时的巡视。

1）大风天气时，检查引线摆动情况，有无断股、散股，均压环及绝缘子是否倾斜、断裂，各部件上有无搭挂杂物；

2）雷雨天气后，检查绝缘子表面有无放电现象或放电痕迹，检查接地装置有无放电痕迹；

3）大雨、连阴雨天气后，检查机构箱有无进水，加热除湿装置工作是否正常；

4）冰雪天气时，检查设备积雪情况，及时处理过多的积雪和悬挂的冰柱；

5）冰雹天气后，检查引线有无断股、散股，绝缘子表面有无破损现象；

6）大雾、雾霾天气时，检查绝缘子有无放电现象，重点检查污秽部分；

7）高温天气时，检查触头、引线、线夹有无过热现象。

（2）直流隔离开关高峰负荷期间，增加巡视次数，重点检查触头、引线、线夹有无过热现象。

（3）直流隔离开关故障跳闸后，检查隔离开关各部件有无变形，触头、引线、线夹有无过热、松动，绝缘子有无裂纹或放电痕迹。

9. 直流断路器例行巡视

（1）直流断路器本体。

1）直流断路器应每日进行巡视，每周至少进行一次熄灯检查；

2）检查直流断路器快速机械开关、避雷器、电力电子开关、支柱绝缘子等设备无异常；

3）放电及放电痕迹；

4）检查直流断路器各部位无火光、烟雾、异味、异响和振动；

5）检查直流断路器阀塔内部无漏水现象，地面、墙壁无水迹；

6）检查直流断路器本体、地面清洁无杂物；

7）检查直流断路器设备区温度、湿度正常，火灾报警系统无报警和异常；

8）检查快速机械开关分、合闸指示正确，与实际位置相符。

（2）供能系统。

1）检查供能系统通信、电流、电压等各参数正常；

2）检查供能开关柜表面无污秽现象、无破损、无裂纹；

3）检查就地屏柜指示灯正常，柜内清洁，无杂物；

4）检查供能开关柜位置状态指示灯与实际相符。

（3）水冷系统。

1）检查内水冷系统的流量、水温、液位、压力及电导率等运行数据处于正常范围内，主备系统间读数不超过允许范围；

2）检查内水冷设备室内温度正常；

3）检查主循环泵无异常振动、声响，无焦煳味，无渗漏油、水等情况；

4）检查主水回路管道及法兰连接处、仪表及传感器安装处、管道阀门及主水过滤器无渗漏；

5）检查内水冷处理设备（主泵、膨胀水箱、补水罐、脱气罐、氮气瓶等）、电加热器正常；

6）检查内冷动力柜及控制柜无异常声响，显示屏显示正常，无报警，无焦煳味；

7）检查风机启动、转动正常；

8）检查风机隔离网、管束上下无杂物。

（4）阀控、控保系统及监控系统。

1）检查面板指示灯正常，无异常报警；

2）检查屏柜运行声音正常，无异常声响和振动，无焦煳味；

3）检查电源空开位置正确，电源指示正常；

4）检查阀控、控保系统主机运行状态无异常；

5）检查转移支路及主支路中电力电子开关故障数量、快速机械开关故障数量在冗余范围内；

6）检查监控系统运行正常，无异常告警。

10. 直流断路器全面巡视

全面巡视是在例行巡视基础上增加以下巡视项目：

（1）检查水冷系统（外冷、内冷）主水回路各部件及所连标记无变动、阀门无渗漏水情况；

（2）检查阀塔设备各部件固定良好，无移位脱落迹象；检查阀塔绝缘子正常，无裂纹、断裂、松脱情况；

（3）检查直流断路器电力电子开关、屏蔽罩、避雷器和绝缘子等无严重积灰；

（4）检查直流断路器设备区高空附属设备如探头、红外测温装置等无脱落迹象；

（5）检查直流断路器设备区大门、孔洞、排烟窗密闭良好；

（6）检查供能开关柜内无异常声响和振动、无焦煳味，设备标识完整、清晰、无脱落；

（7）检查供能开关柜门密封良好，关闭正常，电缆孔洞封堵严密。

11. **直流断路器特殊巡视**

负荷剧增、设备发热、系统冲击、故障跳闸情况时，应进行特殊巡视。

（1）设备新投入运行、设备变动、设备经过检修、改造或长期停运重新投入运行后，应进行特殊巡视，第一次带电时应进行熄灯检查，观察内部是否有异常放电点。

（2）迎峰度夏、迎峰度冬及特殊保电期间，应进行特殊巡视。

（3）设备存在缺陷和隐患时，应根据设备具体情况进行特殊巡视。

（4）遇到大风暴雨天气时进行特殊巡视检查，重点对直流断路器设备区墙壁、防雨百叶边缘及其他开孔处进行特殊巡视，大风天气后应对直流断路器设备区屋顶固定情况进行检查。

（四）干式平波电抗器

1. **例行巡视**

（1）设备铭牌、运行编号标识齐全、清晰；

（2）声罩表面无裂纹、无爬电，无油漆脱落现象，防雨帽完好，螺栓紧固；

（3）包封间导风撑条无松动、位移、缺失等情况；

（4）连接金具接触良好，无裂纹、发热变色、变形；

（5）支撑绝缘子外绝缘无破损，金属部位无锈蚀，支架牢固，无异常倾斜变形；

（6）运行中无过热，无异常声响、振动及放电声；

（7）设备的接地良好，接地引下线无锈蚀、断裂且标识完好；

（8）围栏安装牢固，门关闭，无杂物，五防锁具完好；周边无异物且金属物无异常发热现象；

（9）本体及支架上无鸟窝、漂浮物等杂物；

（10）设备基础无倾斜、下沉；

（11）避雷器外绝缘无破损，金属部位无锈蚀，支架牢固，无异常现象。

2. 全面巡视

（1）全面巡视在例行巡视的基础上增加以下项目：

（2）干式电抗器防鸟设施完好；

（3）（声罩）表面涂层无破裂、起皱、鼓泡、脱落现象。

3. 熄灯巡视

（1）检查引线、接头无放电、过热迹象；

（2）检查绝缘子表面无电晕、闪络、爬电现象。

4. 特殊巡视

（1）新投入后巡视。

1）声音应正常，如果发现响声特大、不均匀或者有放电声，应认真检查；

2）表面无爬电，壳体无变形；

3）表面绝缘涂层无变色，无明显异味；

4）红外测温无异常发热；

5）新投运电抗器应使用红外成像测温仪进行测温，注意收集、保存、填报红外测温成像图谱佐证资料。

（2）异常天气时巡视。

1）气温骤变时，检查一次引线端子无异常受力，无散股、断股，撑条无位移、变形；

2）雷雨、冰雹、大风天气过后，检查导引线摆动幅度及无断股迹象，设备上无飘落积存杂物，支撑绝缘子无放电痕迹及破裂现象；

3）浓雾、雾霾、毛毛雨天气时，支撑绝缘子无沿面爬电、放电和异常声响；

4）高温天气时，应特别检查外表无变色、变形，无异味或冒烟；

5）下雪天气时，应根据接头部位积雪融化迹象检查是否发热，检查导引线积雪累积厚度情况，必要时清除导引线上的积雪和形成的冰柱。

（3）故障跳闸后的巡视。

1）线圈匝间及支持部分无变形、损坏；

2）回路内引线接点无发热现象；

3）检查本体各部件无位移、变形、松动或损坏；

4）外表涂层无变色，表面无膨胀、变形；

5）支撑绝缘子无破损、裂缝及放电闪络痕迹；

6）避雷器外绝缘无破损，喷口无动作。

（五）交直流滤波器

1. 例行巡视

（1）设备铭牌、运行编号标识是否齐全、清晰；

（2）设备区域内是否有渗漏油痕迹，设备是否有异常噪声、放电声响和振动；

（3）电容器外壳是否明显鼓肚变形，本体、附件及各连接处是否渗漏油，防鸟罩是否完整、有无脱落；

（4）电抗器本体外观是否良好，有无变形、严重发热变色、无异常声响或振动等，表面涂层是否完整、有无脱落，防护罩是否完好；

（5）电阻箱有无异味、变形现象、异常声响或振动等，防护罩是否完好；

（6）光电流互感器光纤绝缘子是否完好，是否破损断裂；

（7）支柱绝缘子是否清洁，有无裂纹、机械损伤、放电及烧伤痕迹；

（8）检查交直流滤波器围栏门是否锁闭正常。

2. 全面巡视

全面巡视在例行巡视的基础上增加以下项目：

（1）母线及引线是否过紧过松、散股、断股、是否有异物缠绕，各连接头有无发热现象；

（2）充油型电流互感器油位是否正常，有无渗、漏油现象；

（3）避雷器动作次数和泄漏电流是否符合标准，有无超过规定值；

（4）接地线是否松动或脱落；

（5）检查基础有无破损或开裂，有无下沉，支架是否锈蚀或变形等；

（6）地面是否干净整洁，有无掉落物，地面有无杂草；

（7）防小动物设施是否完好；

（8）照明是否良好。

3. 熄灯巡视

（1）检查引线、接头有无放电、发红过热现象；

（2）检查电容器套管、支柱绝缘子有无电晕、闪络、放电现象。

4. 特殊巡视

（1）新投运或经过大修后投运设备巡视。

1）交直流滤波器场声音是否正常，若发现声音异常（不均匀或者有放电声），应认真检查；

2）电容器、电抗器、电阻器、电流互感器、避雷器等设备及各引线接头外观是否正常；

3）红外测温检查各设备本体和接头有无发热；

4）交直流滤波器电容器不平衡电流是否在正常范围内；

5）交直流滤波器光电流互感器监视数据是否正常。

（2）异常天气时巡视。

1）气温骤变时，应增加巡视频次，重点检查充油式电流互感器油位是否有明显变化，各密封处是否有渗漏油现象，各连接引线是否有断股或接头处发热现象；

2）雷雨、大风、冰雹后，应增加巡视频次，重点检查引线摆动情况及有无断股，设备上有无其他杂物，瓷套管有无放电痕迹及破裂现象，避雷器放电计数器动作情况等；

3）浓雾、小雨、下雪时，应增加巡视频次，重点检查瓷套管有无沿表面闪络和放电，各接头在小雨中和下雪后有无水蒸气上升或立即熔化现象；

4）大雨天气后，应增加巡视频次，重点检查各控制箱和二次端子箱、机构箱有无进水、受潮，温控装置是否工作正常；

5）交直流滤波器电容器不平衡电流是否在正常范围内；

6）交直流滤波器光电流互感器监视数据是否正常。

（3）故障跳闸后的巡视。

1）检查各元件有无变色、有无位移、变形、松动或损坏现象；

2）检查电容器、电抗器、电阻箱、避雷器、电流互感器及各引线接头有无损坏；

3）检查电容器有无膨胀变形，接缝有无开裂、渗漏油现象；

4）检查充油式电流互感器有无渗漏油现象；

5）检查支柱绝缘子有无破损、裂纹及放电闪络痕迹；

6）检查避雷器动作次数是否增加。

（六）直流穿墙套管

1. 例行巡视

（1）名称、编号等标识齐全、完好，清晰可辨；

（2）表面及增爬裙无严重积污，无破损、无变色；复合绝缘粘接部位无脱胶、起鼓等现象；

（3）连接柱头及法兰无开裂、锈蚀现象；

（4）本体、引线连接线夹及法兰处无明显过热；

（5）高压引线、末屏接地线连接正常；

（6）无放电痕迹，无异常响声，无异物搭挂；

（7）固定钢板牢固且接地良好，无锈蚀、无孔洞或缝隙；

（8）直流穿墙套管无漏气、漏油现象，压力指示正常；

（9）直流穿墙套管四周与墙壁应封闭严密，无裂缝或孔洞；

（10）SF_6 气体继电器接线盒密封良好，防雨罩无脱落。

2. 全面巡视

全面巡视应在例行巡视基础上增加以下项目：检查端子箱内无渗漏水，加热器工作正常。

3. 熄灯巡视

（1）引线及连接线夹无放电、发红；

（2）直流穿墙套管无放电及异常响声。

4. 特殊巡视

（1）新投入或者经过大修的直流穿墙套管巡视：

1）无异常响声；

2）充气直流穿墙套管无漏气、压力指示正常；充油直流穿墙套管无漏油现象。

（2）异常天气时的巡视：a）气温骤变时，检查 SF_6 充气套管气体压力是否有明显变化，引线连接部位不应受额外应力；

1）雷雨、冰雹天气过后，检查瓷套管有无放电痕迹及破损现象；

2）浓雾、阴雨、雾霾天气时，瓷套管有无沿表面爬电或放电；

3）雨雪天气时，套管接头部位无明显水蒸气上升、积雪溶化现象。雪后还应检查套管处积雪、积冰情况；

4）大风天气时，检查直流穿墙套管有无异物搭挂。

（七）直流避雷器

1. 例行巡视

（1）引流线无松股、断股和弛度过紧及过松现象；接头无松动、发热或变色等现象。

（2）均压环无位移、变形、锈蚀现象，无放电痕迹。

（3）瓷套部分无裂纹、破损、无放电现象，防污闪涂层无破裂、起皱、鼓泡、脱落；硅橡胶复合绝缘外套伞裙无破损、变形。

（4）密封结构金属件和法兰盘无裂纹、锈蚀。

（5）压力释放装置封闭完好且无异物。

（6）设备基础完好、无塌陷；底座固定牢固、整体无倾斜；绝缘底座表面无破损、积污。

（7）接地引下线连接可靠，无锈蚀、断裂。

（8）引下线支持小套管清洁、无碎裂，螺栓无松动情况。

（9）运行时无异常声响。

（10）监测装置外观完整、清洁、密封良好、连接紧固，表计指示正常，数值无超标；放电计数器完好，内部无受潮、进水。

（11）接地标识、设备铭牌、设备标示牌齐全、清晰。

（12）原存在的设备缺陷是否有发展趋势。

2. 全面巡视

全面巡视在例行巡视的基础上增加以下项目：

记录避雷器泄漏电流的指示值及放电计数器的指示数，并与历史数据进行比较。阀厅内避雷器结合停电机会进行数据抄录和分析。

3. 熄灯巡视

（1）引线、接头无放电、发红、严重电晕迹象。

（2）外绝缘无闪络、放电。

4. 特殊巡视

（1）异常天气时。

1）大风、沙尘、冰雹天气后，检查引线连接应良好，无异常声响，垂直安装的避雷器无严重晃动，户外设备区域有无杂物、漂浮物等；

2）雾霾、大雾、毛毛雨天气时，检查直流避雷器无电晕放电情况，重点监视污秽瓷质部分，必要时夜间熄灯检查；

3）覆冰天气时，检查外绝缘覆冰情况及冰凌桥接程度，不出现伞裙放电现象；

4）大雪天气，检查引线积雪情况，防止因过度受力引起套管破裂等现象，应及时处理引线积雪过多和冰柱。

（2）雷雨天气及系统发生过电压后。

1）检查外部是否完好，有无放电痕迹；

2）检查监测装置外壳完好，无进水；

3）与直流避雷器连接的导线及接地引下线有无烧伤痕迹或断股现象，监测装置底座有无烧伤痕迹；

4）记录放电计数器的放电次数，判断直流避雷器是否动作；

5）记录泄漏电流的指示值，检查直流避雷器泄漏电流变化情况。

（八）换流阀及阀控设备

1. 换流阀例行巡视

（1）阀厅每日巡视，每周至少进行一次夜间熄灯检查；

（2）关灯检查子模块、绝缘子、阀组件、阀电抗器、阀避雷器、光纤等设备无异常放电；

（3）检查阀塔各部位无火光、烟雾、异味、异响和振动；

（4）检查阀体各部位包括阀塔屏蔽罩、阀塔底盘及阀塔内部无漏水现象，以及阀避雷器、管母、阀厅地面、墙壁无水迹；

（5）检查阀塔内部、阀厅地面清洁无杂物；

（6）检查换流阀、阀避雷器、悬挂绝缘子无放电痕迹；

（7）检查阀厅温度、湿度正常；

（8）检查阀监控设备正常；

（9）检查阀厅火灾报警系统无报警和异常；

（10）柔直换流阀检查子模块旁路数量是否满足冗余要求。

2. 换流阀全面巡视

（1）全面巡视是在例行巡视基础上增加以下巡视项目；

（2）检查晶闸管损坏数量、晶闸管正向保护触发数量无变化；

（3）检查阀塔主水回路各部件及所连标记无变动、阀门无渗漏水情况；

（4）检查阀塔设备各部件固定良好，无移位脱落迹象；检查阀塔悬吊绝缘子正常，无裂纹、断裂、松脱情况；

（5）检查阀塔元件、屏蔽罩、阀避雷器和绝缘子等无严重积灰；

（6）检查阀厅高空附属设备如电缆穿管、探头、阀厅红外测温装置等无脱落迹象；

（7）检查阀厅大门、穿墙套管孔洞、排烟窗密闭良好。

3. 换流阀特殊巡视

（1）检修后的换流阀第一次带电时应进行关灯检查，观察阀塔内是否有异常放电点；

（2）过负荷或负荷剧增、超温、设备发热、系统冲击、跳闸、有接地故障情况时，应进行特殊巡视；

（3）设备新投入运行、设备变动、设备经过检修、改造或长期停运重新投入运行后，应进行特殊巡视；

（4）迎峰度夏、迎峰度冬及特殊保电期间，应增加巡视频次；

（5）设备存在缺陷和隐患时，应根据设备具体情况增加巡视频次；

（6）遇到大风暴雨天气时，应对阀厅墙壁、阀厅顶部排烟窗、阀厅紧急门、防雨百叶边缘及其他开孔处进行特殊巡视，发现渗水现象应立即进行处理；

（7）大风天气后应对阀厅屋顶固定情况进行特殊巡视检查。

4. 阀控例行巡视

（1）阀控设备室清洁无杂物，无漏水、凝露现象，照明正常，空调运行正常，室内温湿度指示正常。

（2）屏柜内各板卡、元器件指示灯正常，电源模块、继电器等元件指示正常，无异常告警信号，开关、把手位置正确。

（3）屏柜内无异常声响和振动、无焦煳味。

（4）屏柜内端子接线无脱落，无发霉、锈蚀现象，无过热痕迹，光纤连接正常，光纤弯曲度符合规定。

（5）屏柜内设备标识完整、清晰、无脱落。

（6）屏柜门密封良好，关闭正常，电缆孔洞封堵严密。

（7）阀塔漏水检测模块状态正常。

5. 阀控特殊巡视

（1）设备新投入运行、设备变动、设备经过检修、改造或长期停运重新投入运行后，应增加巡视频次。

（2）迎峰度夏、迎峰度冬及特殊保电期间，应增加巡视频次。

（3）设备存在缺陷和隐患时，应根据设备具体情况增加巡视频次。

（4）遇到大风暴雨天气时，应加大对阀控室边缘及开孔处的巡视频次，发现渗水现象应立即进行处理。

（九）直流控制保护系统

1. 例行巡视

（1）室内温度正常，空调无冷凝水渗漏等异常现象；

（2）检查控制保护主机面板、板卡指示灯正常，无异常报警；

（3）屏柜运行声音正常，无异常声响和振动，无焦煳味；

（4）电源空开位置正确，电源指示正常；

（5）控制保护主机的主、备运行状态无异常；

（6）设备铭牌、运行编号标识是否齐全、清晰。

2. 全面巡视

（1）全面巡视在例行巡视的基础上增加以下项目；

（2）压板、转换开关、按钮完好，位置正确；

（3）屏柜内部无接点异常抖动、风扇振动等异常声响；

（4）屏柜内照明正常，打印机工作正常（如有），打印纸充足；

（5）端子排接头无放电现象，屏内无焦煳味；

（6）屏内外清洁、无杂物；

（7）屏内防火封堵完好，无凝露现象；

（8）标签完整清晰，定义明确，规格标准；

（9）对控制保护主机光纤及备用光纤进行检查，检查是否存在弯折现象。

3. 特殊巡视

（1）气温骤变时，应增加巡视频次，重点检查户外端子箱、加热器是否工作正常，二次端子、电缆是否存在断裂、破损现象；

（2）大雨、冰雹或沙尘暴前后，重点检查户外控制箱和二次端子箱、机构箱密封情况是否良好，无进水、受潮现象；

（3）设备新投入运行、设备变动、设备经过检修、改造或长期停运后重新投入运行后，应增加巡视频次；

（4）迎峰度夏、迎峰度冬及特殊保电期间，应增加巡视频次；

（5）设备存在缺陷和隐患时，应根据设备具体情况增加巡视频次。

（十）测量设备

1. 直流分压器例行巡视

（1）外绝缘表面完整，无粉蚀、无裂纹、放电痕迹、老化迹象，防污闪涂料完整无脱落。

（2）各连接引线及接头无松动、发热、变色迹象，引线无断股、散股。

（3）金属部位无锈蚀；底座、支架、基础牢固，无倾斜变形。

（4）无异常振动、异常声响及异味。

（5）接地引下线无锈蚀、松动情况。

（6）二次接线盒关闭紧密，电缆（或光纤）进出口密封良好；端子箱门关闭良好。

（7）均压环完整、牢固，无异常可见电晕。

（8）充油式直流分压器油位指示正常，各部位无渗漏油现象。

（9）充气式直流分压器压力表指示在规定范围内，无漏气现象，密度继电器正常，防爆膜无破裂。

（10）运行编号标识及接地标识齐全、清晰可识别。

2. 直流分压器全面巡视

（1）全面巡视在例行巡视的基础上，增加以下项目：

（2）光传输通道（若有）无异常指示灯亮。

3. 直流分压器熄灯巡视

（1）引线、接头无放电、发红、严重电晕迹象。

（2）外绝缘套管无闪络、放电。

4. 直流分压器特殊巡视

（1）异常天气时。

1）气温骤变时，检查引线无异常受力，是否存在断股，接头部位无发热现象；各密封部位无漏气、渗漏油现象，气体压力或油位指示正常；二次接线盒无凝露现象；必要时，检查远端测量信号的正确性；

2）大风、雷雨、冰雹天气过后，检查导引线无断股、散股迹象，设备上无飘落积存杂物，外绝缘无闪络放电痕迹及破裂现象；

3）雾霾、大雾、毛毛雨天气时，检查外绝缘无沿表面闪络和放电，必要时夜间熄灯检查；

4）高温天气时，检查油位或气体压力指示正常；

5）覆冰天气时，检查外绝缘覆冰情况及冰凌桥接程度，不出现伞裙放电现象；

6）大雪天气时，应根据接头部位积雪融化迹象检查是否发热。

（2）故障跳闸后的巡视。

故障范围内的直流分压器重点检查导线有无烧伤、断股，油位、油色、气体压力等是否正常，有无喷油、漏气异常情况等，绝缘子有无污闪、破损现象；远端测量信号有无异常。

5. 光电流互感器例行巡视

（1）各连接引线及接头无发热、变色迹象，引线无断股、散股，各部位接地应牢固可靠。

（2）测量电缆、光纤等外观无机械损伤。

（3）整个设备无异常声响或放电声、晃动和气味。

（4）伞裙无任何破损，无影响设备运行的障碍物、附着物悬挂等。

（5）外绝缘表面无粉蚀、开裂，无放电现象。

（6）外观完整、无损坏，运行编号标识及接地标识齐全、清晰可识别。

（7）器身外涂漆层清洁，无爆皮掉漆、锈蚀。

（8）硅橡胶套管（若有）应固定牢靠，防止折弯或拉伸造成本身或内部光纤损坏。

（9）光参数监测正常。

（10）充气（充油）式光电流互感器压力（油位）正常。

6. 光电流互感器全面巡视

全面巡视在例行巡视的基础上，增加以下项目：

（1）光纤接线盒盖密封良好，防雨罩安装紧固。

（2）接线盒密封良好，无受潮、凝露、积水、灰尘及杂物，防雨罩完好，无脱落。

（3）光传输通道无异常指示灯亮，对光传输通道光电流、光功率、激光温度、奇偶校验值、驱动电流等参数进行监视，应无异常。

7. 光电流互感器熄灯巡视

（1）引线、接头无放电、发红、严重电晕迹象。

（2）外绝缘无闪络、放电。

8. 光电流互感器特殊巡视

（1）大负荷运行期间，检查接头无发热、本体无异常声响、异味。必要时用红外热像仪检查光电流互感器本体、引线接头的发热情况。

（2）异常天气时。

1）气温骤变时，检查一次引线接头无异常受力，引线接头部位无发热现象；二次接线盒内无受潮凝露；

2）大风、雷雨、冰雹天气过后，检查导引线无断股迹象，设备上无飘落积存杂物，外绝缘无闪络放电痕迹及破裂现象，光纤绝缘子无大幅度摆动现象；

3）雾霾、大雾、毛毛雨天气时，检查无沿表面闪络和放电，重点监视瓷质污秽部分，必要时夜间熄灯检查；

4）覆冰天气时，检查外绝缘覆冰情况及冰凌桥接程度，不出现伞裙放电现象。

（3）故障跳闸后的巡视。

故障范围内的光电流互感器重点检查导线有无烧伤、断股，绝缘子有无闪络、破损等现象。

9. 零磁通电流互感器例行巡视

（1）各连接引线及接头无发热、变色迹象，引线无断股、散股。

（2）外绝缘表面完整、无粉蚀、无裂纹、无放电痕迹、无老化迹象，防污闪涂料完整无脱落。

（3）金属部位无锈蚀，底座、支架、基础无倾斜变形。

（4）无异常振动、异常声响及异味。

（5）底座接地可靠，无锈蚀、脱焊现象，整体无倾斜。

（6）二次接线盒关闭紧密，电缆进出口密封良好。

（7）接地标识、出厂铭牌、设备标识牌、清晰。

（8）充油式零磁通电流互感器油位指示正常，各部位密封良好，瓷套、底座和法兰等部位应无渗漏油现象；金属膨胀器无变形，膨胀位置指示正常。

（9）SF_6 零磁通电流互感器压力表指示在规定范围，无漏气现象，密度继电器正常。

（10）原存在的设备缺陷是否有发展趋势。

10. 零磁通电流互感器全面巡视

全面巡视在例行巡视的基础上，增加以下项目：

（1）接口柜内各电源空气开关位置正确，应无老化、破损、发热现象。

（2）接口柜内端子排接线应整齐、名称齐全，引接线端子无松动、过热、破损、放电现象，运行及备用端子均应有编号，接地铜排、金属外壳以及电缆屏蔽层应接地牢固可靠。

（3）接口柜内电子模块装置运行指示情况应良好，无异常声响，无异味。

（4）接口柜内孔洞封堵严密，照明完好；电缆标牌齐全、完整。

（5）接口柜门开启灵活、关闭严密，内部清洁，无变形锈蚀，接地牢固，标识清晰。

11. 零磁通电流互感器熄灯巡视

（1）引线、接头无放电、发红、严重电晕迹象。

（2）外绝缘无闪络、放电。

12. 零磁通电流互感器特殊巡视

（1）大负荷运行期间。

1）检查接头无发热、本体无异常声响、异味。必要时用红外热像仪检查零磁通电流互感器本体、引线接头的发热情况；

2）检查 SF_6 气体压力指示或油位指示正常。

（2）异常天气时。

1）气温骤变时，检查一次引线接头无异常受力，引线接头部位无发热现象；各密封部位无漏气、渗漏油现象，SF_6 气体压力指示或油位指示正常；接线盒防雨罩正常，二次接线盒密封良好；

2）大风、雷雨、冰雹天气过后，检查导引线无断股迹象，设备上无飘落积存杂物，外绝缘无闪络放电痕迹及破裂现象；

3）雾霾、大雾、毛毛雨天气时，检查无沿表面闪络和放电，重点监视瓷质污秽部分，必要时夜间熄灯检查；

4）高温及严寒天气时，检查油位指示正常或 SF_6 气体压力正常；

5）覆冰天气时，检查外绝缘覆冰情况及冰凌桥接程度，不出现伞裙放电现象。

（3）故障跳闸后的巡视。

故障范围内的零磁通电流互感器重点检查油位、气体压力是否正常，有无喷油、漏气，导线有无烧伤、断股，绝缘子有无闪络、破损等现象。接口柜内电子模块及接线端子正常。

（十一）阀冷却系统

1. 阀内水冷例行巡视

（1）通过监控系统监视内水冷系统的流量、水温、液位、压力及电导率等运行数据处于正常范围内，冗余系统间读数不超过允许范围；

（2）内水冷设备室内温度正常；

（3）主循环泵无异常声响、无焦煳味，无渗漏油、水等情况；

（4）主水回路管道及法兰连接处、仪表及传感器安装处、管道阀门及主水过滤器无渗漏；

（5）内水冷处理设备、电加热器正常；

（6）内冷动力及控制柜无异常声响，显示屏显示正常，无报警，无焦煳味，控制柜内风扇运行正常，无积灰，无发热现象。

2. 阀内水冷全面巡视

全面巡视在例行巡视的基础上增加以下项目：

（1）主循环泵润滑油油位正常；

（2）管道阀门位置正确，指示清晰；

（3）阀门限位装置完好无脱落，锁具无损坏；

（4）表计（压力表、压差表、氮气瓶压力等）指示在正常范围内；

（5）内冷动力及控制柜柜体冷却风扇运行正常；

（6）控制柜控制电源合上位置正常，控制把手位置正常。控制柜压板投退正确；

（7）各设备动力电源合上位置正常；

（8）变频器及软启动器面板显示及信号指示灯正常，控制方式在正常位置；

（9）柜门密封良好，关闭正常，柜内状态指示正确，与设备实际状态一致；

（10）设备标识完整、清晰、无脱落。

3．阀内水冷特殊巡视

（1）新投入或经过大修的阀冷却设备在投运六小时内按照全面巡视项目每两小时巡视一次。

（2）当设备异常运行时应增加巡视频次。

4．阀外水冷例行巡视

（1）通过监控系统监视阀外水冷系统的运行数据处于正常范围内，冗余系统间读数相差不超过允许范围；

（2）反洗泵、喷淋泵、软化罐、反渗透膜管、水管道、各电磁阀及阀门法兰连接处无渗漏；

（3）检查各阀门位置正确，检查旁滤循环泵、补水泵、喷淋泵、冷却塔风机、补水装置、水处理回路的运行情况，无漏水、过热、异常振动、异音、异味等异常现象；

（4）喷淋水池水位正常，盐池或者盐箱中盐量充足；

（5）设备室内温度无异常，外冷动力及控制柜无异常声响，控制柜显示屏正常；

（6）检查加药罐内药剂充足，加药泵运行正常，无异常振动和声响。

5．阀外水冷全面巡视

（1）全面巡视在例行巡视的基础上增加以下项目：

（2）设备无发霉、锈蚀、积水、凝露现象，无过热痕迹及焦煳味；

（3）管道阀门位置指示清晰；阀门限位装置完好无脱落，锁具无损坏；

（4）管路上各有关压力计、流量计、电导率计等指示仪表的指示值在正常范围之内，管道接头处无漏水现象，细长管道无异常振动；

（5）排水系统运行正常，泵坑无积水；

（6）检查各冷却塔的喷水情况是否平衡，冷却塔风扇的转速是否平衡；

（7）数据未远传表计（压力等）指示在正常范围内；

（8）各设备动力电源合上位置正常；

（9）阀外水冷动力及控制柜柜体冷却风扇运行正常；

（10）控制柜控制电源合上位置正常，控制把手位置正常；

（11）变频器面板显示无黑屏，信号指示灯正常，控制方式在正常位置；

（12）就地控制盘柜的控制方式与参数显示正常；盘面上的相关电压、电流、水位、压力表的指示值正常，"灯试验"检查正常；

（13）柜门密封良好，关闭正常，柜内状态指示正确，与设备实际状态一致。

6. 阀外水冷特殊巡视

（1）新投入或经过大修的阀冷却设备在投运六小时内按照全面巡视项目每两小时巡视一次；

（2）当设备异常运行时应增加巡视频次；

（3）雷雨、冰雹后，应检查冷却塔风扇无异常声音、杂物；

（4）室外气温低于0℃，检查阀冷却系统管道内无结冰现象；

（5）暴雨后检查排水泵抽水是否正常，喷淋泵运行正常。

7. 阀外风冷例行巡视

（1）检查各阀门位置正确；

（2）检查各管道、阀门、法兰及接口处连接紧固、无渗漏、异常振动、异常声音等异常现象；

（3）检查构架、风机、电动机各处固定螺栓及螺丝是否松动迹象，有无异常振动，异常声音；

（4）检查风机隔离网、管束上下无杂物；

（5）检查百叶窗或卷帘门开度正确；

（6）检查风机启动、转动正常；

（7）各柜所有开关位置正确，所用风机控制把手在自动位置；

（8）柜内各器件无异常声响，无松动脱落迹象，各模块线路无烧损、放电迹象；

（9）屏柜散热风扇运转正常；

（10）检查阀外风冷系统现场风机控制开关防雨措施完善，无受潮进水的可能。

8. 阀外风冷全面巡视

全面巡视是在例行巡视基础上增加以下巡视项目。

（1）设备无发霉、锈蚀、积水、凝露现象，接地良好；

（2）管道、阀门位置指示清晰，阀门限位装置完好无脱落，锁具无损坏；

（3）排气阀无渗漏；

（4）各设备动力电源合上位置正常；

（5）阀外风冷动力及控制柜柜体冷却风扇运行正常；

（6）控制柜控制电源合上位置正常，控制把手位置正常；

（7）变频器面板显示无黑屏，信号指示灯正常，控制方式在正常位置；

（8）就地控制盘柜的控制方式与参数显示正常，无报警，无焦煳味；盘面上的相关电压、电流的指示值正常，"灯试验"检查正常；

（9）柜门密封良好，关闭正常，柜内状态指示正确，与设备实际状态一致；

（10）盘柜照明功能正常，无熄灭、闪烁、锈蚀现象，无过热痕迹及焦煳味；

（11）设备标识完整、清晰、无脱落。

9. 阀外风冷特殊巡视

（1）新投入或经过大修的阀外风冷设备在投运六小时内按照全面巡视项目每两小时巡视一次；

（2）当设备异常运行时应增加巡视频次；

（3）雷雨、冰雹后，应检查风扇无异常声音、杂物。检查现场电源接线盒密封良好，无受潮进水可能；

（4）低温天气时，应检查户外管道、法兰处有否结冰现象，各密封处有无渗漏现象。加热器是否正常投运，辅助加热装置是否配备齐全；

（5）高温天气应检查风机、动力电源柜、变频器是否存在发热情况，辅助降温装置是否配备齐全并运行正常。

（十二）站用电系统

1. 站用交流电源系统例行巡视

（1）设备运行编号、相序标识清晰可识别。

（2）设备外观完好、无损伤，柜休漆层完好无损，清洁。电源柜柜体的固定连接应牢固，接地可靠。

（3）断路器、隔离开关（接地刀闸）的分、合闸位置指示清晰正确，计数器清晰正常（如有），位置指示与运行人员工作站显示一致。

（4）站用电运行方式正确，三相负荷平衡，各段母线电压正常。

（5）站用交流电源柜内各断路器储能指示正常，操作把手位置正确。

（6）电源柜电源指示灯、仪表显示正常，仪表显示数据与运行人员工作站显示一致，电源柜无异常告警，无异常声响。

（7）站用交流不间断电源系统（UPS）面板、指示灯、仪表显示正常，空开标识齐全，各切换把手、空开位置正确，风扇运行正常，无异常告警、无异常声响振动。

（8）备自投控制装置运行正常，后台无闭锁、异常告警信号。

（9）原存在的设备缺陷是否有发展趋势。

2. 站用交流电源系统全面巡视

全面巡视在例行巡视的基础上增加以下项目：

（1）电源柜及二次回路各元件接线紧固，无过热，异味，冒烟，装置外壳无破损，内部无异常声响，动力电源及控制电源空开位置正常。

（2）电源柜内各引线接头无松动、无锈蚀，导线无破损，接头线夹无变色、过热迹象。

（3）电缆名称编号齐全、清晰、无损坏，相色标识清晰，电缆孔洞封堵严密。

（4）电源自动切换装置正常运行且在自动状态。

（5）配电室温度、湿度、通风正常，照明及消防设备完好，防小动物措施完善。

（6）门窗关闭严密，房屋无渗、漏水现象。

3. 站用交流电源系统特殊巡视

（1）雨、雪天气，检查配电室及动力柜无漏雨，户外电源箱无进水受潮情况。

（2）雷电活动及系统过电压后，检查交流负荷、断路器动作情况，UPS不间断电源主从机柜浪涌保护器动作情况。

（3）仅一回站用电运行时，应密切监视站用电系统各设备运行情况，增加巡视次数。

4. 站用直流电源系统例行巡视

（1）蓄电池。

1）蓄电池组外观清洁，无短路、接地；

2）蓄电池组总熔断器运行正常；

3）蓄电池外壳无裂纹、无鼓肚、漏液，各连片连接可靠无松动，构架、护管接地良好；

4）蓄电池电压在合格范围内；

5）蓄电池编号完整；

6）电池巡检采集单元运行正常；

7）蓄电池室通风、照明、空调及消防设备完好，温度符合要求，无易燃、易爆物品；

8）蓄电池室门窗严密，房屋无渗、漏水；

9）极柱无松动、腐蚀现象，蓄电池支架及螺栓无锈蚀、接地完好；

10）各引线接头无松动及异常声音。

（2）充电装置。

1）监控装置运行正常，无异常及告警信号；

2）充电模块交流输入电压、直流输出电压和电流显示正确；

3）充电模块运行正常，无报警信号，风扇正常运转，无明显噪声或异常发热；

4）直流母线电压、蓄电池组浮充电压值在规定范围内，浮充电流值符合规定；

5）各元件标识正确，开关、操作把手位置正确；

6）监控装置显示正负母线对地绝缘应平衡。

（3）馈电屏。

1）绝缘监测装置运行正常，无异常告警，直流系统的绝缘状况良好；

2）交流空开位置正确、电源指示灯正常，监视信号完好；

3）各元件标识正确，交流空开、操作把手位置正确；

4）柜体的漆层清洁无损，柜体接地可靠。

（4）事故照明屏。

1）交流、直流电压正常，表计指示正确；

2）交、直流空开及接触器位置正确；

3）屏柜（前、后）门接地可靠，各元件标识正确清晰。

5. 站用直流电源系统全面巡视

全面巡视在例行巡视的基础上增加以下项目：

（1）屏内清洁，屏体外观完好，屏门开、合自如。

（2）防火、防小动物及封堵措施完善。

（3）直流屏内通风散热系统完好。

（4）有蓄电池在线监视系统的换流站，每天对蓄电池电压进行比对，没有蓄电池在线监视系统的换流站，单个蓄电池电压每月测量1次。

（5）有蓄电池在线监视系统的换流站，每周对蓄电池电压进行分析。

6. 站用直流电源系统特殊巡视

（1）换流站站用电全停，直流电源蓄电池带全站直流电源负载期间特殊巡视检查：

1）蓄电池带负载时间严格控制在规程要求的时间范围内；

2）直流母线电压、蓄电池组电压值在规定范围内；

3）各支路直流空开位置正确；

4）各支路的运行监视信号完好、指示正常；

5）交流电源恢复后，应检查直流电源运行工况，直到直流电源恢复到浮充方式运行，方可结束特巡工作。

（2）直流系统出现交、直流失压、直流接地、熔断器熔断、空气开关脱扣等异常现象处理后，应巡视检查各直流回路元件有无过热、损坏和明显故障现象。

（3）雨季、台风前，加强现场端子箱、机构箱封堵措施的巡视，及时消除柜门关闭、封堵不严和封堵设施脱落缺陷，防止交流窜入直流故障出现。

（十三）消防系统

1. 火灾自动报警系统

（1）例行巡视。

1）火灾报警控制器各指示灯显示正常，无异常报警；

2）火灾自动报警系统触发装置安装牢固，外观完好，工作指示灯正常；

3）集中报警、区域报警控制器型号标志文字符号和标识明显、清晰；

4）火灾探测器无脱落、缺失，巡检指示正常，应统一编号且文字符号和标识清晰；

5）手动报警按钮组件应完整，有明显标志；

6）主控室、设备区、蓄电池室、电容器室、继电保护室、高压室等火灾报警装置正常运行；

7）阀厅火灾自动报警系统中极早期烟雾探测器、紫外火焰探测器、智能扩展装置各信号灯指示正常，无报警或故障信号。

（2）全面巡视。

在例行巡视的基础上增加以下项目：

1）火灾报警控制器装置打印纸数量充足；

2）检查火灾自动报警系统自动、手动报警指示灯正常；

3）阀厅火灾自动报警系统中极早期烟雾探测器采样管网、紫外火焰探测器固定牢固，电源供电正常。

2. 固定自动灭火系统

（1）固定自动灭火系统通用设备例行巡视。

1）远方和就地控制柜电源正常，人机对话界面显示正常，各指示灯指示正确，无异常及告警信号，工作状态正确；

2）设备编号及标识齐全、清晰、无损坏，感温电缆完好，无断线、损坏，火灾探测器工作状态正确，消防管网阀门位置指示正确，各压力表指示正确；

3）消防小室内消防应急电话完好，通讯正常；

4）系统"手动/自动"运行方式正确。

（2）水喷雾灭火系统例行巡视。

1）寒冷季节，应检查消防储水设施是否有结冰现象，储水设施的任何部位均不得结冰；

2）雨淋阀、喷雾头、管件、管网及阀门无损伤、腐蚀、渗漏，当喷头上有异物时应及时清除。各阀门标识清晰、位置正确，工作状态正确。各管路畅通，接口、排水管口无水流。

（3）泡沫喷雾灭火系统例行巡视。

1）泡沫喷头、管件、管网、阀门、压力表及泡沫液储罐无损伤、腐蚀、渗漏，泡沫罐液位显示正常，各压力表指示正确。当喷头上有异物时应及时清除，各阀门标识清晰、位置正确，工作状态正确；

2）采用现混泡沫灭火系统的，还应检查消防泵组、比例混合器、报警阀等各类系统组件，不应有漏水、锈蚀等缺陷；水池水位正常，严寒天气检查水系统是否有结冰现象；

3）电源开关位置等是否正常；

4）寒冷和严寒地区，运维人员应检查泡沫液储罐专用房的温度，应采取防冻措施，房间温度不应低于0℃。

（4）气体灭火系统例行巡视。

1）灭火剂贮存容器、选择阀、液体单向阀、高压软管、集流管、阀驱动装置、管网、喷嘴等外观正常，无变形、损伤；

2）各部件表面无锈蚀，保护涂层完好、铭牌清晰；

3）手动操作装置的保护罩、铅封和安全标识完整，感温电缆完好。

（5）泡沫消防炮灭火系统例行巡视。

1）消防炮控制琴台指示灯显示正常，无故障、火警信号，各电动阀门状态位置正确；

2）消防炮控制琴台人机界面显示正常，无掉线情况。系统操作账号在退出状态，遥控器摆放位置明显；

3）泡沫比例混合装置外观完好，表计示数、泡沫罐液正常，各控制阀门的阀位位置正确；

4）泡沫消防间温度满足泡沫液环境温度要求；

5）泡沫平衡比例混合装置柜控制柜各指示灯显示正确，无异常及告警信号，工作状态正常。

（6）压缩空气泡沫消防炮灭火系统例行巡视。

1）消防炮控制琴台无故障、报警信号，界面显示正常，组件外观完好，消防炮的指向位置正确；

2）各设备标识清晰、设备外观完好，手动操作装置的保护罩、铅封和安全标识完整，感温电缆完好；

3）压缩空气泡沫产生装置无报警和异常信号，电源供电、仪器仪表显示正常，各控制阀门位置正确；

4）泡沫储罐液位、水箱液位满足要求。

（7）超细干粉灭火装置例行巡视。

1）灭火球外观正常、无变形或损坏，无锈蚀；

2）控制装置外观完好，工作指示灯正常；

3）感温系统正常、无异常报警。

（8）换流变排油系统例行巡视。

1）检查控制柜及控制箱位置指示、把手指示、指示灯指示、电源指示正确，无异常及告警信号；

2）管件、管网、阀门无损伤、腐蚀、渗漏，各阀门标识清晰、位置正确，工作状态正确。

（9）变压器排油注氮灭火系统例行巡视。

1）指示灯显示正确，无异常及告警信号，工作状态正常；

2）灭火剂贮存容器、选择阀、液体单向阀、高压软管、集流管、阀驱动装置、管网、喷嘴等外观正常，无变形、损伤；

3）氮气瓶本体压力在正常范围，灭火箱内氮气瓶压力正常；

4）排油管道及玻璃视窗内无油迹，排油充氮未动作时继电器、阀门指示灯为熄灭状态。

（10）固定自动灭火系统通用设备全面巡视。

在例行巡视的基础上增加以下项目（下同）：

1）检查系统组件的外观，应无漏水、碰撞变形及其他机械性损伤；

2）固定自动灭火系统控制柜完好无锈蚀，接地良好，封堵严密，柜内无异物；

3）固定自动灭火系统基础无倾斜、下沉、破损开裂；

4）固定自动灭火系统控制屏压板的投退、启动控制方式符合直流换流站现场运行专用规程要求。

（11）水喷雾灭火系统全面巡视。

1）检查消防水池（罐）、消防水箱及消防气压给水设备，应确保消防储备水水位及消防气压给水设备的气体压力符合设计要求；

2）检查泵房无积水，无其他杂物；

3）消防水泵接合器的接口及附件，应保证接口完好、无渗漏、闷盖齐全；

4）钢板消防水箱和消防气压给水设备的玻璃水位计两端的角阀在不进行水位观察时应关闭；

5）水喷雾灭火系统水泵工作正常，泵房内电源正常，各压力表完好，指示正常。

（12）泡沫喷雾灭火系统全面巡视。

1）所有阀门位置正确，与实际运行工况一致；

2）预混系统应检查气瓶压力是否正常；

3）系统电源、动力源正常，各压力表完好，指示正常；

4）泡沫液在有效使用期内且经检验合格。

（13）气体灭火系统全面巡视。

1）气体灭火装置贮存容器内的气体压力和气动驱动装置的气动源压力符合要求；

2）气体灭火系统应处于自动状态；

3）当防区内有人员工作或系统检修时可改为手动，但应在人员工作或系统检修结束后及时恢复。

（14）泡沫消防炮灭火系统全面巡视。

1）控制箱密封良好，关闭正常，箱内无异物、锈蚀现象，无过热痕迹及焦煳味，端子接线无脱落，电缆孔洞封堵严密；

2）消防炮各组件设备编号及标识齐全、清晰、无脱落；

3）管网及阀门无损伤、腐蚀、渗漏现象，各阀门位置指示、工作状态正确；

4）消防炮无倾斜、基础下沉、无悬挂异物。

（15）压缩空气泡沫消防炮灭火系统全面巡视。

1）应通过系统自动巡检功能，对消防泵、泡沫泵和空压机等进行巡检，检查系统是否正常；

2）装置阀门管路法兰等有无渗漏；

3）消防炮遥控装置电池电量充足，电量不足及时更换；

4）消防炮分区阀控制装置信号状态正常，阀门位置正确。

（16）超细干粉灭火装置。

1）悬挂装置正常，接线完好，无松动脱落；

2）感温系统回路正常。

（17）换流变排油系统。

1）检查控制柜及控制箱位置指示、把手指示、指示灯指示、电源指示正确无异常及告警信号；

2）管件、管网、阀门无损伤、腐蚀、渗漏，各阀门标识清晰、位置正确，工作状态正确；

3）现场电动阀密封性良好，防雨罩安装可靠；

4）现场控制柜封堵、接地完好，柜内接触器状态正常。

（18）变压器排油注氮灭火系统。

1）排油注氮控制柜手动启动按钮及手动启动确认按钮防误碰措施完好；

2）指示灯显示正确，无异常及告警信号，工作状态正常。各按钮、旋转开关位置正确。装置的保护罩、铅封和安全标志完整；

3）灭火剂贮存容器、选择阀、液体单向阀、高压软管、集流管、阀驱动装置、管网、喷嘴等外观正常，无变形、损伤；

4）氮气瓶本体压力在正常范围，灭火箱内氮气瓶压力正常；

5）排油管道及玻璃视窗内无油迹，排油充氮未动作时继电器、阀门指示灯为熄灭状态；

6）检查控制柜封堵、接地完好，柜内线缆无烧灼痕迹、无焦煳味。

3．通用消防设施

（1）例行巡视。

1）防烟、排烟系统中排烟风机、排烟阀、风管、排烟风口、排烟窗等系统部件完好、无破损、位置正常；

2）防火重点部位禁止烟火、紧急联络人、火警电话的标识清晰，无破损、脱落；安全疏散指示标识清晰，无破损、脱落；安全疏散通道照明完好、充足；

3）消防通道畅通，无阻挡，有明显标识；消防设施周围无遮挡，无杂物堆放；

4）灭火器外观完好、清洁，罐体无损伤、变形，配件无破损、松动、变形，压力指示正常；

5）消防箱、消防桶、消防铲、消防斧、消防钩完好、清洁，无锈蚀、破损；

6）消防砂池、消防砂箱完好，无开裂、漏砂，消防用砂应保持充足和干燥；

7）各类消防室清洁，无渗漏雨，门窗完好，关闭严密；

8）室内外消火栓完好，无渗漏水，消防水带、水枪等配件完好；

9）疏散指示灯外观良好，正常工作，自发光疏散指示贴纸能正常发光；

10）应急照明灯外观良好；

11）换流变（电抗器、站用变等）事故油池内鹅卵石层不被淤泥、灰渣及积土所堵塞，无明显积水；

12）蓄电池室通风装置正常工作；

13）蓄电池室照明正常；

14）换流变、电抗器、电容器及蓄电池防火墙外观良好，无裂缝，孔洞封堵完好，编号标识齐全、清晰；

15）防火门外观良好，闭门器正常，常闭式防火门处于关闭状态；

16）防火卷帘门外观良好，正常开启；

17）消防伴热带外观整洁、无破损、无变形。

（2）全面巡视

在例行巡视的基础上增加以下项目：

1）灭火器检验不超期，生产日期、试验日期符合规范要求，合格证齐全，灭火器压力正常；

2）防火卷帘门、防火门试验正常；

3）疏散指示灯电源切换试验正常；

4）站内电缆夹层、电缆竖井、电缆沟和电缆隧道内的封堵、感温监测装置正常，沟坑内无积油；

冬季消防伴热带电源箱内空开在合位，伴热带能正常工作，保证消防管网不结冰。

（十四）空调及其他辅助系统

1. 空调系统

（1）例行巡视。

1）监控系统无相关报警。

2）空调控制面板无告警。

3）电源屏柜指示灯、表计显示正常，把手位置正常，标识完整，封堵正常。

4）空调室内外机外观完好，无锈蚀、损伤；无结露或结霜；标识清晰。

5）空调、除湿机运转平稳，无异常振动声响；冷凝水排放畅通。

6）采暖器洁净完好，无破损，输暖管道完好，无堵塞、漏水现象。

7）电暖器工作正常，无过热、异味。

8）组合式空气处理机组运行正常，阀厅微正压正常，压缩机、送/回风机无异常声响。

9）水泵运行正常，无渗漏现象，无异常声响。

10）管道固定稳固，无渗漏、破裂、变形等现象。

11）各回路阀门、表计正常。

12）水系统水位正常。

13）接地正常。

14）冷却水机组的冷却进出水温度正常。

（2）全面巡视。

在例行巡视的基础上增加以下项目：

1）控制箱、接线盒、管道、支架等安装牢固，外表无损伤、锈蚀。

2）柜门关闭良好，柜内孔洞封堵良好，柜内元件、电机、泵、开关、接触器、继电器、导引线、端子无发热现象。

3）通风口防小动物措施完善，通风管道、夹层无破损、变形等现象，无异常声响，隧道、通风口通畅，防虫网无破损，风口百叶窗、排风扇扇叶中无鸟窝或杂草等异物。

4）空调、除湿机内空气过滤器（网）和空气热交换器翅片应清洁、完好。

5）空调、除湿机管道穿墙处封堵严密，无雨水渗入。

6）风机电源、控制回路完好，各元器件无异常。

7）风机安装牢固，无破损、锈蚀。叶片无裂纹、断裂，无擦刮。

8）空调、除湿机室内外机安装应牢固、可靠，固定螺栓拧紧，并有防松动措施，管道保温层无破损。

9）空调加热器、温控器投入正常。

10）送/回风机皮带无松动、开裂、磨损、脱落等现象。

11）散热器无严重污秽。

12）冷水系统气水分离器压差正常，稳压罐压力正常。

13）空气开关外观完好，无异味，位置正确。

（3）空调系统特殊巡视。

迎峰度夏前，对空调系统进行一次全面检查。

2. 视频监控系统

（1）例行巡视。

1）视频监控显示器显示正常，画面清晰、切换正常、历史回放正常，摄像机镜头清洁，摄像机控制灵活；

2）视频主机屏上各指示灯正常，网络连接完好，交换机（网桥）指示灯正常；

3）视频主机屏内设备运行情况良好，无发热、死机等现象；

4）视频系统工作电源及设备正常，无影响运行的缺陷；

5）摄像机安装牢固，外观完好。

（2）全面巡视。

在例行巡视的基础上增加以下项目：

1）摄像机的灯光正常，旋转到位，雨刷旋转正常；

2）信号线和电源引线安装牢固，无松动及风偏；

3）视频信号汇集箱无异常，无元件发热，封堵严密，无凝露，接地良好，标识规范；

4）摄像机支撑杆固定牢固，无锈蚀，接地良好，标识规范；

5）数据存储空间、保存时间满足要求。

3．安防设施

（1）例行巡视。

1）电子围栏报警主控制箱工作电源应正常，指示灯正常，无异常信号；

2）电子围栏主导线架设正常，无松动、断线现象，主导线上悬挂的警示牌无掉落；

3）围栏承立杆无倾斜、倒塌、破损；

4）红外对射或激光对射报警主控制箱工作电源应正常，指示灯正常，无异常信号；

5）红外对射或激光对射系统电源线、信号线连接牢固；

6）红外探测器或激光探测器支架安装牢固，无倾斜、断裂，角度正常，外观完好，指示灯正常；

7）红外探测器或激光探测器工作区间无影响报警系统正常工作的异物。

（2）全面巡视。

在例行巡视的基础上增加以下项目：

1）电子围栏报警、红外对射或激光对射报警装置报警正常，联动报警正常；

2）电子围栏各防区防盗报警主机箱体清洁、无锈蚀、无凝露，标牌清晰、正确，接地、封堵良好；

3）红外对射或激光对射系统电源线、信号线穿管处封堵良好；

4）安防系统主机运行正常，电源装置正常，红外测温正常。

4. 工业水及生活水系统

（1）例行巡视。

1）检查水源供水正常；

2）水泵房通风换气情况良好，环境卫生清洁；

3）水泵等运行声音正常，无渗漏水现象；

4）控制柜电压表、电流表指示正常，泵控制方式为自动方式，电源盘柜无异常声响、振动，无焦煳味；

5）工业水及生活水系统设备阀门、管道完好，无跑、冒、滴、漏现象；

6）水池、水箱水位正常，无明显渗漏，供水管阀门状态正确，液位计及压力表计指示正常；

7）场地排水畅通，无积水；

8）寒冷地区，工业水及生活水系统设备阀门、管道保温措施齐全。

（2）全面巡视。

在例行巡视的基础上增加以下项目：

1）水泵运转正常（包括备用泵），主备电源、手自动切换正常；

2）水泵控制箱关闭严密，表计或指示灯显示正确；

3）工业水及生活水系统水管道支吊架的安装平整、牢固，无松动、锈蚀；

4）各水井的盖板盖严，无锈蚀、破损，安全标识齐全；

5）检查水池、水箱防护措施良好。

5. 防汛排水系统

（1）例行巡视。

1）检查潜水泵、塑料布、塑料管、沙袋、铁锹充足、完好；

2）检查应急灯处于良好状态，电源充足，外观无破损；

3）检查站内地面排水畅通、无积水；

4）检查站内外排水沟（管、渠）道应完好、畅通，无杂物堵塞；

5）检查换流站各处房屋无渗漏，各处门窗完好；关闭严密；

6）检查集水井（池）内无杂物、淤泥，雨水井盖板完整，无破损，安全标识齐全；

7）雨水泵、排污泵运行声音正常，无渗漏水现象；

8）站内外排水沟（管、渠）道完好、畅通，无杂物堵塞；

9）检查防汛通信设备与交通工具完好。

（2）全面巡视。

在例行巡视的基础上增加以下项目：

1）检查防汛器材检验不超周期，合格证齐全；

2）检查换流站屋顶落水口无堵塞；落水管固定牢固，无破损；

3）检查站内所有沟道、围墙无沉降、损坏；

4）检查水泵运转正常（包括备用泵），主备电源、手自动切换正常。控制回路及元器件无过热，指示正常；

5）检查换流站内外围墙、挡墙和护坡有无异常，无开裂、坍塌；

6）检查换流站围墙排水孔护网完好，安装牢固；

7）集水井（池）、雨水井、污水井、排水井内无杂物、淤泥，无堵塞；

8）电缆沟内过水槽排水通畅、沟内无积水，出水口无堵塞。

（3）特殊巡视。

大雨前后检查以下项目：

1）检查地下室、电缆沟、电缆隧道排水畅通，无堵塞，设备室潮气过大时做好通风除湿工作；

2）检查换流站围墙外周边沟道畅通，无堵塞；

3）检查换流站房屋无渗漏、无积水；下水管排水畅通，无堵塞；

检查换流站围墙、挡墙和护坡有无异常。

6. 照明系统

（1）例行巡视。

1）事故、正常照明灯具完好，清洁，无灰尘；

2）照明开关完好；操作灵活，无卡涩；室外照明开关防雨罩完好，无破损；

3）照明灯具、控制开关标识清晰。

（2）全面巡视。

在例行巡视的基础上增加以下项目：

1）照明灯杆完好；灯杆无歪斜、锈蚀，基础完好，接地良好；

2）照明电源箱完好，无损坏；封堵严密。

7. SF_6 气体含量监测设施

（1）例行巡视。

1）装置运行正常，指示灯、主机面板显示正常，无异常告警信息；

2）装置工作电源及设备正常，无影响运行的缺陷；

3）装置安装牢固，外观良好；

4）通风设施手动投入正常，通风口通畅，无异物阻塞。

（2）全面巡视。

在例行巡视的基础上增加以下项目：检测传感器安装牢固，传感线无脱落。

（十五）接地极

1. 例行巡视

考虑到接地极远离换流站，例行巡视一般仅通过在线监测系统在远方进行，每月开展一次现场巡视；未安装在线监测系统的接地极站，应每周开展一次现场巡视，特殊情况下增加巡视频次。

2. 在线监测系统巡视

（1）运行工作站监视接地极入地电流在正常范围内；

（2）红外在线测温数据在正常范围内，符合红外测温导则要求；

（3）导流电缆各个入地电流大致相等，偏差在正常范围内；

（4）检测井水位、水温和湿度监测数据在正常范围内；

（5）工业摄像头信号正常，后台画面清晰，镜头能实现正常切换；

（6）设备外观良好、无变形现象、油漆无脱落、无破裂、无放电及烧伤痕迹；

（7）极址大门加锁且无锈蚀或变形现象；

（8）电子脉冲围栏完好，无断裂现象；

（9）合并单元装置运行正常，无异常报警。

3. 全面巡视

（1）电抗器巡视。

1）电抗器出厂铭牌、运行编号齐全、清晰可识别；

2）电抗器外观良好、无变形现象、油漆无脱落，防护罩完好，无异常声响和振动；

3）底部和顶部线圈、内外表面无龟裂、烧焦、电弧、爬电痕迹等；

4）线圈和冷却槽上无杂物、鸟窝等；

5）绝缘子外观清洁，无倾斜、破损、裂纹、放电痕迹，安装牢固；

6）连接引线及接头无发热、变色迹象，引线无断股、散股；

7）电抗器并联避雷器瓷套无裂纹及放电痕迹，无破损现象，避雷器引线无松股、断股现象；

8）电抗器并联电阻器引线无松股、断股现象，电阻器无破损现象；

9）金属部位无锈蚀，底座、支架、基础无倾斜变形；

10）接地引下线可见部分连接完整可靠，铁排无扭曲变形，黄绿标识清晰完好。

（2）电容器巡视。

1）电容器出厂铭牌、运行编号齐全、清晰可识别；

2）电容器外观良好、无变形现象、油漆无脱落，无异常声响和振动；

3）电容器无膨胀变形、渗漏油现象；

4）电容器表面清洁、无异物附着；

5）绝缘子外观清洁，无倾斜、破损、裂纹、放电痕迹，安装牢固；

6）连接引线及接头无发热、变色迹象，引线无断股、散股；

7）金属部位无锈蚀，底座、支架、基础无倾斜变形；

8）接地引下线可见部分连接完整可靠，铁排无扭曲变形，黄绿标识清晰完好。

（3）隔离开关巡视。

1）绝缘子外观清洁，无倾斜、破损、裂纹、放电痕迹，安装牢固；

2）连接引线及接头无发热、变色迹象，引线无断股、散股；

3）导电底座无变形、裂纹，连接螺栓无锈蚀、脱落现象；

4）金属法兰与瓷件的胶装部位完好，防水胶无开裂、起皮、脱落现象。金属法兰无裂痕，连接螺栓无锈蚀、松动、脱落现象；

5）金属部位无锈蚀，底座、支架、基础无倾斜变形；

6）设备出厂铭牌、运行编号标识齐全、清晰；

7）接地引下线可见部分连接完整可靠，铁排无扭曲变形，黄绿标识清晰完好。

（4）零磁通电流互感器巡视。

1）连接引线及接头无发热、变色迹象，引线无断股、散股；

2）外绝缘表面完整、无裂纹、放电痕迹、老化迹象，防污闪涂料完整无脱落；

3）零磁通电流互感器各部位无渗漏油现象；

4）属部位无锈蚀，底座、支架、基础无倾斜变形；

5）无异常振动、异常声响及异味；

6）二次接线盒关闭紧密，电缆进出口密封良好；

7）设备出厂铭牌、运行编号标识齐全、清晰；

8）底座接地可靠，无锈蚀、脱焊现象，整体无倾斜。

（5）光电流互感器巡视。

1）设备外观完整、无损坏；

2）设备出厂铭牌齐全、清晰可识别；

3）运行编号标识齐全、清晰可识别；

4）光纤接线盒盖密封良好，无渗漏，封堵严密、防雨罩安装紧固；

5）架构外涂漆层清洁，无严重积尘；

6）器身外涂漆层清洁，无爆皮掉漆；

7）设备或架构无锈蚀；

8）外观完好、接线符合要求；

9）各连接引线无变色、变形；

10）绝缘子无破损、无裂纹、法兰无开裂；

11）绝缘子无放电、严重电晕现象；

12）接地引下线连接正常，无松脱、位移、断裂及严重腐蚀等情况；

13）无异常声响。

（6）站用变巡视。

1）设备出厂铭牌是否齐全、清晰可识别；

2）运行编号标识是否清晰可识别；

3）相序标识清晰是否识别；

4）本体无严重锈蚀；

5）绕组温度显示正确；

6）站用变运行声音正常；

7）站用变冷却系统正常，温度正常。

（7）开关柜、配电柜巡视。

1）设备出厂铭牌齐全、清晰可识别；

2）运行编号标识清晰可识别；

3）相序标识清晰可识别；

4）无异常声响；

5）外观无异常，柜门未变形，柜体密封良好，螺丝连接紧密；

6）带电显示状态指示正确；

7）蓄电池外观清洁、正常，无渗漏液，无膨胀；

8）蓄电池铭牌和运行编号应齐全，清晰；

9）监控装置运行正常，无异常及告警信号；

10）充电模块交流输入电压、直流输出电压和电流显示正确；

11）充电模块运行正常，无报警信号，风扇正常运转，无明显噪音或异常发热；

12）直流母线电压、蓄电池组浮充电压值在规定范围内，浮充电流值符合规定；

13）屏柜内各元件标识正确，开关、操作把手位置正确；

14）监控装置显示正负母线对地绝缘应平衡。

（8）馈电电缆巡视。

1）电缆本体无变形；

2）外护套无破损、龟裂现象；

3）电缆无明显烧焦痕迹或焦煳味；

4）电缆孔洞封堵良好。

（9）在线监测系统巡视。

1）电子脉冲围栏四周完好无损、无悬挂物、电源指示正常；

2）工业摄像头表面清洁，无破损，无异物；

3）电子脉冲围栏及摄像头接线情况应良好，无线头松动、脱落。

4）每日对接地极检测井水位、检测井温湿度、导流电缆入地电流、电抗器温度、电容器、零磁通电流互感器温度、隔离开关温度、总安时数监测数据进行比对；

5）每周对接地极检测井水位、检测井温湿度、导流电缆入地电流、电抗器温度、电容器、零磁通电流互感器温度、隔离开关温度、总安时数监测数据进行分析；

6）每月对接地极检测井水位、检测井温湿度、导流电缆入地电流、电抗器温度、电容器、零磁通电流互感器温度、隔离开关温度、总安时数监测数据进行分析总结。

（10）检测井、渗水井、引流井巡视。

1）检测井、渗水井的混凝土构件应完好，井沿应明显高于周围地面；

2）检测井、渗水井内无异物，渗水井周边的地面高度不能高于渗水井的排水孔；

3）检测井上方的盖板应完好，无缺失现象；

4）抽查检测井内传感器及传输电缆应完好、无破损现象；

5）标识牌、标桩完好、无缺失，标识信息清晰、正确；

6）检测井、渗水井、引流井上设置有防护栏和警示标志，且标志完好；

7）引流井电缆压接头与引流棒之间连接良好，无脱焊。

（11）辅助系统巡视。

1）金属部位无锈蚀，底座、支架、基础无倾斜变形，支撑瓷瓶外套无开裂；

2）接地极址内地面应无杂草、垃圾，围墙完好、无倒塌及明显沉降现象，大门应加锁且无锈蚀或变形现象。

3. 特殊巡视

（1）新投入或者大修后的接地极巡视。

1）运行声音正常，无异常声响、无异味；

2）设备本体、引线接头无异常发热；

3）电容器无膨胀变形、渗漏油现象；

4）电抗器线圈、内外表面无龟裂、烧焦现象；

5）零磁通电流互感器无渗漏油或漏气现象。

（2）异常天气时的巡视。

1）气温骤变时，检查一次引线端了无异常受力，各密封处无渗漏油现象，各连接引线无断股或接头处发热现象；

2）雷雨、冰雹、大风天气后，设备上无飘落积存杂物，支撑绝缘子、瓷套管无破裂及放电痕迹；

3）浓雾、小雨天气时，设备无异响，各接头上不应有水蒸气上升；

4）雨雪天气后，控制箱及端子箱应无进水、受潮，温控装置工作正常；

5）高温天气时，应特别检查接地极设备外表无变色、变形，无异味或冒烟；

6）下雪后，应根据接头部位积雪溶化迹象检查是否发热。

（3）单极大地回线或双极不平衡方式下的巡视。

1）对接地极开展设备红外测温及入地电流、渗水井水位、水温监测；

2）接地极设备无异常声响；

3）绝缘子无破损、裂缝及放电闪络痕迹；

4）设备各部件无位移、变形、松动或损坏。

涩、动触头不能插入静触头等现象时，应停止操作，检查原因并上报，严禁强行操作。

第五章 倒 闸 操 作

一、倒闸操作规定

1. 一般规定

（1）倒闸操作应严格执行设备所属调度操作规定，根据值班调度员或当班值长指令，填写操作票并经审核后方可执行，倒闸操作过程中应执行监护复诵制。

（2）倒闸操作票由操作人员填写，应用黑色或蓝色的钢（水）笔或圆珠笔逐项填写。用计算机开出的倒闸操作票应与手写票面统一。倒闸操作票票面应清楚整洁，不得任意涂改。如有个别错、漏字需要修改、补充时，应使用规范的符号，字迹应清楚。票面上的时间、地点、设备双重名称、操作术语、动词等关键字不得涂改。操作人和监护人应根据模拟图或接线图核对所填写的操作项目，手工签名后经运维值班负责人（检修人员操作时由工作负责人）审核签名。采用数字化系统开展倒闸操作时，操作票应统一连续编号，履行编制审批流程，票面格式应与纸质操作票保持一致。操作过程应认真履行操作监护制和唱票复诵制，利用数字化系统保存录音文件。

（3）倒闸操作时，应依据《直流倒闸操作现场作业风险管控实施细则》，做好倒闸操作作业风险定级、现场勘察、风险预控、操作编审以及作业现场管控，确保倒闸操作安全。

（4）操作中产生疑问时，应立即停止操作并向发令人报告，待发令人再行许可后方可操作。

（5）一键顺控操作作为倒闸操作票的一项或多项操作项。

（6）倒闸操作票应填写设备的双重名称，每张倒闸操作票只能填写一个操作任务。

（7）倒闸操作票填写时间应按照 24h 制执行。

（8）倒闸操作应严格执行"六查六禁"工作要求。

（9）设备一端带电或一经合闸即可带电的设备均应视为运行设备，不得进行验收操作。

（10）检修期间设备操作规定

1）检修期间，执行二次安全措施卡时，安措压板投入退出由运行人员通过操作票执行。安措端子打开或恢复由检修人员执行，运行人员复核，其他安措设备的布置、变更及恢复操作由运行人员执行。

2）经运行许可的检修设备在检修过程中若需改变状态，原则上由检修人员在检修设备上操作，状态改变前应告知运行当班值长。确需通过运行人员工作站或未经许可检修的操作盘柜等操作检修设备，工作负责人应向运行当班值长提出检修设备操作申请。

3）由运行人员开展检修设备操作应严格履行操作票制度，操作前应核实现场设备实际状态，确保操作安全。

2. 直流极系统的启动、停运操作原则

直流系统的启动、停运操作，由国调向主控站下令执行。特殊情况下的现场手动紧急停运由换流站依据有关规程执行。

直流系统启动前应检查"直流系统启动准备就绪（RFO）"已满足，且事件记录上无影响直流启动的告警。

在直流系统启动前，国调应与换流站（包括非主控站）确认相关设备具备运行条件。

在直流系统启动、停运操作前后，国调应通知相关网调。

直流系统启动前，应保证可用交流滤波器数量满足直流系统绝对最小滤波器要求，每极连接状态的直流滤波器满足运行所需的最少组数要求。

直流系统升降功率或启停前应确认功率设定值不小于当前系统允许的最小功率（最小电流），且不能超过当前系统允许的最大功率（一般情况下不使用过负荷能力）。

特高压直流换流器在线投入前，当前运行功率不得小于换流器在线投入后的极最小运行功率，换流器在线退出前，应核实当前运行功率满足换流器退出后运行电压所允许的最大运行功率。

直流系统正常停运时，应将直流功率降至最小功率值后再正常闭锁。严禁通过拉开换流变进线开关闭锁直流。当发生威胁人身、电网、设备安全情况时，可通过直流紧急停运按钮（ESOF）停运相应直流。

一极双极功率控制、一极单极功率控制情况下，若双极实际运行功率大于双极功率指令值，将单极功率控制极转为双极功率控制前，应先重新整定双极功率指令值为当前双极实际运行功率。

在站间通信中断时，一般不进行直流系统启停操作。

直流功率（电流）升降过程中，不进行主控站、有功功率和无功功率控制方式和直流电压方式的调整。

在执行国调下发的日调度计划曲线（不包括直流启动、停运）时，由换流站值班人员按计划曲线自行进行功率（电流）变化率更改及输送功率（电流）升降的操作，操作前应预先核实目标功率（电流）符合直流系统当前运行方式、设备状态的要求。

直流潮流反转需将输送功率先下降到最小功率后直流系统闭锁。待直流两侧电网调整方式完毕，国调下令直流系统功率反向解锁，并按要求升功率至目标值。

3. 直流滤波器操作

$\pm 800kV$ 和 $\pm 1100kV$ 特高压换流站直流滤波器可以在线退出，在线投退直流滤波器时，先操作至直流滤波器两侧刀闸、接地开关拉开状态，确认上述设备状态正常后，再执行下一步操作。

$\pm 800kV$ 特高压换流站直流滤波器在线投入前，若相应极为双换流器运行，应将该极降压至最低运行电压（70%或80%额定电压）后带电投入，或停运该极一个换流器，在 $\pm 400kV$ 下带电投入；单换流器运行时，在 $\pm 400kV$ 下可带电投入。

$\pm 1100kV$ 直流滤波器在线投入前，若相应极为双换流器运行，应停运该极一个换流器，在 $\pm 550kV$ 下带电投入；单换流器运行时，在 $\pm 550kV$ 下可带电投入。

4. 换流变中性点隔直装置操作

换流变处于热备用及运行状态时，相应隔直装置应处于投入状态。现场应实时监视换流变中性点隔直装置运行情况及换流变中性点直流电流，若换流变中性点隔直装置故障需退出时，应停运相应换流变。

5. 直流循环融冰方式运行操作

直流循环融冰方式转运行前，相关换流站国调直调直流安控装置应由国调下令退出，非国调直调安控装置由相关网调根据直流循环融冰运行方式自行调整后汇报国调。

循环融冰运行期间，现场人员应加强运行监控，如发生单极故障闭锁、另一极未闭锁的情况，可不待调度指令立即将另一极手动闭锁，并汇报国调。

6. 直流并联融冰方式运行操作

直流并联融冰方式转运行前，相关换流站国调直调直流安控装置应由国调下令调整，非国调直调安控装置由相关网调根据直流融冰运行方式自行调整后汇报国调。

并联融冰运行期间，现场人员应加强运行监控，如发生单个换流器故障闭锁、另外换流器未闭锁的情况，可不待调度指令立即将另外换流器手动闭锁，并汇报国调。

当正常运行设备、直流控制保护系统、通信通道等出现异常或故障，并影响直流系统融冰运行时，国调根据相关单位建议，视情况采取相应措施。

直流运行期间，直流再启动功能、阀组自动重启功能、直流频率控制器、直流动态电压控制策略、LCC 换流阀 CLCC 使能功能的投退，须经国调许可后操作；直流停运期间，上述功能的投退由现场根据相关规定自行操作。

7. 金属、大地回线转换操作

大地回线与金属回线相互转换时应确认具备转换条件后由主控站进行，单极大地回线与金属回线最大允许转换电流为工程输送额定电流（银东直流除外）。银东直流单极大地回线方式与单极金属回线方式转换操作期间，应保证接地极电流在安全限值及以下。

直流系统单极大地回线方式、双极电流不平衡方式等产生接地极入地电流的运行方式原则上仅作为故障异常处理、紧急支援等特殊情况下的临时方式，正常运行时应尽可能不产生入地电流。

直流系统接线方式转换前，主控站应核实功率满足转换要求，现场检查转换中涉及的开关、刀闸、接地刀闸一次设备状态完好，控制电源、电机电源在合位且供电正常，后台遥信、遥测正常，无异常告警记录。

国调向主控站下达操作预令后，主控站人员应核实操作指令正确性，电话通知非主控站做好转换准备。两站确认一、二次设备状态完好后，主控站根据调度正式指令进行转换操作并提前通知非主控站转换时间。转换操作中现场人员检查设备位置状态正确，后台人员检查设备遥测、遥信、事件记录正常。方式转换前后两站应保持电话联系，确认对站设备具备操作条件并正确动作。若转换不成功应立即汇报调度，根据调度指令保持设备当前状态或遥控步进操作至转换前状态，现场在保证安全情况下立即开展设备异常处置，设备故障消除后，根据调度指令再次进行转换。

在运行中进行单极大地回线方式和单极金属回线方式相互转换不成功时，由主控站协调对站返回原接线方式；当不能返回原接线方式时，由国调下令将该极正常停运，转换接线方式后恢复该极运行。

单极大地回线方式运行时，入地电流应在安全限值以下。单极金属回线转单极大地回线方式前，应核实转换后入地电流不超过安全限值电流，否则应向国调汇报，根据国调指令降低直流功率，控制入地电流在以内。

大地回线转金属回线运行时，其中一侧换流站接地极系统应始终保持运行状态。

大地回线与金属回线相互转换前后，抄录极母线 F3/F4、直流旁路母线 F3、接地线线路 F1/F2 避雷器动作次数和泄漏电流，转换完成后及时对现场设备开展一次红外测温，重点关注极母线 F3/F4、直流旁路母线 F3、接地线线路 F1/F2 避雷器运行情况。

单极金属回线方式运行时，线路发生接地故障后需对金属回线避雷器（EM 避雷器）计数器和泄漏电流进行检查，开展避雷器红外测温，对数据进行横向比对，择机尽早开展避雷器预防性试验。

8. 换流器运行与连接转换（在线投退）

直流极双换流器运行时允许进行任一换流器运行转连接操作，直流极单换流器运行时允许进行另一换流器由连接转运行操作。

换流器由连接转运行前，当前极运行功率不得小于换流器转运行后极最小运行功率（单极不低于 400MW）。换流器由运行转连接前，应核实当前极运行功率不大于换流器转连接后当前电压水平下的最大运行功率，避免造成过负荷运行。

站间通讯正常情况下，直流极换流器由连接转运行（在线投入）、运行转连接（在线退出）均需由系统主站操作；站间通讯故障情况下，一般不进行换流器连接转运行或运行转连接操作。

直流极单换流器运行时，另一换流器由连接转运行前，应确认旁通开关在合闸位置正常。

双换流器运行极降压运行时任一换流器由运行转连接后，本极运行的单换流器将恢复额定电压 400kV 运行。

站间通讯正常或故障情况下，两站同极换流器运行转连接、连接转运行配合策略见表 2-5-1 和表 2-5-2。

表 2-5-1　　　　　　　　两站同极换流器运行转连接配合策略

序号	站间通讯	两站同极换流器连接转运行配合方式	
1	正常	系统主站操作高端换流器连接转运行	系统从站高端换流器连接转运行
		系统主站操作低端换流器连接转运行	系统从站低端换流器连接转运行

表 2-5-2　　　　　　　　两站同极换流器连接转运行配合策略

序号	站间通信	本站预选择闭锁功能	两站同极换流器运行转连接配合方式	
1	正常	退出	系统主站操作高端换流器运行转连接	系统从站高端换流器运行转连接
			系统主站操作低端换流器运行转连接	系统从站低端换流器运行转连接
2	故障	—	任一站高端换流器运行转连接	另一站低端换流器运行转连接
			任一站低端换流器运行转连接	另一站低端换流器运行转连接
3	正常	投入	对站高端或低端换流器运行转连接	本站预选择闭锁低端或高端换流器

二、倒闸操作程序

（一）操作前准备

1. 人员安排

（1）对特别重要和复杂的倒闸操作，由熟练的运维人员操作，运维负责人监护。

（2）安排一、二次检修人员提前到达操作现场，做好倒闸操作保障。

（3）各级人员须按照《直流倒闸操作现场作业风险管控实施细则》相关要求到岗到位，落实各项检查措施。

2. 核实操作条件

（1）直流系统恢复送电操作属于Ⅰ级、Ⅱ级风险倒闸操作，需组织现场勘察。勘察人员应认真核对倒闸操作范围内设备设施运行状态、隐患、缺陷、保护及安全自动装置（压板）投退范围等信息。

（2）高压电气设备都应安装完善的防误操作闭锁装置。防误操作闭锁装置不得随意退出运行。

（3）倒闸操作前，监护人和操作人应对监控系统进行全面信号核对，确认设备状态与操作要求相符，进行操作的设备无异常信号。

（4）设备检修后合闸送电前，检查送电范围内地刀已拉开，接地线已拆除

3. 接受调度指令

（1）倒闸操作应根据值班调控人员或运维负责人的指令，受令人复诵无误后执行。操作人员应了解操作目的和操作顺序。对指令有疑问时应向发令人询问清楚无误后执行。

（2）特高压换流站运行方式及设备运行通用规定：高压直流系统启动倒闸操作应以系统调试为依据，若调度下令执行未经调试的倒闸操作时，应及时汇报调度说明情况。

4. 操作票管理

（1）当值人员应根据调度指令，根据模拟图或接线图核对现场运行方式，参考典型操作票，认真完成相应倒闸操作票拟写，由操作人、监护人和值班负责人共同审核并分别签名后执行。

（2）每年应组织对换流站典型操作票进行一次复审，发现问题立即整改，确保典型操作票正确无误。

（二）执行操作

1. 操作过程管理

（1）操作前应先核对系统方式、设备名称、编号和位置，防止走错间隔，操作中应认真执行监护复诵制度。

（2）操作人在操作过程中不准有任何未经监护人同意的操作行为。

（3）操作过程中应按操作票填写的顺序逐项操作。每操作完一步，应检查无误后做一个"√"记号，全部操作完毕后进行复查。

（4）应指定一名班组管理人员，加强倒闸操作作业现场安全监护。倒闸操

作过程中加强现场监督，操作后核实是否达到操作目的。

2. 信号核对

（1）倒闸操作全过程，应安排专人做好监控遥信遥测事件记录的核对和确认工作。

（2）电气设备操作后的位置检查应以设备各相实际位置为准，无法看到实际位置时，可通过设备机械位置指示、电气指示、带电显示装置、仪表及各种遥测、遥信等信号的变化来判断。判断时，至少应有两个非同样原理或非同源的指示发生对应变化，且所有这些确定的指示均已同时发生对应变化，才能确认该设备已操作到位。

（3）对 GIS（HGIS）隔离开关、接地刀闸机械位置指示、电气指示状态检查正确后，还应从位置检查窗口处查看设备实际状态正确。

3. 操作异常处置

（1）操作中产生疑问时，应立即停止操作并向发令人报告，并禁止单人滞留在操作现场。弄清问题后，待发令人再行许可后方可继续进行操作。不准擅自更改操作票，不准随意解除闭锁装置进行操作。

（2）顺控自动操作无法执行时，应暂停操作，待查明原因，分析清楚联闭锁关系后，方可按相关规定进行手动操作。

（三）直流送电操作特殊规定

1. 直流控制保护恢复送电操作

（1）直流控制保护系统故障处理完毕后，将系统由"试验"状态恢复至"备用"或"运行"状态前，必须检查确认该系统不存在三级故障及出口信号。

（2）检修期间如进行了"置位"操作，检修结束后应清除"置位"，检查确认参数、定值已恢复正常。

（3）对于设计跳闸压板的直流保护，在投入跳闸压板时，应对压板两端对地电压分别进行测量和放电，且完成后立即投入压板，中间不得穿插其他操作，确保压板投入时不会导致保护误出口。

2. 直流系统解锁操作

（1）直流系统启动前，应保证可用交流滤波器数量满足直流系统绝对最小滤波器要求，每极直流系统至少有一组直流滤波器在连接状态。

（2）运行人员在运行人员工作站开展参数设定时，应防止输入错误参数，如最大最小功率、参考电流、升降速率等。

（3）直流系统启动操作中，调整双极控制功率指令时，应确认功率设定值不小于当前系统允许的最小功率（最小电流），避免发生在运直流闭锁。

（4）直流系统解锁前，换流站交流出线如果为单回运行或即将由多回运行变为单回运行，换流站应立即向调度申请退出该线路重合闸功能。

3. 运行方式转换操作

（1）直流系统接线方式转换前，主控站应核实功率满足转换要求，现场检查转换中涉及的开关、刀闸、地刀一次设备状态完好，控制电源、电机电源在合位且供电正常，后台遥信、遥测正常，无异常告警记录。

（2）换流变充电前，相应隔直装置应处于投入状态。

（3）特高压直流系统单极单换流器进行 OLT 试验时，极内另一换流器应处于冷备用及以下状态。

4. 检修后恢复操作

（1）设备检修后，应及时恢复采样回路或跳闸回路端子，防范设备投运后故障跳闸或保护拒动风险。

（2）若检修期间开展工作涉及软件"置位"，恢复送电前应及时清理相关"置位"，防范导致送电失败或者投运后异常跳闸。

（3）部分技术路线阀控系统处于试验模式时，未将 VBE_OK 信号置为无效，后台将无告警信息，仅在阀控机箱上有信号灯指示，若送电时阀控系统仍处于试验模式，将导致阀组无法解锁。

三、典型操作票

由于换流站接线方式和控制系统厂家的不同，特高压换流站典型倒闸操作票也有所不同，以下以武汉站进行说明。

（一）直流系统一次典型操作

1. 直流功率升降操作

操作任务：将陕武直流××××年××月××日调度计划曲线导入运行人员工作站。

（1）检查陕武直流双极××××MW 运行正常。

（2）检查"双极直流场"界面××站为"系统主站"。

（3）检查"双极直流场"界面极Ⅰ高端换流器运行正常。

（4）检查"双极直流场"界面极Ⅰ低端换流器运行正常。

（5）检查"双极直流场"界面极Ⅱ高端换流器运行正常。

（6）检查"双极直流场"界面极Ⅱ低端换流器运行正常。

（7）检查"双极直流场"界面运行方式为双极大地回线–接地极接地。

（8）检查"双极直流场"界面潮流方向为"陕北至武汉"。

（9）检查"双极直流场"界面极Ⅰ电压模式为额定电压。

（10）检查"双极直流场"界面极Ⅰ功率/电流方式为"双极功率控制"。

（11）检查"双极直流场"界面极Ⅱ电压模式为额定电压。

（12）检查"双极直流场"界面极Ⅱ功率/电流方式为"双极功率控制"。

（13）检查"高端滤波器场"界面高端无功运行方式为"投入"。

（14）检查"高端滤波器场"界面高端无功运行方式为"自动"。

（15）检查"高端滤波器场"界面高端无功控制方式为"Q模式"。

（16）检查"低端滤波器场"界面低端无功运行方式为"投入"。

（17）检查"低端滤波器场"界面低端无功运行方式为"自动"。

（18）检查"低端滤波器场"界面低端无功控制方式为"Q模式"。

（19）检查"双极直流场"界面双极功率模式为"自动模式"。

（20）检查"双极直流场"界面极Ⅰ直流系统有功运行方式为联合控制（武汉站无此控制模式）。

（21）检查"双极直流场"界面极Ⅱ直流系统有功运行方式为联合控制（武汉站无此控制模式）。

（22）检查OWS4-1事件记录发"接收到新的计划曲线文件：Plan××××（年）××（月）××（日）.txt"。

（23）点击OWS4-1界面下方"AutopowerCurve"图标。

（24）在日期栏选择××××年××月××日。

（25）点击"进入编辑"按钮。

（26）点击"数据列表"按钮。

（27）检查自动功率曲线界面上弹出"检测到本天的自动功率文件，是否导入？"。

（28）点击"是"按钮。

（30）检查导入的××××年××月××日功率曲线与××××年××月××日调度曲线一致。

（31）检查功率升降时间及对应的功率值与××××年××月××日调度曲线一致。

（32）在弹出的自动功率曲线界面上点击"确定"按钮。

（33）点击自动功率曲线界面上"保存"按钮。

（34）检查自动功率曲线界面上弹出"确定要将计划值保存至服务器上吗？"。

（35）点击"是"按钮。

（36）检查自动功率曲线界面上弹出"成功将计划值保存到服务器上！"。

（37）点击"是"按钮。

（38）检查 OWS4－1 事件记录发"保存自动功率计划值××××（年）－××（月）－××（日），00:00:00××××（年）－××（月）－××（日），23:59:59"。

（39）点击自动功率曲线界面中"退出编辑"按钮。

操作任务：按照陕武直流××××年××月××日调度计划曲线调整双极直流功率。

（1）检查"双极直流场"界面双极功率××××MW 运行正常。

（2）检查"双极直流场"界面武汉站为"系统主站"。

（3）检查"双极直流场"界面极Ⅰ高端换流器运行正常。

（4）检查"双极直流场"界面极Ⅰ低端换流器运行正常。

（5）检查"双极直流场"界面极Ⅱ高端换流器运行正常。

（6）检查"双极直流场"界面极Ⅱ低端换流器运行正常。

（7）检查"双极直流场"界面运行方式为双极大地回线－接地极接地。

（8）检查"双极直流场"界面潮流方向为"陕北至武汉"。

（9）检查"双极直流场"界面极Ⅰ电压模式为额定电压。

（10）检查"双极直流场"界面极Ⅰ功率/电流方式为"双极功率控制"。

（11）检查"双极直流场"界面极Ⅱ电压模式为额定电压。

（12）检查"双极直流场"界面极Ⅱ功率/电流方式为"双极功率控制"。

（13）检查"高端滤波器场"界面高端无功运行方式为"投入"。

（14）检查"高端滤波器场"界面高端无功运行方式为"自动"。

（15）检查"高端滤波器场"界面高端无功控制方式为"Q 模式"。

（16）检查"低端滤波器场"界面低端无功运行方式为"投入"。

（17）检查"低端滤波器场"界面低端无功运行方式为"自动"。

（18）检查"低端滤波器场"界面低端无功控制方式为"Q 模式"。

（19）检查"双极直流场"界面双极功率模式为"手动模式"。

（20）检查"双极直流场"界面极Ⅰ直流系统有功运行方式为联合控制（武汉站无此控制模式）。

（21）检查"双极直流场"界面极Ⅱ直流系统有功运行方式为联合控制（武汉站无此控制模式）。

（22）点击"双极直流场"界面"功率/电流控制"图标。

（23）点击双极功率控制界面"整定"按钮。

（24）设定参考值为××MW。

（25）设定升降速率为××××MW/min。

（26）检查功率调整时间与××××年××月××日调度曲线一致。

（27）检查设置功率值与××××年××月××日调度曲线××××MW一致。

（28）点击"继续"按钮。

（29）检查弹出窗口"原双极功率设定值××××MW"。

（30）检查弹出窗口"新双极功率设定值××××MW"。

（31）检查弹出窗口"原双极功率升降速率××MW/min"。

（32）检查弹出窗口"新双极功率升降速率××MW/min"。

（33）点击"执行"按钮。

（34）检查"双极直流场"界面双极功率××××MW运行正常。

2. 典型方式启停操作

操作任务：陕武直流以双极典型方式一启动。

（1）检查"双极直流场"界面武汉站为"系统主站"。

（2）检查"双极直流场"界面运行方式为双极大地回线–接地极接地。

（3）检查"双极直流场"界面潮流方向为"陕北至武汉"。

（4）检查"双极直流场"界面极Ⅰ电压模式为额定电压｜降压80%。

（5）检查"双极直流场"界面极Ⅰ功率/电流方式为"双极功率控制"。

（6）检查"双极直流场"界面极Ⅱ电压模式为额定电压｜降压80%。

（7）检查"双极直流场"界面极Ⅱ功率/电流方式为"双极功率控制"。

（8）检查"双极直流场"界面极Ⅱ双换流器 GR 热备状态正常。

（9）检查"双极直流场"界面极Ⅰ双换流器 GR 热备状态正常。

（10）检查"双极直流场"界面极Ⅰ直流系统有功运行方式为联合控制（武汉站无此控制模式）。

（11）检查"双极直流场"界面极Ⅱ直流系统有功运行方式为联合控制（武汉站无此控制模式）。

（12）检查"双极直流场"界面安稳控制为投入状态。

（13）检查"低端滤波器场"界面低端无功控制方式为"Q 模式"。

（14）检查"低端滤波器场"界面低端无功运行方式为"投入"。

（15）检查"低端滤波器场"界面低端无功运行方式为"自动"。

（16）检查"高端滤波器场"界面高端无功控制方式为"Q 模式"。

（17）检查"高端滤波器场"界面高端无功运行方式为"投入"。

（18）检查"高端滤波器场"界面高端无功运行方式为"自动"。

（19）检查"双极顺序控制"界面极Ⅰ高端"解锁允许"红灯亮。

（20）检查"双极顺序控制"界面极Ⅰ低端"解锁允许"红灯亮。

（21）检查"双极顺序控制"界面极Ⅱ高端"解锁允许"红灯亮。

（22）检查"双极顺序控制"界面极Ⅱ低端"解锁允许"红灯亮。

（23）检查"极Ⅰ高端阀组"界面极Ⅰ高端阀组分接头在"自动"。

（24）检查"极Ⅰ低端阀组"界面极Ⅰ低端阀组分接头在"自动"。

（25）检查"极Ⅱ高端阀组"界面极Ⅱ高端阀组分接头在"自动"。

（26）检查"极Ⅱ低端阀组"界面极Ⅱ低端阀组分接头在"自动"。

（27）检查"双极直流场"界面双极功率模式为"手动模式"。

（28）点击"双极直流场"界面"功率/电流控制"图标。

（29）点击双极功率控制界面"整定"按钮。

（30）设定参考值为××××MW。

（31）设定升降速率为××MW/min。

（32）点击"继续"按钮。

（33）检查弹出窗口"原双极功率设定值××××MW"。

（34）检查弹出窗口"新双极功率设定值××××MW"。

（35）检查弹出窗口"原双极功率升降速率×××MW/min"。

（36）检查弹出窗口"新双极功率升降速率×××MW/min"。

（37）点击"执行"按钮。

（38）点击"双极直流场"界面"解锁"图标。

（39）选择"极Ⅰ解锁双阀组"。

（40）选择"极Ⅱ解锁双阀组"。

（41）点击"继续"按钮。

（42）检查弹出窗口"极Ⅰ解锁双阀组，极Ⅱ解锁双阀组！"。

（43）点击"执行"按钮。

（44）检查"双极顺序控制"界面极Ⅰ高端"解锁状态"图标为红色。

（45）检查"双极顺序控制"界面极Ⅰ低端"解锁状态"图标为红色。

（46）检查"双极顺序控制"界面极Ⅱ高端"解锁状态"图标为红色。

（47）检查"双极顺序控制"界面极Ⅱ低端"解锁状态"图标为红色。

（48）检查"双极直流场"界面双极功率×××MW运行正常。

（49）现场检查武8011开关机械位置指示确在"分"位。

（50）检查监控界面武8011开关指示确在"分"位。

（51）现场检查武8012开关机械位置指示确在"分"位。

（52）检查监控界面武8012开关指示确在"分"位。

（53）现场检查武8021开关机械位置指示确在"分"位。

（54）检查监控界面武8021开关指示确在"分"位。

（55）现场检查武8022开关机械位置指示确在"分"位。

（56）检查监控界面武8022开关指示确在"分"位。

操作任务：陕武直流双极直流系统正常停运。

（1）检查"双极直流场"界面双极功率×××MW运行正常。

（2）检查"双极直流场"界面武汉站为"系统主站"。

（3）检查"双极直流场"界面极Ⅰ高端换流器运行正常。

（4）检查"双极直流场"界面极Ⅰ低端换流器运行正常。

（5）检查"双极直流场"界面极Ⅱ高端换流器运行正常。

（6）检查"双极直流场"界面极Ⅱ低端换流器运行正常。

（7）检查"双极直流场"界面运行方式为双极大地回线－接地极接地。

（8）检查"双极直流场"界面潮流方向为"陕北至武汉"。

（9）检查"双极直流场"界面极Ⅰ电压模式为额定电压｜降压80%。

（10）检查"双极直流场"界面极Ⅰ功率/电流方式为"双极功率控制"。

（11）检查"双极直流场"界面极Ⅱ电压模式为额定电压｜降压80%。

（12）检查"双极直流场"界面极Ⅱ功率/电流方式为"双极功率控制"。

（13）检查"双极直流场"界面极Ⅰ直流系统有功运行方式为联合控制（武汉站无此控制模式）。

（14）检查"双极直流场"界面极Ⅱ直流系统有功运行方式为联合控制（武汉站无此控制模式）。

（15）检查"高端滤波器场"界面高端无功运行方式为"投入"。

（16）检查"高端滤波器场"界面高端无功运行方式为"自动"。

（17）检查"高端滤波器场"界面高端无功控制方式为"Q模式"。

（18）检查"低端滤波器场"界面低端无功运行方式为"投入"。

（19）检查"低端滤波器场"界面低端无功运行方式为"自动"。

（20）检查"低端滤波器场"界面低端无功控制方式为"Q模式"。

（21）检查"极Ⅰ高端阀组"界面极Ⅰ高端阀组分接头在"自动"。

（22）检查"极Ⅰ低端阀组"界面极Ⅰ低端阀组分接头在"自动"。

（23）检查"极Ⅱ高端阀组"界面极Ⅱ高端阀组分接头在"自动"。

（24）检查"极Ⅱ低端阀组"界面极Ⅱ低端阀组分接头在"自动"。

（25）检查"双极直流场"界面双极功率模式为"手动模式"。

（26）点击"双极直流场"界面"功率/电流控制"图标。

（27）点击双极功率控制界面"整定"按钮。

（28）设定参考值为×××× MW。

（29）设定升降速率为×××× MW/min。

（30）点击"继续"按钮。

（31）检查弹出窗口"原双极功率设定值×××× MW"。

（32）检查弹出窗口"新双极功率设定值×××× MW"。

（33）检查弹出窗口"原双极功率升降速率×××× MW/min"。

（34）检查弹出窗口"新双极功率升降速率×××× MW/min"。

（35）点击"执行"按钮。

（36）点击"双极顺序控制"界面"闭锁"。

（37）选择"极Ⅰ闭锁双阀组"。

（38）选择"极Ⅱ闭锁双阀组"。

（39）点击"继续"按钮。

（40）检查弹出窗口"极Ⅰ闭锁双阀组！"。

（41）检查弹出窗口"极Ⅱ闭锁双阀组！"。

（42）点击"执行"按钮。

（43）检查"双极顺序控制"界面极Ⅰ高端"解锁状态"图标为绿色。

（44）检查"双极顺序控制"界面极Ⅰ低端"解锁状态"图标为绿色。

（45）检查"双极顺序控制"界面极Ⅱ高端"解锁状态"图标为绿色。

（46）检查"双极顺序控制"界面极Ⅱ低端"解锁状态"图标为绿色。

（47）现场检查武8011开关机械位置指示确在"合"位。

（48）检查监控界面武8011开关指示确在"合"位。

（49）现场检查武8012开关机械位置指示确在"合"位。

（50）检查监控界面武8012开关指示确在"合"位。

（51）现场检查武8021开关机械位置指示确在"合"位。

（52）检查监控界面武8021开关指示确在"合"位。

（53）现场检查武8022开关机械位置指示确在"合"位。

（54）检查监控界面武8022开关指示确在"合"位。

3. 换流器状态转换操作

操作任务：武汉站陕武直流极Ⅰ高端换流器由运行转为连接。

（1）检查"双极直流场"界面双极功率××××MW运行正常。

（2）检查"双极直流场"界面武汉站为"系统主站"。

（3）检查"双极直流场"界面极Ⅰ高端换流器运行正常。

（4）检查"双极直流场"界面极Ⅰ低端换流器运行正常。

（5）检查"双极直流场"界面极Ⅱ高端换流器运行正常。

（6）检查"双极直流场"界面极Ⅱ低端换流器运行正常。

（7）检查"双极直流场"界面运行方式为双极大地回线–接地极接地。

（8）检查"双极直流场"界面潮流方向为"陕北至武汉"。

（9）检查"双极直流场"界面极Ⅰ电压模式为额定电压∣降压80%。

（10）检查"双极直流场"界面极Ⅰ功率/电流方式为"双极功率控制"。

（11）检查"双极直流场"界面极Ⅱ电压模式为额定电压｜降压80%。

（12）检查"双极直流场"界面极Ⅱ功率/电流方式为"双极功率控制"。

（13）检查"双极直流场"界面极Ⅰ直流系统有功运行方式为联合控制（武汉站无此控制模式）。

（14）检查"双极直流场"界面极Ⅱ直流系统有功运行方式为联合控制（武汉站无此控制模式）。

（15）检查"极Ⅰ高端阀组"界面极Ⅰ高端阀组分接头在"自动"。

（16）检查"极Ⅰ低端阀组"界面极Ⅰ低端阀组分接头在"自动"。

（17）检查"极Ⅱ高端阀组"界面极Ⅱ高端阀组分接头在"自动"。

（18）检查"极Ⅱ低端阀组"界面极Ⅱ低端阀组分接头在"自动"。

（19）检查"高端滤波器场"界面高端无功运行方式为"投入"。

（20）检查"高端滤波器场"界面高端无功运行方式为"自动"。

（21）检查"高端滤波器场"界面高端无功控制方式为"Q模式"。

（22）检查"低端滤波器场"界面低端无功运行方式为"投入"。

（23）检查"低端滤波器场"界面低端无功运行方式为"自动"。

（24）检查"低端滤波器场"界面低端无功控制方式为"Q模式"。

（25）检查"双极直流场"界面双极功率模式为"手动模式"。

（26）点击"双极直流场"界面"闭锁"图标。

（27）选择"极Ⅰ闭锁高端阀组"。

（28）点击"继续"按钮。

（29）检查弹出窗口"极Ⅰ闭锁高端阀组！"。

（30）点击"执行"按钮。

（31）检查"极Ⅰ顺序控制"界面极Ⅰ高端"解锁状态"为绿色。

（32）现场检查武8011开关机械位置指示确在"合"位。

（33）检查监控界面武8011开关位置指示确在"合"位。

（34）检查"双极直流场"界面双极功率××××MW运行正常。

操作任务：武汉站陕武直流极Ⅰ高端换流器由连接转为充电。

（1）检查"极Ⅰ顺序控制"界面极Ⅰ高端"热备状态"图标为红色。

（2）点击"双极直流场"界面"阀组操作"。

（3）选择"极Ⅰ高端阀组操作"。

（4）点击"执行"按钮。

（5）选择"极Ⅰ高端阀组隔离"。

（6）点击"执行"按钮。

（7）现场检查极Ⅰ高端旁通刀闸武 80116 刀闸确已合上。

（8）现场检查极Ⅰ高端阀组武 80111 刀闸确已拉开。

（9）现场检查极Ⅰ高端阀组武 80112 刀闸确已拉开。

操作任务：武汉站陕武直流极Ⅰ高端换流器由充电转为热备用。

（1）拉开武 5042 开关。

（2）现场检查武 5042 开关三相机械位置指示确在"分"位。

（3）检查监控界面武 5042 开关指示确在"分"位。

（4）拉开武 5041 开关。

（5）现场检查武 5041 开关三相机械位置指示确在"分"位。

（6）检查监控界面武 5041 开关指示确在"分"位。

（7）检查监控界面极Ⅰ高端 811B 进线电压 Uab××kV，Ubc××kV，Uca××kV。

（8）检查监控界面 811B 换流变分接头档位为 20 档。

操作任务：武汉站陕武直流极Ⅰ高端换流器由热备用转为冷备用。

（1）现场检查武 5042 开关三相机械位置指示确在"分"位。

（2）检查监控界面武 5042 开关指示确在"分"位。

（3）拉开武 50421 刀闸。

（4）现场检查武 50421 刀闸三相机械位置指示确在"分"位。

（5）检查监控界面武 50421 刀闸指示确在"分"位。

（6）拉开武 50422 刀闸。

（7）现场检查武 50422 刀闸三相机械位置指示确在"分"位。

（8）检查监控界面武 50422 刀闸指示确在"分"位。

（9）现场检查武 5041 开关三相机械位置指示确在"分"位。

（10）检查监控界面武 5041 开关指示确在"分"位。

（11）拉开武 50412 刀闸。

（12）现场检查武 50412 刀闸三相机械位置指示确在"分"位。

（13）检查监控界面武 50412 刀闸指示确在"分"位。

（14）拉开武 50411 刀闸。

（15）现场检查武 50411 刀闸三相机械位置指示确在"分"位。

（16）检查监控界面武 50411 刀闸位置指示确在"分"位。

操作任务：武汉站陕武直流极Ⅰ高端换流器由冷备用转为检修。

（1）检查极Ⅰ顺序控制界面极Ⅰ高端顺控模式在"自动"。

（2）检查"极Ⅰ顺序控制"界面极Ⅰ高端"冷备状态"图标为红色。

（3）检查"极Ⅰ顺序控制"界面极Ⅰ高端"检修允许"红灯亮。

（4）点击"极Ⅰ顺序控制"界面极Ⅰ高端"检修状态"图标。

（5）选择弹出界面"极Ⅰ高端执行顺序控制到检修状态"选项。

（6）点击"执行"按钮。

（7）现场检查武 504167 接地刀闸三相机械位置指示确在"合"位。

（8）检查监控界面武 504167 接地刀闸指示确在"合"位。

（9）现场检查武 801127 接地刀闸确已合上。

（10）现场检查武 801117 接地刀闸确已合上。

（11）现场检查武 801137 接地刀闸确已合上。

（12）现场检查武 801147 接地刀闸确已合上。

（13）将"阀组状态"界面极Ⅰ高端阀组检修投退软压板切至"投入"位置（若有，武汉站无改压板）。

（14）查将"阀组状态"界面极Ⅰ高端阀组检修投退软压板切至"投入"位置正常。

（15）将极Ⅰ高端阀组检修钥匙打至"检修"状态。

（16）查极Ⅰ高端阀组检修钥匙投入正常。

（17）检查"极Ⅰ顺序控制"界面极Ⅰ高端"检修状态"图标为红色。

4. 预选择闭锁功能投退

操作任务：投入武汉站陕武直流极Ⅰ低端预选择闭锁功能。

（1）检查"双极直流场"界面极Ⅰ预选择闭锁功能为"退出"。

（2）检查"双极直流场"界面极Ⅰ预选择闭锁功能为"无效"。

（3）点击"双极直流场"界面"预选择闭锁"。

（4）选择"极Ⅰ预选择闭锁功能操作"。

（5）点击"执行"。

（6）选择"极Ⅰ预选择闭锁功能投入"。

（7）点击"执行"。

（8）检查"双极直流场"界面极Ⅰ预选择闭锁功能为"投入"。

（9）检查"双极直流场"界面极Ⅰ预选择闭锁功能为"高端"。

（10）点击"双极直流场"界面"预选择闭锁"。

（11）选择"极Ⅰ预选择闭锁功能操作"。

（12）点击"执行"。

（13）选择"极Ⅰ预选择闭锁低端阀组"。

（14）点击"执行"。

（15）检查"双极直流场"界面极1预选择闭锁功能为"低端"。

5. 阀组状态转换操作

操作任务：武汉站陕武直流极Ⅰ高端阀组由冷备用转为检修。

（1）点击"双极直流场"界面"阀组操作"。

（2）选择"极Ⅰ高端阀组操作"。

（3）点击"执行"按钮。

（4）选择"极Ⅰ高端阀组接地"。

（5）点击"执行"按钮。

（6）现场检查武801127接地刀闸确已合上。

（7）现场检查武801117接地刀闸确已合上。

（8）现场检查武801137接地刀闸确已合上。

（9）现场检查武801147接地刀闸确已合上。

6. 极状态转换操作

操作任务：武汉站陕武直流极Ⅰ由极连接转为极隔离。

（1）检查"双极直流场"界面极Ⅰ极状态为"极连接"。

（2）检查"双极直流场"界面直流场控制模式为"自动"。

（3）点击"双极直流场"界面"极操作"。

（4）选择"极Ⅰ直流场"。

（5）点击"执行"按钮。

（6）选择"极Ⅰ隔离"。

（7）点击"执行"按钮。

（8）现场检查武 80105 刀闸确已拉开。

（9）现场检查武 0100 开关机械位置指示确在"分"位。

（10）检查监控界面武 0100 开关指示确在"分"位。

（11）现场检查武 01002 刀闸确已拉开。

（12）现场检查武 01001 刀闸确已拉开。

（13）检查"双极直流场"界面极 I 极状态为"极隔离"。

操作任务：武汉站陕武直流极 I 由冷备用转为检修。

（1）检查"极 I 顺序控制"界面极 I 低端顺控模式在"自动"。

（2）检查"极 I 顺序控制"界面极 I 低端"冷备状态"图标为红色。

（3）检查"极 I 顺序控制"界面极 I 低端"检修允许"红灯亮。

（4）点击"极 I 顺序控制"界面极 I 低端"检修状态"图标。

（5）选择弹出界面"极 I 低端执行顺序控制到检修状态"选项。

（6）点击"执行"按钮。

（7）现场检查武 508367 接地刀闸三相机械位置指示确在"合"位。

（8）检查监控界面武 508367 接地刀闸指示确在"合"位。

（9）现场检查武 801227 接地刀闸确已合上。

（10）现场检查武 801217 接地刀闸确已合上。

（11）现场检查武 801237 接地刀闸确已合上。

（12）现场检查武 001247 接地刀闸确已合上。

（13）检查"双极顺序控制"界面极 I 低端"检修状态"图标为红色。

（14）检查"双极顺序控制"界面极 I 高端顺控模式在"自动"。

（15）检查"双极顺序控制"界面极 I 高端"冷备状态"图标为红色。

（16）检查"双极顺序控制"界面极 I 高端"检修允许"红灯亮。

（17）点击"双极顺序控制"界面极 I 高端"检修状态"图标。

（18）选择弹出界面"极 I 高端执行顺序控制到检修状态"选项。

（19）点击"执行"按钮。

（20）现场检查武 504167 接地刀闸三相机械位置指示确在"合"位。

（21）检查监控界面武 504167 接地刀闸指示确在"合"位。

（22）现场检查武 801127 接地刀闸确已合上。

（23）现场检查武 801117 接地刀闸确已合上。

（24）现场检查武 801137 接地刀闸确已合上。

（25）现场检查武 801147 接地刀闸确已合上。

（26）检查"双极顺序控制"界面极 I 高端"检修状态"图标为红色。

（27）检查"双极直流场"界面直流场控制模式为"自动"。

（28）点击"双极直流场"界面"直流滤波器操作"。

（29）选择"极 I 直流滤波器接地"。

（30）点击"执行"按钮。

（31）现场检查武 80101 刀闸确已拉开。

（32）现场检查武 00102 刀闸确已拉开。

（33）现场检查武 001027 接地刀闸确已合上。

（34）现场检查武 801017 接地刀闸确已合上。

（35）检查"双极直流场"界面极 I 极状态为"极隔离"。

（36）点击"双极直流场"界面"极操作"。

（37）选择"极 I 直流场"。

（38）点击"执行"按钮。

（39）选择"极 I 接地"。

（40）点击"执行"按钮。

（41）现场检查武 010027 接地刀闸确已合上。

（42）现场检查武 010007 接地刀闸确已合上。

（43）现场检查武 801057 接地刀闸确已合上。

（44）检查"双极直流场"界面极 I 极状态为"极接地"。

（45）点击"双极直流场"界面"顺序控制模式"。

（46）选择"极 I 顺序控制模式"。

（47）点击"执行"按钮。

（48）选择"极 I 低端手动控制"。

（49）点击"执行"按钮。

（50）检查"双极直流场"界面极 I 低端顺控模式为"手动"。

（51）合上武 801007 接地刀闸。

（52）现场检查武 801007 接地刀闸确已合上。

（53）点击"双极直流场"界面"顺序控制模式"。

（54）选择"极Ⅰ顺序控制模式"。

（55）点击"执行"按钮。

（56）选择"极Ⅰ低端自动控制"。

（57）点击"执行"按钮。

（58）检查"双极直流场"界面极Ⅰ低端顺控模式为"自动"。

7. 接地极状态转换操作

操作任务：武汉站陕武直流接地极系统由运行转为检修。

（1）点击"双极直流场"界面"顺序控制模式"。

（2）选择"直流场顺序控制模式"。

（3）点击"执行"按钮。

（4）选择"直流场手动控制"。

（5）点击"执行"按钮。

（6）检查"双极直流场"界面直流场控制模式为"手动"。

（7）拉开武05000刀闸。

（8）现场检查武05000刀闸确已拉开。

（9）合上武0500017接地刀闸。

（10）现场检查武0500017接地刀闸确已合上。

（11）点击"双极直流场"界面"顺序控制模式"。

（12）选择"直流场顺序控制模式"。

（13）点击"执行"按钮。

（14）选择"直流场自动控制"。

（15）点击"执行"按钮。

（16）检查"双极直流场"界面直流场控制模式为"自动"。

8. 直流线路状态转换操作

操作任务：武汉站陕武直流极Ⅰ直流线路由冷备用转为检修。

（1）点击"双极直流场"界面"顺序控制模式"。

（2）选择"直流场顺序控制模式"。

（3）点击"执行"按钮。

（4）选择"直流场手动控制"。

（5）点击"执行"按钮。

（6）检查"双极直流场"界面直流场控制模式为"手动"。

（7）电话确认陕北站 80105 刀闸确在拉开位置。

（8）电话确认陕北站 81201 刀闸确在拉开位置。

（9）现场检查武 80105 刀闸确在拉开位置。

（10）现场检查武 81201 刀闸确在拉开位置。

（11）合上武 8010517 接地刀闸。

（12）现场检查武 8010517 接地刀闸确已合上。

（13）选择"直流场顺序控制模式"。

（14）点击"执行"按钮。

（15）选择"直流场自动控制"。

（16）点击"执行"按钮。

（17）检查"双极直流场"界面直流场控制模式为"自动"。

9. 直流滤波器状态转换操作

操作任务：武汉站陕武直流极 I 直流滤波器 8010LB 由运行转为检修。

（1）检查"双极直流场"界面直流场控制模式为"自动"。

（2）点击"双极直流场"界面"直流滤波器操作"。

（3）选择"极 I 直流滤波器接地"。

（4）点击"执行"按钮。

（5）现场检查武 80101 刀闸确已拉开。

（6）现场检查武 00102 刀闸确已拉开。

（7）现场检查武 001027 接地刀闸确已合上。

（8）现场检查武 801017 接地刀闸确已合上。

10. 运行方式调整操作

操作任务：武汉站由主控站转为非主控站。

（1）检查陕武直流双极××××MW 运行正常。

（2）检查"双极直流场"界面武汉站为"系统主站"。

（3）检查"双极直流场"界面站控站间通讯正常。

（4）检查监控界面出现"对站请求系统主站"信号。

（5）点击"双极直流场"界面"控制位置"。

182

（6）点击"控制级别切换"按钮。

（7）选择"主控站位置释放"。

（8）点击"执行"按钮。

（9）检查"双极直流场"界面武汉站为"系统从站"。

（10）检查陕武直流双极××××MW运行正常。

操作任务：陕武直流潮流方向为武汉送陕北。

（1）检查"双极直流场"界面武汉站为"系统主站"。

（2）检查"双极直流场"界面站控站间通信正常。

（3）检查"极Ⅰ顺序控制"界面极Ⅰ高端"热备状态"图标为红色。

（4）检查"极Ⅰ顺序控制"界面极Ⅰ低端"热备状态"图标为红色。

（5）检查"极Ⅱ顺序控制"界面极Ⅱ高端"热备状态"图标为红色。

（6）检查"极Ⅱ顺序控制"界面极Ⅱ低端"热备状态"图标为红色。

（7）检查"双极直流场"界面运行方式为双极大地回线–接地极接地。

（8）检查"双极直流场"界面极Ⅰ电压模式为额定电压。

（9）检查"双极直流场"界面极Ⅱ电压模式为额定电压。

（10）检查"双极直流场"界面潮流方向为"陕北至武汉"。

（11）点击"双极直流场"界面"功率传输方向"。

（12）选择"武汉到陕北"。

（13）点击"执行"按钮。

（14）检查"双极直流场"界面潮流方向为"武汉至陕北"。

操作任务：武汉站陕武直流极Ⅰ有功控制方式由双极功率控制转为单极功率控制。

（1）检查"双极直流场"界面武汉站为"系统主站"。

（2）检查"双极直流场"界面站控站间通讯正常。

（3）检查"双极直流场"界面极Ⅰ功率/电流方式为"双极功率控制"。

（4）点击"双极直流场"界面"功率/电流控制"。

（5）点击"功率/电流切换"按钮。

（6）选择"极Ⅰ控制模式选择"。

（7）点击"执行"按钮。

（8）选择"极Ⅰ单极功率模式"。

（9）点击"执行"按钮。

（10）检查"双极直流场"界面极Ⅰ功率/电流方式为"单极功率控制"。

操作任务：武汉站陕武直流极Ⅰ有功控制方式由单极功率控制转为单极电流控制。

（1）检查"双极直流场"界面武汉站为"系统主站"。

（2）检查"双极直流场"界面站控站间通信正常。

（3）检查"双极直流场"界面极Ⅰ功率/电流方式为"单极功率控制"。

（4）点击"双极直流场"界面"功率/电流控制"。

（5）点击"功率/电流切换"按钮。

（6）选择"极Ⅰ控制模式选择"。

（7）点击"执行"按钮。

（8）选择"极Ⅰ电流模式"。

（9）点击"执行"按钮。

（10）检查"双极直流场"界面极Ⅰ功率/电流方式为"单极电流控制"。

操作任务：陕武直流极Ⅰ电压方式由额定方式运行改为640kV方式运行。

（1）检查"双极直流场"界面双极功率××××MW运行正常。

（2）检查"双极直流场"界面武汉站为"系统主站"。

（3）检查"双极直流场"界面极Ⅰ高端换流变分接头控制为"自动"。

（4）检查"双极直流场"界面极Ⅰ高端换流变分接头控制为"OK"。

（5）检查"双极直流场"界面极Ⅰ低端换流变分接头控制为"自动"。

（6）检查"双极直流场"界面极Ⅰ低端换流变分接头控制为"OK"。

（7）检查"双极直流场"界面极Ⅰ电压模式为额定电压。

（8）点击"双极直流场"界面"降压运行"。

（9）选择"极Ⅰ直流电压至0.8PU"。

（10）点击"继续"按钮。

（11）检查弹出窗口"极Ⅰ直流电压至0.8PU！"。

（12）点击"执行"按钮。

（13）检查"双极直流场"界面极Ⅰ电压模式为降电压80%。

（14）检查"双极直流场"界面极Ⅰ高端换流变分接头为"1"档。

（15）检查"双极直流场"界面极Ⅰ低端换流变分接头"1"档。

（16）检查"双极直流场"界面极Ⅰ直流电压为××××kV。

（17）检查"双极直流场"界面双极功率××××MW运行正常。

操作任务：陕武直流极Ⅰ由单极大地回线方式运行转为单极金属回线方式运行。

（1）检查"双极直流场"界面极Ⅰ功率××××MW运行正常。

（2）检查"双极直流场"界面武汉站为"系统主站"。

（3）检查"双极直流场"界面极Ⅰ高端换流器运行正常。

（4）检查"双极直流场"界面极Ⅰ低端换流器运行正常。

（5）检查"双极直流场"界面运行方式为极Ⅰ大地回线方式。

（6）检查"双极直流场"界面极Ⅱ极状态为"极隔离"。

（7）检查"双极直流场"界面直流场控制模式为"自动"。

（8）点击"双极直流场"界面"金属/大地转换"。

（9）选择"极Ⅰ金属回线"。

（10）点击"继续"按钮。

（11）检查弹出窗口"极Ⅰ转金属回线！"。

（12）点击"执行"按钮。

（13）检查武0400017接地刀闸确已拉开。

（14）检查武04000刀闸确已合上。

（15）检查武81202刀闸确已合上。

（16）检查"双极直流场"界面运行方式为极Ⅰ金属回线方式。

（17）检查"双极直流场"界面极Ⅰ功率××××MW运行正常。

11. OLT试验操作

操作任务：武汉站陕武直流极Ⅰ转为双换流器带线路OLT试验状态（自动模式）。

（1）检查武汉站陕武直流极Ⅰ送电范围内接地刀闸已全部拉开、接地线已全部拆除。

（2）现场检查武5041开关三相机械位置指示确在"分"位。

（3）检查监控界面武5041开关指示确在"分"位。

（4）合上武50411刀闸。

（5）现场检查武50411刀闸三相机械位置指示确在"合"位。

（6）检查监控界面武 50411 刀闸指示确在"合"位。

（7）合上武 50412 刀闸。

（8）现场检查武 50412 刀闸三相机械位置指示确在"合"位。

（9）检查监控界面武 50412 刀闸指示确在"合"位。

（10）现场检查武 5042 开关三相机械位置指示确在"分"位。

（11）检查监控界面武 5042 开关指示确在"分"位。

（12）合上武 50422 刀闸。

（13）现场检查武 50422 刀闸三相机械位置指示确在"合"位。

（14）检查监控界面武 50422 刀闸指示确在"合"位。

（15）合上武 50421 刀闸。

（16）现场检查武 50421 刀闸三相机械位置指示确在"合"位。

（17）检查监控界面武 50421 刀闸指示确在"合"位。

（18）现场检查武 5083 开关三相机械位置指示确在"分"位。

（19）检查监控界面武 5083 开关指示确在"分"位。

（20）合上武 50832 刀闸。

（21）现场检查武 50832 刀闸三相机械位置指示确在"合"位。

（22）检查监控界面武 50832 刀闸指示确在"合"位。

（23）合上武 50831 刀闸。

（24）现场检查武 50831 刀闸三相机械位置指示确在"合"位。

（25）检查监控界面武 50831 刀闸指示确在"合"位。

（26）现场检查武 5082 开关三相机械位置指示确在"分"位。

（27）检查监控界面武 5082 开关指示确在"分"位。

（28）合上武 50821 刀闸。

（29）现场检查武 50821 刀闸三相机械位置指示确在"合"位。

（30）检查监控界面武 50821 刀闸指示确在"合"位。

（31）合上武 50822 刀闸。

（32）现场检查武 50822 刀闸三相机械位置指示确在"合"位。

（33）检查监控界面武 50822 刀闸指示确在"合"位。

（34）检查监控界面 811B 换流变分接头控制为"OK"。

（35）检查监控界面 811B 换流变分接头档位控制方式为"自动"。

（36）检查"双极直流场"界面极Ⅰ高端换流变"RFE"图标出现。

（37）合上武 5041 开关。

（38）现场检查武 5041 开关三相机械位置指示确在"合"位。

（39）检查监控界面武 5041 开关指示确在"合"位。

（40）检查 811B 换流变冷却器投入正常。

（41）合上武 5042 开关。

（42）现场检查武 5042 开关三相机械位置指示确在"合"位。

（43）检查监控界面武 5042 开关指示确在"合"位。

（44）检查监控界面 812B 换流变分接头控制为"OK"。

（45）检查监控界面 812B 换流变分接头档位控制方式为"自动"。

（46）检查"双极直流场"界面极Ⅰ低端换流变"RFE"图标出现。

（47）合上武 5083 开关。

（48）现场检查武 5083 开关三相机械位置指示确在"合"位。

（49）检查监控界面武 5083 开关指示确在"合"位。

（50）检查 812B 换流变冷却器投入正常。

（51）合上武 5082 开关。

（52）现场检查武 5082 开关三相机械位置指示确在"合"位。

（53）检查监控界面武 5082 开关指示确在"合"位。

（54）点击"双极直流场"界面"阀组操作"。

（55）选择"极Ⅰ高端阀组操作"。

（56）点击"执行"按钮。

（57）选择"极Ⅰ高端阀组连接"。

（58）点击"执行"按钮。

（59）现场检查武 80112 刀闸确已合上。

（60）现场检查武 80111 刀闸确已合上。

（61）现场检查武 80116 刀闸确已拉开。

（62）点击"双极直流场"界面"阀组操作"。

（63）选择"极Ⅰ低端阀组操作"。

（64）点击"执行"按钮。

（65）选择"极Ⅰ低端阀组连接"。

（66）点击"执行"按钮。

（67）现场检查武 00122 刀闸确已合上。

（68）现场检查武 80121 刀闸确已合上。

（69）现场检查武 80126 刀闸确已拉开。

（70）检查"双极直流场"界面极Ⅰ极状态为"极隔离"。

（71）检查"双极直流场"界面直流场控制模式为"自动"。

（72）点击"双极直流场"界面"极操作"。

（73）选择"极Ⅰ直流场"。

（74）点击"执行"按钮。

（75）选择"极Ⅰ连接"。

（76）点击"执行"按钮。

（77）现场检查武 01001 刀闸确已合上。

（78）现场检查武 01002 刀闸确已合上。

（79）现场检查武 0100 开关机械位置指示确在"合"位。

（80）检查监控界面武 0100 开关指示确在"合"位。

（81）现场检查武 80105 刀闸确已合上。

（82）检查"双极直流场"界面极Ⅰ极状态为"极连接"。

（83）检查"极Ⅰ顺序控制"界面极Ⅰ高端"热备状态"图标为红色。

（84）检查"极Ⅰ顺序控制"界面极Ⅰ低端"热备状态"图标为红色。

（85）拉开武 8011 开关。

（86）现场检查武 8011 开关机械位置指示确在"分"位。

（87）检查监控界面武 8011 开关指示确在"分"位。

（88）拉开武 8012 开关。

（89）现场检查武 8012 开关机械位置指示确在"分"位。

（90）检查监控界面武 8012 开关指示确在"分"位。

操作任务：武汉站陕武直流极Ⅰ双换流器带线路 OLT 试验（自动模式）。

（1）电话确认陕北站 80105 刀闸确已拉开。

（2）点击"极Ⅰ顺序控制"界面极Ⅰ高端"空载加压"。

（3）点击极Ⅰ直流系统空载加压界面"投/退切换"。

（4）选择"空载加压投入模式"。

（5）点击"执行"按钮。

（6）检查极Ⅰ直流系统空载加压界面空载加压控制为"投入"。

（7）检查"极Ⅰ顺序控制"界面极Ⅰ高端"热备状态"图标为红色。

（8）检查"极Ⅰ顺序控制"界面极Ⅰ低端"热备状态"图标为红色。

（9）检查"极Ⅰ顺序控制"界面极Ⅰ高端"空载加压允许"红灯亮。

（10）检查"极Ⅰ顺序控制"界面极Ⅰ低端"空载加压允许"红灯亮。

（11）检查极Ⅰ直流系统空载加压界面空载加压模式为"自动"。

（12）检查自动控制模式下保持时间整定为×××s。

（13）点击"自动执行"按钮。

（14）选择"空载加压自动执行"。

（15）点击"执行"按钮。

（16）检查"双极直流场"界面极Ⅰ高端阀组运行状态为"解锁/OLT"。

（17）检查"双极直流场"界面极Ⅰ低端阀组运行状态为"解锁/OLT"。

（18）检查"极Ⅰ顺序控制"界面极Ⅰ低端"空载加压"图标为红色。

（19）检查"极Ⅰ顺序控制"界面极Ⅰ高端"空载加压"图标为红色。

（20）检查极Ⅰ极开路试验电压 Ud 升至×××kV。

（21）检查极Ⅰ极开路试验电压 Ud 保持×××kV×××s 正常。

（22）检查极Ⅰ极开路试验电压 Ud 降至×××kV。

（23）检查"双极直流场"界面极Ⅰ低端阀组运行状态为"热备"。

（24）检查"双极直流场"界面极Ⅰ高端阀组运行状态为"热备"。

（25）检查"极Ⅰ顺序控制"界面极Ⅰ低端"空载加压"图标为绿色。

（26）检查"极Ⅰ顺序控制"界面极Ⅰ高端"空载加压"图标为绿色。

（27）点击"极Ⅰ顺序控制"界面"空载加压"。

（28）点击极Ⅰ空载加压界面"投/退切换"。

（29）选择"空载加压退出模式"。

（30）点击"执行"按钮。

（31）检查极Ⅰ直流系统空载加压界面空载加压控制为"退出"。

（32）检查"极Ⅰ顺序控制"界面极 1 高端"空载加压允许"绿灯亮。

（33）检查"极Ⅰ顺序控制"界面极 1 低端"空载加压允许"绿灯亮。

（34）现场检查武 8011 开关机械位置指示确在"合"位。

（35）检查监控界面武 8011 开关指示确在"合"位。

（36）现场检查武 8012 开关机械位置指示确在"合"位。

（37）检查监控界面武 8012 开关指示确在"合"位。

12. 交流滤波器（以第一大组交流滤波器停电操作为例）

操作任务：通知：拉开武汉站 310 开关。

（1）点击"站用电"界面"总应答"按钮。

（2）选择弹出界面"站用电控制总应答"选项。

（3）点击"执行"按钮。

（4）检查"站用电"界面 10kV 备自投系统在"自动"位置。

（5）检查"站用电"界面极 1 高端 400V 备自投系统在"自动"位置。

（6）检查"站用电"界面极 1 低端 400V 备自投系统在"自动"位置。

（7）检查"站用电"界面极 2 高端 400V 备自投系统在"自动"位置。

（8）检查"站用电"界面极 2 低端 400V 备自投系统在"自动"位置。

（9）检查"站用电"界面站公用 400V 备自投系统在"自动"位置。

（10）现场检查武 101 开关柜上"远方/就地"控制把手在"远方"位置。

（11）现场检查武 131 开关柜上"远方/就地"控制把手在"远方"位置。

（12）拉开武 310 开关。

（13）现场检查武 310 开关机械位置指示确在"分"位。

（14）检查监控界面武 310 开关指示确在"分"位。

（15）检查武 101 开关自动拉开正常。

（16）现场检查武 101 开关机械位置指示确在"分"位。

（17）检查监控界面武 101 开关指示确在"分"位。

（18）检查武 131 开关自动合上正常。

（19）现场检查武 131 开关机械位置指示确在"合"位。

（20）检查监控界面武 131 开关指示确在"合"位。

（21）检查监控界面 10kV #1M 母线电压×××kV 正常。

操作任务：拉开武汉站 3101 刀闸。

（1）现场检查武 310 开关机械位置指示确在"分"位。

（2）检查监控界面武 310 开关指示确在"分"位。

（3）拉开武 3101 刀闸。

（4）现场检查武 3101 刀闸三相确已拉开。

操作任务：许可：武汉站 311L、312L、313L、314L 低抗转冷备用。

（1）检查监控界面武 311 开关指示确在"分"位。

（2）现场检查武 311 开关机械位置指示确在"分"位。

（3）拉开武 3111 刀闸。

（4）现场检查武 3111 刀闸三相确已拉开。

（5）检查监控界面武 312 开关指示确在"分"位。

（6）现场检查武 312 开关机械位置指示确在"分"位。

（7）拉开武 3121 刀闸。

（8）现场检查武 3121 刀闸三相确已拉开。

（9）检查"低抗"界面"高端电压控制方式"为"手动"。

（10）拉开武 313 开关。

（11）检查监控界面武 313 开关指示确在"分"位。

（12）现场检查武 313 开关机械位置指示确在"分"位。

（13）拉开武 3131 刀闸。

（14）现场检查武 3131 刀闸三相确已拉开。

（15）拉开武 314 开关。

（16）检查监控界面武 314 开关指示确在"分"位。

（17）现场检查武 314 开关机械位置指示确在"分"位。

（18）拉开武 3141 刀闸。

（19）现场检查武 3141 刀闸三相确已拉开。

操作任务：35kV 武 311L、武 312L、武 313L、武 314L 低压电抗器由冷备用转检修。

（1）用 35kV #××高压信号发生器验明 35kV #××验电器正常。

（2）用 35kV #××验电器在武 31117 接地刀闸静触头处三相分别验电确无电压后，合上武 31117 接地刀闸。

（3）现场检查武 31117 接地刀闸三相确已合上。

（4）用 35kV #××高压信号发生器验明 35kV #××验电器正常。

（5）用 35kV #××验电器在武 31217 接地刀闸静触头处三相分别验电确无电压后，合上武 31217 接地刀闸。

（6）现场检查武 31217 接地刀闸三相确已合上。

（7）用 35kV #×× 高压信号发生器验明 35kV #×× 验电器正常。

（8）用 35kV #×× 验电器在武 31317 接地刀闸静触头处三相分别验电确无电压后，合上武 31317 接地刀闸。

（9）现场检查武 31317 接地刀闸三相确已合上。

（10）用 35kV #×× 高压信号发生器验明 35kV #×× 验电器正常。

（11）用 35kV #×× 验电器在武 31417 接地刀闸静触头处三相分别验电确无电压后，合上武 31417 接地刀闸。

（12）现场检查武 31417 接地刀闸三相确已合上。

操作任务：武汉站 511B 变 500kV 侧由运行转热备用。

（1）拉开武 5615 开关。

（2）现场检查武 5615 开关三相机械位置指示确在"分"位。

（3）检查监控界面武 5615 开关指示确在"分"位。

操作任务：武汉站 511B 变 500kV 侧由热备用转冷备用。

（1）现场检查武 5615 开关三相机械位置指示确在"分"位。

（2）检查监控界面武 5615 开关指示确在"分"位。

（3）拉开武 56151 刀闸。

（4）现场检查武 56151 刀闸三相机械位置指示确在"分"位。

（5）检查监控界面武 56151 刀闸指示确在"分"位。

操作任务：拉开武汉站 31111 刀闸。

（1）现场检查武 5615 开关机械位置指示确在"分"位。

（2）检查监控界面武 5615 开关指示确在"分"位。

（3）现场检查武 310 开关机械位置指示确在"分"位。

（4）检查监控界面武 310 开关指示确在"分"位。

（5）现场检查武 311 开关机械位置指示确在"分"位。

（6）检查监控界面武 311 开关指示确在"分"位。

（7）现场检查武 312 开关机械位置指示确在"分"位。

（8）检查监控界面武 312 开关指示确在"分"位。

（9）现场检查武 313 开关机械位置指示确在"分"位。

（10）检查监控界面武 313 开关指示确在"分"位。

（11）现场检查武 314 开关机械位置指示确在"分"位。

（12）检查监控界面武 314 开关指示确在"分"位。

（13）拉开武 31111 刀闸。

（14）现场检查武 31111 刀闸三相确已拉开。

操作任务：武汉站 5611 交流滤波器由热备用转冷备用。

（1）查武汉站 5611 交流滤波器在热备用状态正常。

（2）现场检查武 5611 开关三相机械位置指示确在"分"位。

（3）检查监控界面武 5611 开关指示确在"分"位。

（4）拉开武 56111 刀闸。

（5）现场检查武 56111 刀闸三相确已拉开。

（6）查武汉站 5611 交流滤波器由热备用转冷备用状态正常。

操作任务：武汉站 500kV #61M 交流滤波器母线由运行转冷备用。

（1）拉开武 5012 开关。

（2）检查监控界面武 5012 开关指示确在"分"位。

（3）现场检查武 5012 开关三相机械位置指示确在"分"位。

（4）拉开武 5011 开关。

（5）检查监控界面武 5011 开关指示确在"分"位。

（6）现场检查武 5011 开关三相机械位置指示确在"分"位。

（7）检查监控界面武 5012 开关指示确在"分"位。

（8）现场检查武 5012 开关三相机械位置指示确在"分"位。

（9）拉开武 50121 刀闸。

（10）检查监控界面武 50121 刀闸指示确在"分"位。

（11）现场检查武 50121 刀闸三相机械位置指示确在"分"位。

（12）拉开武 50122 刀闸。

（13）检查监控界面武 50122 刀闸指示确在"分"位。

（14）现场检查武 50122 刀闸三相机械位置指示确在"分"位。

（15）检查监控界面武 5011 开关指示确在"分"位。

（16）现场检查武 5011 开关三相机械位置指示确在"分"位。

（17）拉开武 50112 刀闸。

（18）检查监控界面武 50112 刀闸指示确在"分"位。

（19）现场检查武 50112 刀闸三相机械位置指示确在"分"位。

（20）拉开武 50111 刀闸。

（21）检查监控界面武 50111 刀闸指示确在"分"位。

（22）现场检查武 50111 刀闸三相机械位置指示确在"分"位。

操作任务：武汉站 5611 交流滤波器由冷备用转检修。

（1）查武汉站 5611 交流滤波器在冷备用状态正常。

（2）现场检查武 5611 开关三相机械位置指示确在"分"位。

（3）检查监控界面武 5611 开关指示确在"分"位。

（4）现场检查武 56111 刀闸三相确已拉开。

（5）合上武 561117 接地刀闸。

（6）现场检查 561117 接地刀闸三相确已合上。

（7）合上武 561127 接地刀闸。

（8）现场检查 561127 接地刀闸三相确已合上。

（9）查武汉站 5611 交流滤波器由冷备用转检修状态正常。

操作任务：武汉站 500kV #61M 交流滤波器母线由冷备用转检修。

（1）现场检查武 5012 开关三相机械位置指示确在"分"位。

（2）检查监控界面武 5012 开关指示确在"分"位。

（3）现场检查武 50121 刀闸三相机械位置指示确在"分"位。

（4）检查监控界面武 50121 刀闸指示确在"分"位。

（5）现场检查武 50122 刀闸三相机械位置指示确在"分"位。

（6）检查监控界面武 50122 刀闸指示确在"分"位。

（7）现场检查武 5011 开关三相机械位置指示确在"分"位。

（8）检查监控界面武 5011 开关指示确在"分"位。

（9）现场检查武 50111 刀闸三相机械位置指示确在"分"位。

（10）检查监控界面武 50111 刀闸指示确在"分"位。

（11）现场检查武 50112 刀闸三相机械位置指示确在"分"位。

（12）检查监控界面武 50112 刀闸指示确在"分"位。

（13）现场检查武 5611 开关三相机械位置指示确在"分"位。

（14）检查监控界面武 5611 开关指示确在"分"位。

（15）现场检查武 56111 刀闸三相确已拉开。

（16）现场检查武 5612 开关三相机械位置指示确在"分"位。

（17）检查监控界面武 5612 开关指示确在"分"位。

（18）现场检查武 56121 刀闸三相确已拉开。

（19）现场检查武 5613 开关三相机械位置指示确在"分"位。

（20）检查监控界面武 5613 开关指示确在"分"位。

（21）现场检查武 56131 刀闸三相确已拉开。

（22）现场检查武 5614 开关三相机械位置指示确在"分"位。

（23）检查监控界面武 5614 开关指示确在"分"位。

（24）现场检查武 56141 刀闸三相确已拉开。

（25）现场检查武 5615 开关三相机械位置指示确在"分"位。

（26）检查监控界面武 5615 开关指示确在"分"位。

（27）现场检查武 56151 刀闸三相确已拉开。

（28）合上武 56117 接地刀闸。

（29）现场检查武 56117 接地刀闸三相确已合上。

（30）现场检查武 5012 开关三相机械位置指示确在"分"位。

（31）检查监控界面武 5012 开关指示确在"分"位。

（32）现场检查武 50121 刀闸三相机械位置指示确在"分"位。

（33）检查监控界面武 50121 刀闸指示确在"分"位。

（34）现场检查武 50122 刀闸三相机械位置指示确在"分"位。

（35）检查监控界面武 50122 刀闸指示确在"分"位。

（36）现场检查武 5013 开关三相机械位置指示确在"分"位。

（37）检查监控界面武 5013 开关指示确在"分"位。

（38）现场检查武 50131 刀闸三相机械位置指示确在"分"位。

（39）检查监控界面武 50131 刀闸指示确在"分"位。

（40）现场检查武 50132 刀闸三相机械位置指示确在"分"位。

（41）检查监控界面武 50132 刀闸指示确在"分"位。

（42）现场检查武 5611 开关三相机械位置指示确在"分"位。

（43）检查监控界面武 5611 开关指示确在"分"位。

（44）现场检查武 56111 刀闸三相确已拉开。

（45）现场检查武 5612 开关三相机械位置指示确在"分"位。

（46）检查监控界面武 5612 开关指示确在"分"位。

（47）现场检查武 56121 刀闸三相确已拉开。

（48）现场检查武 5613 开关三相机械位置指示确在"分"位。

（49）检查监控界面武 5613 开关指示确在"分"位。

（50）现场检查武 56131 刀闸三相确已拉开。

（51）现场检查武 5614 开关三相机械位置指示确在"分"位。

（52）检查监控界面武 5614 开关指示确在"分"位。

（53）现场检查武 56141 刀闸三相确已拉开。

（54）现场检查武 5615 开关三相机械位置指示确在"分"位。

（55）检查监控界面武 5615 开关指示确在"分"位。

（56）现场检查武 56151 刀闸三相确已拉开。

（57）合上武 501167 接地刀闸。

（58）现场检查武 501167 接地刀闸三相机械位置指示确在"合"位。

（59）检查监控界面武 501167 接地刀闸指示确在"合"位。

操作任务：500kV 武 5011、5012 开关由冷备用转检修。

（1）现场检查武 5011 开关三相机械位置指示确在"分"位。

（2）检查监控界面武 5011 开关指示确在"分"位。

（3）现场检查武 50111 刀闸三相机械位置指示确在"分"位。

（4）检查监控界面武 50111 刀闸指示确在"分"位。

（5）现场检查武 50112 刀闸三相机械位置指示确在"分"位。

（6）检查监控界面武 50112 刀闸指示确在"分"位。

（7）合上武 501117 接地刀闸。

（8）现场检查武 501117 接地刀闸三相机械位置指示确在"合"位。

（9）检查监控界面武 501117 接地刀闸指示确在"合"位。

（10）现场检查武 5011 开关三相机械位置指示确在"分"位。

（11）检查监控界面武 5011 开关指示确在"分"位。

（12）现场检查武 50111 刀闸三相机械位置指示确在"分"位。

（13）检查监控界面武 50111 刀闸指示确在"分"位。

（14）现场检查武 50112 刀闸三相机械位置指示确在"分"位。

（15）检查监控界面武 50112 刀闸指示确在"分"位。

（16）合上武 501127 接地刀闸。

（17）现场检查武 501127 接地刀闸三相机械位置指示确在"合"位。

（18）检查监控界面武 501127 接地刀闸指示确在"合"位。

（19）现场检查武 5012 开关三相机械位置指示确在"分"位。

（20）检查监控界面武 5012 开关指示确在"分"位。

（21）现场检查武 50121 刀闸三相机械位置指示确在"分"位。

（22）检查监控界面武 50121 刀闸指示确在"分"位。

（23）现场检查武 50122 刀闸三相机械位置指示确在"分"位。

（24）检查监控界面武 50122 刀闸指示确在"分"位。

（25）合上武 501217 接地刀闸。

（26）现场检查武 501217 接地刀闸三相机械位置指示确在"合"位。

（27）检查监控界面武 501217 接地刀闸指示确在"合"位。

（28）现场检查武 5012 开关三相机械位置指示确在"分"位。

（29）检查监控界面武 5012 开关指示确在"分"位。

（30）现场检查武 50121 刀闸三相机械位置指示确在"分"位。

（31）检查监控界面武 50121 刀闸指示确在"分"位。

（32）现场检查武 50122 刀闸三相机械位置指示确在"分"位。

（33）检查监控界面武 50122 刀闸指示确在"分"位。

（34）合上武 501227 接地刀闸。

（35）现场检查武 501227 接地刀闸三相机械位置指示确在"合"位。

（36）检查监控界面武 501227 接地刀闸指示确在"合"位。

操作任务：500kV 武 5615 开关、武 511B 降压变由冷备用转检修。

（1）现场检查武 5615 开关三相机械位置指示确在"分"位。

（2）检查监控界面武 5615 开关指示确在"分"位。

（3）现场检查武 56151 刀闸二相机械位置指示确在"分"位。

（4）检查监控界面武 56151 刀闸指示确在"分"位。

（5）现场检查武 311 开关机械位置指示确在"分"位。

（6）检查监控界面武 311 开关指示确在"分"位。

（7）现场检查武 3111 刀闸三相确已拉开。

（8）现场检查武 312 开关机械位置指示确在"分"位。

（9）检查监控界面武 312 开关指示确在"分"位。

（10）现场检查武 3121 刀闸三相确已拉开。

（11）现场检查武 313 开关机械位置指示确在"分"位。

（12）检查监控界面武 313 开关指示确在"分"位。

（13）现场检查武 3131 刀闸三相确已拉开。

（14）现场检查武 314 开关机械位置指示确在"分"位。

（15）检查监控界面武 314 开关指示确在"分"位。

（16）现场检查武 3141 刀闸三相确已拉开。

（17）现场检查武 310 开关机械位置指示确在"分"位。

（18）检查监控界面武 310 开关指示确在"分"位。

（19）现场检查武 3101 刀闸三相确已拉开。

（20）现场检查武 31111 刀闸三相确已拉开。

（21）合上武 561517 接地刀闸。

（22）现场检查武 561517 接地刀闸三相机械位置指示确在"合"位。

（23）检查监控界面武 561517 接地刀闸指示确在"合"位。

（24）现场检查武 5615 开关三相机械位置指示确在"分"位。

（25）检查监控界面武 5615 开关指示确在"分"位。

（26）现场检查武 56151 刀闸三相机械位置指示确在"分"位。

（27）检查监控界面武 56151 刀闸指示确在"分"位。

（28）现场检查武 311 开关机械位置指示确在"分"位。

（29）检查监控界面武 311 开关指示确在"分"位。

（30）现场检查武 3111 刀闸三相确已拉开。

（31）现场检查武 312 开关机械位置指示确在"分"位。

（32）检查监控界面武 312 开关指示确在"分"位。

（33）现场检查武 3121 刀闸三相确已拉开。

（34）现场检查武 313 开关机械位置指示确在"分"位。

（35）检查监控界面武 313 开关指示确在"分"位。

（36）现场检查武 3131 刀闸三相确已拉开。

（37）现场检查武 314 开关机械位置指示确在"分"位。

（38）检查监控界面武 314 开关指示确在"分"位。

（39）现场检查武 3141 刀闸三相确已拉开。

（40）现场检查武 310 开关机械位置指示确在"分"位。

（41）检查监控界面武 310 开关指示确在"分"位。

（42）现场检查武 3101 刀闸三相确已拉开。

（43）现场检查武 31111 刀闸三相确已拉开。

（44）合上武 561527 接地刀闸。

（45）现场检查武 561527 接地刀闸三相机械位置指示确在"合"位。

（46）检查监控界面武 561527 接地刀闸指示确在"合"位。

13．无功手自动切换

武汉站无功运行方式手自动方式切换。

操作任务：武汉站无功运行方式由自动方式切至手动方式。

（1）检查"高端滤波器场"界面高端无功控制方式为"Q 模式"。

（2）检查"高端滤波器场"界面高端无功运行方式为"投入"。

（3）检查"高端滤波器场"界面高端无功运行方式为"自动"。

（4）检查"低端滤波器场"界面低端无功控制方式为"Q 模式"。

（5）检查"低端滤波器场"界面低端无功运行方式为"投入"。

（6）检查"低端滤波器场"界面低端无功运行方式为"自动"。

（7）检查"高端滤波器场"界面 500kV 交流系统为合母运行。

（8）点击"高端滤波器场"界面"无功手/自动模式"图标。

（9）选择弹出窗口上的"无功手动控制模式"选项。

（10）点击"执行"按钮。

（11）检查"高端滤波器场"界面高端无功运行方式为"手动"。

（12）检查"低端滤波器场"界面低端无功运行方式为"手动"。

同型号交流滤波器切换。

操作任务：500kV 武 5633ACF 交流滤波器切至 500kV 武 5624ACF 交流滤波器运行。

（1）检查双极直流系统××××MW 运行正常。

（2）检查高端滤波器场界面高端无功运行方式为"投入"。

（3）检查高端滤波器场界面高端无功运行方式为"自动"。

（4）检查高端滤波器场界面高端无功控制方式为"Q 模式"。

（5）点击高端滤波器场界面"无功手/自动模式"图标。

（6）选择弹出窗口上的"无功手动控制模式"选项。

（7）点击"执行"按钮。

（8）检查高端滤波器场界面高端无功运行方式为"手动"。

（9）合上武 5624 开关。

（10）现场检查武 5624 开关三相机械位置指示确在"合"位。

（11）检查监控界面武 5624 开关指示确在"合"位。

（12）拉开武 5633 开关。

（13）现场检查武 5633 开关三相机械位置指示确在"分"位。

（14）检查监控界面武 5633 开关指示确在"分"位。

（15）检查双极直流系统××××MW 运行正常。

（16）检查高端滤波器场界面高端无功运行方式为"投入"。

（17）检查高端滤波器场界面高端无功运行方式为"手动"。

（18）检查高端滤波器场界面高端无功控制方式为"Q 模式"。

（19）点击高端滤波器场界面"无功手动/自动控制模式"图标。

（20）选择弹出窗口上的"无功自动控制模式"选项。

（21）点击"执行"按钮。

（22）检查高端滤波器场界面高端无功运行方式为"自动"。

14. 调相机典型操作（以金华站为例）

（1）操作任务：#1 SFC 隔离变由备用状态转检修状态。

1）点击"电气主接线"界面。

2）检查#1 SFC 隔离变在备用状态正常。

3）检查#1 SFC 隔离变交流进线开关 S01 在分闸位置。

4）检查#1 SFC 隔离变检修接地刀闸 S017 在分闸位置。

5）就地合上#1 SFC 隔离变检修接地刀闸 S017。

6）检查#1 SFC 隔离变检修接地刀闸 S017 已合上。

7）检查#1 SFC 隔离变在检修状态正常。

（2）操作任务：#1 SFC 隔离变由检修状态转备用状态。

1）点击"电气主接线"界面。

2）检查#1 SFC 隔离变在检修状态正常。

3）检查#1 SFC 隔离变交流进线开关 S01 在分闸位置。

4）检查#1 SFC 隔离变检修接地刀闸 S017 在合闸位置。

5）就地拉开#1 SFC 隔离变检修接地刀闸 S017。

6）检查#1 SFC 隔离变检修接地刀闸 S017 已拉开。

7）检查#1 SFC 隔离变在备用状态正常。

（3）操作任务：启动#1 调相机定子冷却水系统。

1）点击"#1 调相机"选择"#1 定子冷却水"界面。

2）现场确认#1 调相机定子冷却水系统水路已通。

3）现场检查定子水箱氮气压力××kPa 正常（正常范围 14~20kPa）。

4）点击#1 定子冷却水泵"允许条件"按钮。

5）在弹出界面检查"A 泵启允许"和"B 泵启允许"条件满足。

6）双击"定子冷却水泵 A"图标按钮。

7）在弹出界面检查"启动允许""停止允许""远方"红灯亮，"禁操"红灯灭。

8）点击"启动"按钮。

9）检查#1 调相机定子冷却水泵 A 的出口压力 MPa 正常（大于 0.5）。

10）检查#1 调相机定子冷却水泵 A 的电流 A 正常（正常范围 30～55A）。

11）检查#1 调相机定子冷却水流量 m³/h（大于 49.5）。

12）检查#1 调相机定子水过滤器差压 kPa 正常（小于 80）。

13）检查#1 调相机定子冷却水电导率 μs/cm（不大于 2）。

14）点击#1 定子冷却水泵"控制界面"按钮。

15）在弹出界面将"A 泵周期切换请求"和"B 泵周期切换请求"时间设定为 168h。

16）点击周期切泵"投入"按钮。

17）检查泵（运行泵）周期切换条件允许的五个信号红灯亮。

18）点击 A 泵、B 泵联锁启动条件"投入"按钮。

19）点击定子冷却水箱补水电动阀门联锁"投入"按钮。

20）现场在加碱装置控制柜上点击"复位"按钮、再点击"确定"按钮，再在液晶显示屏上输入密码"555555"，点击"联锁故障解除"按钮，最后点击"泵投入运行"按钮。

21）检查#1 调相机定子冷却水加碱装置"综合故障"灯灭。

（4）操作任务：停止#1 调相机转子冷却水系统。

1）点击"#1 调相机"选择"#1 转子冷却水"界面。

2）点击#1 转子冷却水泵"控制界面"按钮。

3）在弹出界面点击周期切泵"解除"按钮。

4）点击 A 泵、B 泵联锁启动条件"解除"按钮。

5）点击#1 转子冷却水泵"允许条件"按钮。

6）在弹出界面检查"A 泵停允许"和"B 泵停允许"条件满足。

7）双击"转子冷却水泵（运行泵）"图标按钮。

8）在弹出界面检查"启动允许""停止允许""远方"红灯亮，"禁操"红灯灭。

9）点击"停止"按钮。

10）检查#1 调相机转子冷却水泵（运行泵）停止正常。

11）点击转子冷却水箱补水电动阀门联锁"解除"按钮并关闭补水电动阀。

12）检查#1 调相机"转子冷却水膜净化碱化装置故障"灯亮。

13）检查#1 调相机转子冷却水系统停止正常。

（5）操作任务：启动外冷水系统（1 号、2 号调相机转运行）。

1）点击"1#调相机"选择"#1 外冷水循环"界面。

2）检查空气冷却器交换器、定转子水热交换器、润滑油热交换器进出水电电动阀均在远方、打开位置（确认至少有一个回水阀开度大于 10%）。

3）检查电动滤水器旁路电动阀已关闭。

4）检查电动滤水器#1 调相机电动滤水器进口蝶阀（手动）已开启。

5）检查电动滤水器#1 调相机电动滤水器出口蝶阀（手动）已开启。

6）点击"2#调相机"选择"#2 外冷水循环"界面。

7）检查空气冷却器交换器、定转子水热交换器、润滑油热交换器进出水电电动阀均在远方、打开位置（确认至少有一个回水阀开度大于 10%）。

8）检查电动滤水器旁路电动阀已关闭。

9）检查电动滤水器#1 调相机电动滤水器进口蝶阀（手动）已开启。

10）检查电动滤水器#1 调相机电动滤水器出口蝶阀（手动）已开启。

11）点击"外冷水"选择"外冷水"界面。

12）检查机械通风冷却塔 A、B、C 进水电动阀均在远方、打开位置。

13）检查循环水泵 A、B、C 进口电动阀均在远方、打开位置。

14）检查循环水泵 A、B、C 出口电动阀均在远方位置。

15）现场检查主泵上方排气阀已排气完毕。

16）点击"外冷水"界面。

17）点击循环水泵（运行泵）"变频"按钮。

18）检查界面上的"条件启动"已投入，且允许启动条件满足。

19）检查界面上的联锁停机四个联锁条件均投入。

20）点击循环水泵 A"工频"按钮。

21）检查界面上的"条件启动"已投入，且允许启动条件满足。

22）检查界面联锁停机三个联锁条件均投入。

23）点击循环水泵 A 图标按钮。

24）在弹出界面点击循环水泵 A"变频启动"按钮。

25）检查循环水泵 A 运行正常。

26）检查循环水泵 A 出口电动阀确已打开。

27）检查循环水泵 A 出口压力　　MPa 正常（大于 0.2MPa）。

28）检查循环水泵 A 电流　　A 指示正常（小于 136A）。

29）检查循环水泵 A"频率反馈"　　Hz 正常（50Hz）。

30）检查"循环水泵出口母管压力 1、2"正常（大于 0.2MPa）。

31）检查"循环水泵出口母管温度 1、2、3"正常。

32）检查"循环水泵回水母管压力 1、2"正常（大于 0.05MPa）。

33）检查"循环水泵回水母管温度 1、2"正常。

34）检查"循环水泵回水母管电导率"正常（小于 1800）。

35）点击冷却塔风机温度切换"投入"按钮。

36）点击缓冲水池补水逻辑"投入"按钮。

37）确认工业补水泵 A 或 B 为主泵。

38）点击工业水泵补水逻辑"投入"按钮。

39）点击工业补充水补水逻辑"投入"按钮。

40）点击缓冲水池排污逻辑"投入"按钮。

41）确认排污泵 A 或 B 为主泵。

42）点击排污泵液位联锁逻辑"投入"按钮。

43）点击循环水泵故障切换逻辑"投入"按钮（投入前确认任意两台循环水泵在运行状态）。

44）查循环水泵故障切换逻辑已投入。

45）点击循环水泵周期切换逻辑"投入"按钮。

46）查外冷水系统运行正常。

（6）操作任务：停止外冷水系统。

1）点击"外冷水"选择"外冷水"界面。

2）点击冷却塔风机温度切换"解除"按钮。

3）点击缓冲水池补水逻辑"解除"按钮。

4）点击工业水泵补水逻辑"解除"按钮。

5）点击工业补充水补水逻辑"解除"按钮。

6）点击缓冲水池排污逻辑"解除"按钮。

7）点击循环水泵故障切换逻辑"解除"按钮。

8）点击循环水泵周期切换逻辑"解除"按钮。

9）点击循环水泵 A 图标。

10）在弹出界面点击"变频停止"按钮。

11）检查循环水泵 A 停止正常。

12）检查循环水泵 A 出水电动阀关闭正常。

13）检查确认机械通风冷却塔 A、B、C 风扇已停止。

（7）操作任务：投入除盐水 EDI 系统。

1）点击"除盐水"选择"EDI 系统"界面。

2）查 RO 产水箱液位高于 1000mm。

3）查除盐水箱液位不高于 2100mm。

4）查 EDI 给水泵已选择 A 或 B 为主泵。

5）查 EDI 停运联锁均已投入。

6）查 EDI 跳闸联锁均已投入。

7）查 EDI 系统控制方式为"自动"。

8）查 EDI 模块启允许无故障报警 A、B 红灯亮。

9）点击"投运"按钮。

10）查已选择的 EDI 给水泵运行正常。

11）查 EDI 膜组件 A、B 正常投运。

12）查 EDI 模块启允许无 EDI 浓水流量低报警 A、B 红灯亮。

13）查 EDI 模块启允许无 EDI 极水流量低报警 A、B 红灯亮。

14）查 EDI 系统运行正常。

（8）操作任务：退出除盐水 EDI 系统。

1）点击"除盐水"选择"EDI 系统"界面。

2）查除盐水 EDI 系统在运行状态。

3）点击"停运"按钮。

4）查已选择的 EDI 给水泵停止正常。

5）查 EDI 膜组件 A、B 正常停运。

6）查 EDI 模块启允许无 EDI 浓水流量低报警 A、B 红灯灭。

7）查 EDI 模块启允许无 EDI 极水流量低报警 A、B 红灯灭。

8）查 EDI 系统停止正常。

（9）操作任务：投入除盐水反渗透系统。

1）点击"除盐水"选择"RO 反渗透系统"界面。

2）查超滤产水箱液位大于 1000mm。

3）查 RO 产水箱液位小于 900mm。

4）查 RO 给水泵、一级高压泵、二级高压泵、还原剂泵、阻垢剂泵、碱计量泵主泵已选择 A 或 B 为主泵。

5）查 RO 停运联锁均已投入。

6）点击"设备跳闸"按钮。

7）在弹出界面检查 RO 给水泵 A/B、一级高压泵 A/B、二级高压泵 A/B 跳闸联锁均已投入。

8）查反渗透系统控制方式为"自动"。

9）点击"投运"按钮。

10）在反渗透系统界面中查已选择的 RO 给水泵、一级高压泵、二级高压泵运行正常。

11）在加药系统界面中查已选择的还原剂泵、阻垢剂泵、碱计量泵运行正常。

12）查除盐水反渗透系统运行正常。

（10）操作任务：退出除盐水反渗透系统。

1）点击"除盐水"选择"RO 反渗透系统"界面。

2）查反渗透系统在运行状态。

3）查反渗透系统在"自动"状态。

4）点击"停运"按钮。

5）在反渗透系统界面中查已选择的 RO 给水泵、一级高压泵、二级高压泵停运正常。

6）在加药系统界面中查已选择的还原剂泵、阻垢剂泵、碱计量泵停运正常。

7）查反渗透系统停运正常。

（11）操作任务：顺控投入除盐水系统。

1）点击"除盐水"选择"超滤系统"界面。

2）查原水泵、反洗水泵已选择 A 或 B 为主泵。

3）点击原水箱进水阀联锁"投入"按钮。

4）查超滤系统原水泵 A、原水泵 B 跳闸联锁均已投入。

5）查超滤系统控制方式为"自动"。

6）点击"RO 反渗透系统"界面。

7）查 RO 给水泵、一级高压泵、二级高压泵、还原剂泵、阻垢剂泵、碱计量泵已选择 A 或 B 为主泵。

8）查 RO 停运联锁均已投入。

9）查 RO 反渗透系统控制方式为"自动"。

10）点击"设备跳闸"按钮。

11）在弹出界面检查 RO 给水泵 A/B、一级高压泵 A/B、二级高压泵 A/B 跳闸联锁均已投入。

12）点击"EDI 系统"界面。

13）查 EDI 给水泵已选择 A 或 B 为主泵。

14）查 EDI 停运联锁均已投入。

15）查 EDI 跳闸联锁均已投入。

16）查 EDI 系统控制方式为"自动"。

17）点击"加药系统"界面。

18）查除盐水加碱药箱泵已选择 A 或 B 为主泵。

19）查除盐水加碱药箱泵联锁已投入。

20）点击"除盐水清洗及纯水输送系统"界面。

21）查除盐水泵已选择 A 或 B 为主泵。

22）查除盐水泵联锁已投入。

23）点击"化学水总貌"界面。

24）点击超滤系统顺控投切"投入"按钮。

25）点击反渗透系统顺控投切"投入"按钮。

26）点击 EDI 系统顺控投切"投入"按钮。

27）查除盐水系统运行正常。

（12）操作任务：顺控退出除盐水系统。

1）点击"除盐水"选择"化学水总貌"界面。

2）查除盐水箱液位高于 1600mm。

3）查 RO 产水箱液位高于 900mm。

4）查超滤产水箱液位高于 900mm。

5）查除盐水系统原水泵、反洗泵、RO 给水泵、一级高压泵、二级高压泵、EDI 给水泵、除盐水泵均已停止运行。

6）查原水箱进水阀已关闭。

7）点击"超滤系统"界面。

8）点击原水箱进水阀联锁"解除"按钮。

9）检查#1/#2 机转子冷却水回水放水门联锁在"解除"位置。

10）点击"除盐水清洗及纯水输送系统"界面。

11）点击除盐水泵联锁"解除"按钮。

12）点击"化学水总貌"界面。

13）点击超滤系统顺控投切"解除"按钮。

14）点击反渗透系统顺控投切"解除"按钮。

15）点击 EDI 系统顺控投切"解除"按钮。

16）查超滤系统、RO 反渗透系统、EDI 系统停用正常。

15. VSC 换流阀特有典型操作（以姑苏站为例）

（1）操作任务：极 I 低端 VSC1 由隔离转连接［首个 VSC 连接，极 I 高端阀组充电（阀组隔离）状态]。

1）检查极Ⅰ高端换流器为充电状态（80116 合位）。

2）拉开 80126 刀闸。

3）检查 80126 刀闸确已拉开。

4）点击"顺序控制"界面极Ⅰ"极连接"按钮。

5）检查 01001 刀闸确已合上。

6）检查 01002 刀闸确已合上。

7）检查 0100 开关电气量指示正确。

8）检查 0100 开关机械位置指示为合。

9）检查 80105 刀闸确已合上。

10）检查"顺序控制"界面极Ⅰ"极连接"按钮转为红色。

11）检查"顺序控制"界面极Ⅰ低端 VSC1"隔离"按钮为红色。

12）检查"顺序控制"界面极Ⅰ低端 VSC1"允许"按钮为红色。

13）点击"顺序控制"界面极Ⅰ低端 VSC1"连接"按钮。

14）点击"执行"。

15）检查 41126 刀闸三相确已合上。

16）检查 41112 刀闸三相确已合上。

17）检查 4111 开关电气量指示正确。

18）检查 4111 开关三相机械位置指示为合。

19）检查 00122 刀闸确已合上。

20）检查 00124 刀闸确已合上。

21）检查 80121 刀闸确已合上。

22）检查 80123 刀闸确已合上。

23）检查 01011 刀闸确已合上。

24）检查 0101 开关电气量指示正确。

25）检查 0101 开关机械位置指示为合。

26）检查 40111 刀闸确已合上。

27）检查 40112 刀闸确已合上。

28）检查 4011 开关电气量指示正确。

29）检查 4011 开关机械位置指示为合。

30）检查"顺序控制"界面极Ⅰ低端 VSC1"连接"按钮转为红色。

（2）操作任务：姑苏站极Ⅰ低端 VSC1 由隔离转连接（非首个 VSC 连接）。

1）检查"顺序控制"界面极Ⅰ低端 VSC1"隔离"按钮为红色。

2）检查"顺序控制"界面极Ⅰ低端 VSC1"允许"按钮为红色。

3）点击"顺序控制"界面极Ⅰ低端 VSC1"连接"按钮。

4）点击"执行"。

5）检查 41126 刀闸三相确已合上。

6）检查 41112 刀闸三相确已合上。

7）检查 4111 开关电气量指示正确。

8）检查 4111 开关三相机械位置指示为合。

9）检查 01011 刀闸确已合上。

10）检查 0101 开关电气量指示正确。

11）检查 0101 开关机械位置指示为合。

12）检查 40111 刀闸确已合上。

13）检查 40112 刀闸确已合上。

14）检查 4011 开关电气量指示正确。

15）检查 4011 开关机械位置指示为合。

16）检查"顺序控制"界面极Ⅰ低端 VSC1"连接"按钮转为红色。

（3）操作任务：姑苏站极Ⅰ低端在线 VSC1 退出。

1）点击"顺序控制"界面极Ⅰ低端 VSC1 阀组"退出"按钮。

2）点击"退出"按钮。

3）点击"执行"按钮。

4）检查 5112 开关电气量指示正确。

5）检查 5112 开关机械指示为分。

6）检查 0101 开关电气量指示正确。

7）检查 0101 开关机械位置指示为分。

8）检查 4011 开关电气量指示正确。

9）检查 4011 开关机械位置指示为分。

10）检查 40112 刀闸确已拉开。

11）检查 40111 刀闸确已拉开。

12）检查 01011 刀闸确已拉开。

13）检查 4111 开关电气量指示正确。

14）检查 4111 开关机械位置指示为分。

15）检查 4112 开关电气量指示正确。

16）检查 4112 开关机械位置指示为分。

17）检查 41112 刀闸确已拉开。

18）检查极Ⅰ低端 VSC2 控制模式转为"直流电压控制"//只有退 VSC1 的时候有。

19）检查"顺序控制"界面极Ⅰ低端 VSC1"断电"图标转为红色。

20）检查"顺序控制"界面极Ⅰ低端 VSC1"隔离"按钮变红。

21）检查极Ⅰ低端 VSC1"退出"图标变红。

（4）操作任务：姑苏站极Ⅰ低端 VSC2 在线投入。

1）检查极Ⅰ低端 VSC2 送电范围内确无其他遗留接地。

2）检查极Ⅰ直流场确无其他遗留接地。

3）检查 5157 接地刀闸三相确在拉开位置（或 5167）。

4）检查 512217 接地刀闸三相确在拉开位置。

5）检查 512267 接地刀闸三相确在拉开位置。

6）检查 5122617 接地刀闸三相确在拉开位置。

7）检查 5122 开关相关保护装置无动作及异常信号。

8）检查 5122 开关送电范围内确无其他遗留接地。

9）检查 5122 开关三相确在分闸位置。

10）合上 51221 刀闸（合上 51222 刀闸）。

11）检查 51221 刀闸三相确已合上。

12）合上 51226 刀闸。

13）检查 51226 刀闸三相确已合上。

14）点击"顺序控制"界面极Ⅰ低端 VSC2"连接"按钮。

15）检查 41226 刀闸三相确已合上。

16）检查 41212 刀闸三相确已合上。

17）检查 4121 开关电气量指示正确。

18）检查 4121 开关三相机械位置指示为合。

19）检查 01021 刀闸确已合上。

20）检查 0102 开关电气量指示正确。

21）检查 0102 开关机械位置指示为合。

22）检查 40121 刀闸确已合上。

23）检查 40122 刀闸确已合上。

24）检查 4012 开关电气量指示正确。

25）检查 4012 开关机械位置指示为合。

26）检查"顺序控制"界面极Ⅰ 低端 VSC2"RFE"按钮为红色。

27）检查极Ⅰ低端 VSC2 换流变分接头控制模式为"自动"。

28）检查极Ⅰ低端 VSC2 换流变分接头档位为"25"档。

29）合上极Ⅰ低端 VSC2 换流变 5122 开关。

30）检查 5122 开关三相电气量指示正确。

31）检查 5122 开关三相机械位置指示为合。

32）检查 4122 开关三相电气量指示正确。

33）检查 4122 开关三相机械位置指示为合。

34）检查 41226 刀闸三相确已拉开。

35）检查极Ⅰ低端 VSC1 换流变分接头档位升至"××"档正常。

36）检查"直流场"界面 VSC2"带电"图标转为红色。

37）点击"直流场"界面 VSC 分界面极Ⅰ低端 VSC2"直流电压控制"按钮。

38）点击"直流电压"。

39）点击"执行"。

40）检查极Ⅰ低端 VSC2"直流电压控制"图标转为红色。

41）检查"直流场"界面 VSC 分界面极Ⅰ低端 VSC2"HVDC"按钮红色。

42）点击"直流场"界面 VSC 分界面极Ⅰ低端 VSC2"解锁"按钮。

43）点击"执行"。

44）检查极Ⅰ低端 VSC2 阀图标变红，Udc 电压为（　　）kV 正常。

45）点击"直流场"界面 VSC 分界面极Ⅰ低端 VSC2"投入"按钮。

46）点击"执行"。

47）检查 4012 开关电气量指示正确。

48）检查 4012 开关机械位置指示为合。

49）检查极 I 低端 VSC2 控制模式自动转为"功率控制"。

50）检查极 I 低端 VSC2 "投入"按钮转为红色。

（5）操作任务：极 I 低端 VSC1 由 HVDC 转为 STATCOM 模式。

1）检查白江直流双极停运状态。

2）检查极 I 高端换流器为冷备用及以下状态。

3）点击"直流场 极 I 低阀 VSC 分图"界面 VSC1 "STATCOM"按钮。

4）检查极 I 低端 VSC1 转为 STATCOM 模式。

5）检查极 I 低端 VSC1 为"直流电压控制"模式。

（6）操作任务：极 I 低端 VSC1 由 STATCOM 转为 HVDC 模式。

1）检查白江直流双极停运状态。

2）检查极 I 高端换流器为冷备用及以下状态。

3）点击"直流场 极 I 低阀 VSC 分图"界面 VSC1 "HVDC"按钮。

4）检查极 I 低端 VSC1 转为 HVDC 模式。

（7）操作任务：极 I 低端 VSC1 转 STATCOM 模式解锁。

1）检查白江直流双极停运状态。

2）检查极 I 高端换流器为冷备用及以下状态。

3）检查接地极系统运行状态。

4）拉开 80126 刀闸。

5）检查 80126 刀闸确已拉开。

6）点击"顺序控制"界面极 I "极连接"按钮。

7）检查 01001 刀闸确已合上。

8）检查 01002 刀闸确已合上。

9）检查 0100 开关电气量指示正确。

10）检查 0100 开关机械位置指示为合。

11）检查 80105 刀闸确已合上。

12）检查"顺序控制"界面极 I "极连接"按钮转为红色。

13）点击"直流场 极 I 低阀 VSC 分图"界面 VSC1 "STATCOM"按钮。

14）检查极 I 低端 VSC1 转为 STATCOM 模式。

15）检查极 I 低端 VSC1 为自动转为"直流电压控制"模式。

16）点击"顺序控制"界面 VSC1 "连接"按钮。

17）检查 41126 刀闸三相确已合上。

18）检查 41112 刀闸三相确已合上。

19）检查 4111 开关电气量指示正确。

20）检查 4111 开关三相机械位置指示为合。

21）检查 00122 刀闸确已合上。

22）检查 01011 刀闸确已合上。

23）检查 0101 开关电气量指示正确。

24）检查 0101 开关机械位置指示为合。

25）检查 5137 接地刀闸三相确在拉开位置（或 5147）。

26）检查 511217 接地刀闸三相确在拉开位置。

27）检查 511267 接地刀闸三相确在拉开位置。

28）检查 5112617 接地刀闸三相确在拉开位置。

29）检查 5112 开关相关保护装置无动作及异常信号。

30）检查 5112 开关送电范围内确无其他遗留接地。

31）检查 5112 开关三相确在分闸位置。

32）合上 51121 刀闸（或 51122 刀闸）。

33）检查 51121 刀闸（或 51122 刀闸）三相确已合上。

34）合上 51126 刀闸。

35）检查 51126 刀闸三相确已合上。

36）检查"直流场　极Ⅰ低阀 VSC 分图"界面 VSC1"RFE"按钮为红色。

37）合上 5112 开关。

38）检查 5112 开关三相电气量指示正确。

39）检查 5112 开关三相机械指示位置为合。

40）检查 4112 开关三相电气量指示正确。

41）检查 4112 开关三相机械指示位置为合。

42）检查 41126 刀闸三相确为分位。

43）检查"直流场　极Ⅰ低阀 VSC 分图"界面 VSC1"RFO"按钮转为红色。

44）点击"直流场　极Ⅰ低阀 VSC 分图"界面 VSC1"解锁"按钮。

45）点击弹出界面"解锁"按钮。

46）点击弹出界面"执行"按钮。

47）检查"直流场极Ⅰ低阀 VSC 分图"界面 VSC1"解锁"按钮转为红色。

48）检查"直流场极Ⅰ低阀 VSC 分图"界面 VSC1"运行"按钮转为红色。

（8）操作任务：极Ⅰ低端 VSC1 转 STATCOM 模式闭锁。

1）检查极Ⅰ低端 VSC1 为 STATCOM 模式运行状态。

2）点击"直流场 极Ⅰ低阀 VSC 分图"界面 VSC1"闭锁"按钮。

3）点击弹出界面"闭锁"按钮。

4）点击弹出界面"执行"按钮。

5）检查 5112 开关电气量指示正确。

6）检查 5112 开关机械指示为分。

7）检查 0101 开关电气量指示正确。

8）检查 0101 开关机械位置指示为分。

9）检查 01011 刀闸确已拉开。

10）检查 4111 开关电气量指示正确。

11）检查 4111 开关机械位置指示为分。

12）检查 4112 开关电气量指示正确。

13）检查 4112 开关机械位置指示为分。

14）检查 41112 刀闸确已拉开。

15）检查"直流场极Ⅰ低阀 VSC 分图"界面 VSC1"闭锁"按钮转为红色。

（9）操作任务：极Ⅰ低端 VSC1 STATCOM 由无功控制模式转为电压控制模式。

1）检查"直流场极Ⅰ低阀 VSC 分图"界面 VSC1 为 STATCOM 运行模式。

2）检查极Ⅰ低端 VSC1 为"无功控制"模式。

3）点击无功控制界面低端阀组 VSC1"定电压控制指令"按钮。

4）检查低端阀组 VSC1"定电压控制指令"按钮转为红色。

（10）操作任务：极Ⅰ低端 VSC1 STATCOM 由电压控制模式转为无功控制模式。

1）检查"直流场 极Ⅰ低阀 VSC 分图"界面 VSC1 为 STATCOM 运行模式。

2）检查极Ⅰ低端 VSC1 为"电压控制"模式。

3）点击无功控制界面低端阀组 VSC1"无功控制"按钮。

4）检查低端阀组 VSC1"无功控制"按钮转为红色。

（11）操作任务：极Ⅰ低端 VSC1 STATCOM 运行模式无功功率由（　　）Mvar 升至（　　）Mvar。

1）检查"直流场　极Ⅰ低阀 VSC 分图"界面 VSC1 为 STATCOM 运行模式。

2）检查极Ⅰ低端 VSC1 为"无功控制"模式。

3）点击"滤波器场"界面低端阀组 VSC1"无功控制"按钮。

4）点击"速率"按钮，设定无功功率变化率为（　　）Mvar/min。

5）点击"确定"按钮。

6）点击"执行"按钮。

7）检查无功功率变化率为（　　）Mvar/min。

8）点击"整定值"按钮，设定无功功率（　　）Mvar。

9）点击"确定"按钮。

10）点击"执行"按钮。

11）检查极Ⅰ低端 VSC1 无功功率 Qac（　　）Mvar 运行正常。

（12）操作任务：白江直流　极Ⅰ转功率互济模式运行。

1）检查极Ⅰ站间通信正常。

2）检查极Ⅰ极间通信正常。

3）检查潮流方向为"建昌送姑苏"。

4）检查极Ⅰ有功运行方式为联合控制。

5）检查极Ⅰ电压方式为全压。

6）检查极Ⅰ有功控制方式为单极功率控制（或双极功率控制）。

7）检查白江直流　极Ⅰ有功功率（　　）MW 运行正常。

8）点击"顺序控制"界面"功率互济"按钮。

9）点击弹出界面"投入"按钮。

10）点击"执行"。

11）检查极Ⅰ转为功率互济模式运行正常。

（13）操作任务：白江直流　极Ⅰ退出功率互济模式。

1）检查极Ⅰ站间通信正常。

2）检查极Ⅰ极间通信正常。

3）检查潮流方向为"建昌送姑苏"。

4）检查极Ⅰ有功运行方式为联合控制。

5）检查极Ⅰ电压方式为全压。

6）检查极Ⅰ有功控制方式为单极功率控制（或双极功率控制）。

7）检查白江直流有功功率（　　）MW 运行正常。

8）点击"顺序控制"界面"功率互济"按钮。

9）点击弹出界面"速率"按钮，设定 极Ⅰ功率互济变化率为（　　）MW/min。

10）点击"确定"按钮。

11）点击"执行"按钮。

12）点击弹出界面"功率"按钮，设定 极Ⅰ功率输送功率为（0）MW。

13）点击"执行"。

14）检查极Ⅰ低端 VSC1 有功功率降为（0）MW 正常。

15）点击"顺序控制"界面"功率互济"按钮。

16）点击弹出界面"退出"按钮。

17）点击"执行"。

18）检查极Ⅰ退出功率互济模式运行正常。

19）检查白江直流 极Ⅰ有功功率（　　）MW 大地回线运行正常。

（14）操作任务：白江直流双极转功率互济模式运行（双极运行）。

1）检查极Ⅰ站间通信正常。

2）检查极Ⅱ站间通信正常。

3）检查极Ⅰ极间通信正常。

4）检查极Ⅱ极间通信正常。

5）检查潮流方向为"建昌送姑苏"。

6）检查有功运行方式为联合控制。

7）检查极Ⅱ有功运行方式为联合控制。

8）检查极Ⅰ有功控制方式为双极功率控制。

9）检查极Ⅱ有功控制方式为双极功率控制。

10）检查双极电压方式为全压运行。

11）检查白江直流有功功率（　　）MW 运行正常 //双极功率不得超过2000MW。

12）点击"顺序控制"界面"功率互济"按钮。

13）点击弹出界面"投入"按钮。

14）点击"执行"。

15）检查双极转为功率互济模式运行正常。

（15）操作任务：白江直流双极退出功率互济模式（双极运行）。

1）检查极Ⅰ站间通信正常。

2）检查极Ⅱ站间通信正常。

3）检查极Ⅰ极间通信正常。

4）检查极Ⅱ极间通信正常。

5）检查潮流方向为"建昌送姑苏"。

6）检查极Ⅰ有功运行方式为联合控制。

7）检查极Ⅰ有功控制方式为双极功率控制模式。

8）检查极Ⅱ有功运行方式为联合控制。

9）检查极Ⅱ有功控制方式为双极功率控制模式。

10）检查双极电压方式为全压运行。

11）检查白江直流双极有功功率（　　）MW 运行正常。

12）点击"顺序控制"界面"功率互济"按钮。

13）点击弹出界面"速率"按钮，设定双极功率互济变化率为（　　）MW/min。

14）点击"确定"按钮。

15）点击"执行"按钮。

16）点击弹出界面"功率"按钮，设定双极功率输送功率为（0）MW。

17）点击"执行"。

18）检查极Ⅰ低端 VSC1 有功功率降为（0）MW 正常。

19）检查极Ⅱ低端 VSC1 有功功率降为（0）MW 正常。

20）点击"顺序控制"界面"功率互济"按钮。

21）点击弹出界面"退出"按钮。

22）点击"执行"。

23）检查双极退出功率互济模式运行正常。

24）检查白江直流双极有功功率（　　）MW 大地回线运行正常。

第六章 定 期 工 作

第一节 概 述

一、定期工作及其分类

换流站定期工作即换流站每日、每周、每月、每季、每半年、每年等一定周期内完成的工作，包括定期检查、定期维护、定期轮换和定期试验。

定期检查是为了掌握运行设备的状态，定期进行的设备巡检工作；定期维护是为确保设备的正常运行，定期进行的不影响换流站内主设备可用率的维护工作，包括对消耗性材料和易损件进行更换或补充；定期轮换是为了掌握备用设备的状态，及时发现并消除其存在的缺陷，保证备用设备状态完好，延长运行设备使用寿命而定期投入备用设备的轮换工作；定期试验是为了掌握运行设备状态，定期进行的不影响换流站内主设备可用率的测试和试验，包括油化、水化和红外测温等。定期巡检和检查在第三章有简述，本章定期工作专指运维人员定期完成的定期维护、定期轮换和定期试验等工作。

按照结构形式和工作类型，定期工作分为报表类工作、设备维护类工作、设施维护类工作这三类。其中报表类工作如运行日报、继电保护月报、电量统计等各种报表；设备维护类工作如试验（蓄电池等）、切换（空调等）、检查（压板等）、维护（滤网等）、抄录（表计）等；设施维护类工作如巡检车辆维护、照明检查、防小动物检查等。运维人员应建立定期工作台账，保存定期工作产生的数据记录、表格、执行情况等，并做好保管工作。

二、定期工作流程

从形成定期工作表、执行定期工作并记录到更新定期工作，如图 2-6-1

所示，定期工作流程大致分为四步：

第一步：制定定期工作表：根据公司调规、安规规程规定、反措、设备图纸、设备规范书、设备技术报告、设备说明书及换流站运维需要等，编制定期工作表。定期工作表包括工作项目、完成时间、工作标准、工作要求等内容，明确了一定周期内完成的工作任务，将定期工作台历化。

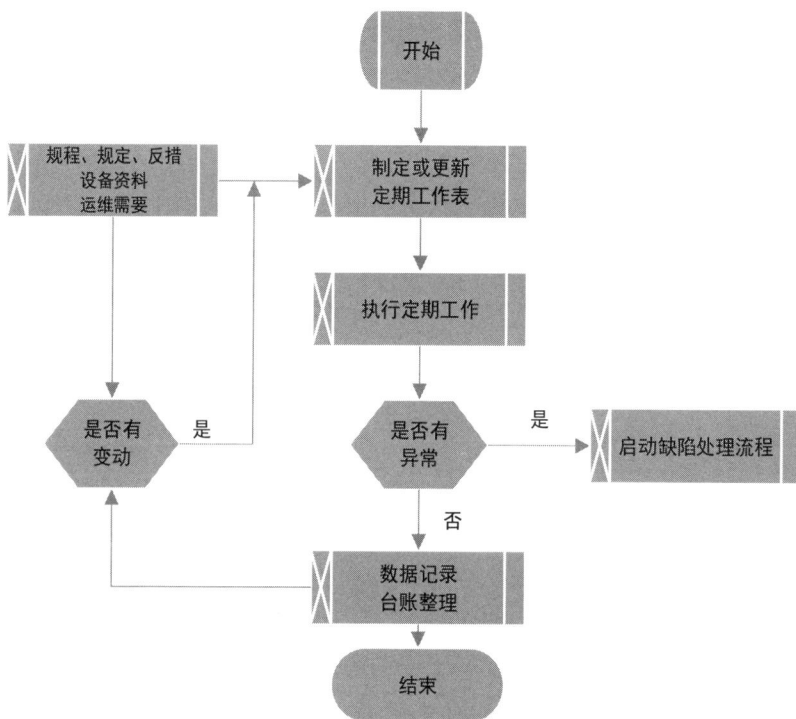

图 2-6-1　定期工作流程图

第二步：定期工作的执行：运维人员按时、保质、保量地完成各项定期工作。发现设备、设施缺陷即时启动缺陷处理流程。

第三步：定期工作的数据记录和台账整理：严格按照要求及时填写定期工作台账，确保填写内容的正确性、真实性、完整性和规范性，按照定期工作表完成工作任务，并做好数据记录。

第四步：更新定期工作表，形成闭环：根据规程规定的修订、设备运维需求变化或实际设备运行情况等对定期工作项目进行调整，并更新定期工作表，要求不低于国家标准和设备厂家的技术参数要求。

第二节 工 作 规 定

不同类型设备有不同的定期工作要求，本节内容列出直流五通、防止直流换流站事故措施和十八项反措中对不同类型设备或区域的定期工作要求。

一、换流变压器和油浸式平波电抗器

（1）定期做好在线监测装置设备巡检、数据比对和现场校验等运维工作，确保在线监测装置保持良好运行状态。

（2）定期对换流变压器和油浸式平波电抗器本体及套管油位进行监视。若油位有异常变动，应结合红外测温、渗油等情况及时判断处理。

（3）定期对换流变压器和油浸式平波电抗器套管进行红外测温，并进行横向比较，确认有无异常。

（4）数据分析：对套管 SF_6 压力、本体顶层油温、底部油温、绕组温度、本体油色谱在线监测数据、铁芯（夹件）接地电流在线监测数据、本体（分接开关）油位监测数据、套管末屏电压等数据进行日比对、周分析、月总结；月总结时，增加离线油色谱检测、铁芯（夹件）接地电流检测、红外测温等数据；每半年增加 1 次紫外放电检测，并进行数据分析总结。

（5）换流变压器铁芯、夹件接地电流检测每月测量不少于一次。

（6）红外测温：普测每周不少于 1 次，迎峰度夏期间每天 1 次；精确测温每季度 1 次；迎峰度夏期间：特高压换流站每月 1 次，常规换流站增加 1 次；检测范围为换流变压器和油浸式平波电抗器本体、附件及汇控柜等；重点检测储油柜、引线接头、套管本体及其接头、电缆接头、风机。

（7）换流站每月 1 次本体离线油色谱分析，在线油色谱装置可靠性较高的可以适当延长离线分析周期。

二、换流阀

对于换流阀设备，定期进行红外测温，必要时进行紫外探测。发现有过热、弧光等问题时应密切跟踪，必要时申请停运直流处理。

三、直流转换开关

（1）直流转换开关的 SF_6 密度继电器（压力表）应定期校验。对直流转换开关 SF_6 气体压力数据进行日比对、周分析、月总结。

（2）定期检查直流转换开关金属法兰与瓷件的胶装部位防水密封胶的完好性，必要时重新复涂防水密封胶。

（3）定期监视直流转换开关运行电流、SF_6 压力、液压油位、直流转换开关本体和主回路接头温度。定期记录直流转换开关动作次数、液压（气压）机构打压次数，检查直流转换开关储能情况。

（4）加强直流转换开关机构箱等箱（柜）体内的温湿度控制器及其回路的运维工作，定期检查清理箱体通风换气孔。

（5）定期检查直流转换开关机构箱密封情况，对损坏的应及时更换密封胶条。

四、直流隔离开关

（1）定期检查直流隔离开关绝缘子金属法兰与瓷件的胶装部位防水密封胶的完好性，必要时重新复涂防水密封胶。

（2）机构箱应设置可自动投切的驱潮加热装置，定期检查驱潮加热装置运行正常、投退正确。

（3）定期对直流隔离开关的机构箱进行清扫、严禁误碰二次回路及元件。

（4）定期处理箱体锈蚀部分，涂抹防腐材料，涂抹需均匀、光滑。

（5）加强机构箱内的温湿度控制器及其回路的运维工作，定期检查清理箱体通风换气孔。

（6）直流隔离开关机构箱维护。每季度进行一次箱体、驱潮加热装置的检查维护，根据环境变化后驱潮加热装置是否自动投切判断装置工作是否正常，更换损坏的加热器、感应器、控制器等元件；每年风沙季、雨季来临之前，应认真做好机构箱的密封措施，密封条老化或破损造成密封不严时，及时更换箱体密封条，更换后检查箱门关闭密封良好。

五、光电流互感器

对于光电流互感器，定期监视光电流互感器测量电流、本体和接头温度、光功率、光电流、误码率等特征参数。

六、直流控制保护系统

对于直流控制保护系统,建立专门的保护装置定值单台账,定期进行复核更新。为确保控制保护系统设备工作正常,应定期备份清理服务器磁盘空间,检查服务器负载率。

1. 直流控制保护设备的定期维护

(1)每月进行一次控制保护系统压板投退情况核对检查。

(2)每月进行一次控制保护系统时钟核对检查。

(3)每季度进行一次控制保护屏柜过滤网检查清扫。

(4)每半年进行一次控制保护主机、故障录波、行波测距等数据维护、备份。

(5)每年进行一次控制保护主机负载率检查。

(6)每年进行一次控制保护系统屏柜清扫。

2. 直流控制保护设备的数据分析

(1)每日对控制保护系统相关告警与事件进行实时监视,对异常告警事件进行分析。

(2)每周对控制保护系统发生的异常情况进行分析。

(3)每月对控制保护系统发生的缺陷、停电检修、反措执行情况以及新建和改、扩建情况进行总结分析。

(4)每月对控制保护系统主机、板卡故障进行统计分析。

3. 红外测温

(1)每月进行 1 次红外普测,并留存异常红外图像,迎峰度夏期间增加一次红外测温。

(2)每年进行 1 次精确红外检测,并留存红外图像。应检测控制保护装置正面及背面,屏后端子排及空气开关,红外热像图显示应无异常温升、温差和相对温差。

七、阀内水冷系统

对于阀内水冷系统,定期监视流量、水温、液位、压力及电导率等主要运行参数。阀内水冷系统的定期维护要求如下：

（1）应定期进行补水泵功能试验。

（2）定期将就地阀内水冷系统实时参数与OWS后台参实时数进行比对分析，确认数据传输正常。

（3）应定期检查氮气瓶压力，必要时更换氮气瓶。

（4）红外普测每周不少于1次，迎峰度夏期间每天1次。

（5）红外精确测温每季度1次；迎峰度夏期间：特高压换流站每月1次，常规换流站增加1次。

八、阀外水冷系统

对于阀外水冷系统，定期监视水位、压力、流量、电导率、水温等主要运行参数；定期检测喷淋水池水质，必要时通过调整加药量、增大排水量等措施保证水质满足要求；定期进行排污泵启动试验，雨天应密切监视喷淋泵坑水位，做好应急排水准备，防止水淹泵房。阀外水冷系统的定期维护要求如下：

（1）定期对反洗泵、高压泵及喷淋泵进行红外检测，出现异常发热时应切换至备用泵运行。

（2）定期检查冷却塔风机皮带松紧度，定期添加风机及电机轴承润滑脂。

（3）每季度对喷淋水池水质化验分析，确保其满足使用规定。

（4）盐池和盐井内的水位开关需定期进行功能检查，确保其动作正确。

（5）阀外水冷加药系统中的加药泵、水位开关需定期检查，确保其功能正常。

（6）加药系统的化学药剂应定期补充，确保充足。

（7）定期检查砂滤、碳滤压差是否正常。定期对滤料进行更换。

（8）定期检查反渗透保安过滤器压差是否正常，并定期更换。

九、阀外风冷系统

（1）定期对阀外风冷机组进行轮换。

（2）数据分析：对阀外风冷系统温度、转速等参数进行日比对、周分析、月总结。每季度对工作站和现场阀外风冷系统温度、转速等参数进行对比，对差异较大的情况及时分析处理。

（3）红外检测：

1）普测每周不少于 1 次，迎峰度夏期间每天 1 次。

2）精确测温每季度 1 次；迎峰度夏期间：特高压换流站每月 1 次；常规换流站增加 1 次。

3）检测重点为电机、电机转轴、变频柜和电源柜。

十、站用交流电源系统

对于站用交流电源系统，定期清洁 UPS 装置柜的表面、散热风口、风扇及过滤网等，定期检查开关柜带电显示装置运行是否正常。定期对站用电交流电源系统进行红外检测的要求如下：

（1）定期对站用电断路器、电缆等设备本体及接头进行红外检测。

（2）定期对交流电源屏、交流不间断电源屏（UPS）等装置内部元器件进行红外检测。

（3）重点检测屏内各进线断路器、联络断路器、馈线支路低压断路器、熔断器、引线接头及电缆终端。发现温度异常，应加强监视，及时检查处理，必要时申请停运直流。

（4）仅一回站用电运行时，应密切关注负荷情况，增加红外检测次数。

（5）红外检测：

1）普测每周不少于 1 次，迎峰度夏期间每天 1 次。

2）精确测温每季度 1 次；迎峰度夏期间：特高压换流站每月 1 次，常规换流站增加 1 次。

十一、消防系统

（1）参考自动灭火装置、阀厅火灾自动报警系统、换流变排油系统、烟感报警装置和消防器材的使用说明，结合换流站实际编写消防预案，定期开展消防演练。

（2）移动消防平台应有两路电源供电，并定期进行切换试验。

（3）定期对阀厅火灾报警系统极早期烟雾探测器过滤网（器）进行更换。

（4）消防器材和设施应建立台账，并有日常巡视、维护、使用等管理制度，每月组织一次防火检查。

十二、空调系统

空调系统定期维护要求如下：

（1）定期进行滤网清洗、更换。

（2）定期进行风机皮带检查，必要时更换。

（3）定期进行风机轴承检查，必要时添加润滑油。

（4）定期进行柜门密封性检查，必要时对其密封进行处理。

（5）入冬前检查水系统的冰点，必要时采取添加乙二醇等防冻液、包裹伴热带等措施。

（6）冬季每月对采暖系统进行检查，核查小室、配电室温度在25℃左右，通信机房室温可下调至20℃左右。

（7）冬季每月检查采暖设备外观良好，运转正常，设备上部无异物覆盖。

（8）每月对通风系统进行检查维护。

十三、辅助设施

辅助包括视频监控系统、安防设施、工业水及生活水系统、防汛排水系统、照明系统、SF_6气体含量监测设施等。

（1）视频监控系统登录密码由计算机管理员统一保管并定期更换。视频监控系统的维护要求如下：

1）每季检查摄像头的灯光正常，雨刷旋转、移动正常，图像清晰，并定期对录像进行备份清理，视频录像至少保存一个月。

2）每年对视频监控系统摄像头进行启动、操作功能试验，远程功能核对维护。

3）每年对系统主机进行除尘清扫。

4）每年对视频信号汇集箱箱体及封堵进行检查维护。

5）利用停电机会对停电范围内摄像头进行清擦，更换损坏的摄像头。

（2）安防系统登录密码由计算机管理员统一保管并定期更换。定期对安防设施进行维护。

（3）对于工业水及生活水系统：

1）定期对蓄水池、水箱进行维修养护，若遇特殊情况可增加清洗次数。

2）定期检查工业、生活用水储水量并及时补充。

3）定期检查阀门、管道、水泵无漏水。

4）定期对水泵进行切换试验，水泵工作应无异常声响或大的振动，轴承的润滑情况良好，电机无发热现象。

5）定期对给工业水及生活水系统运行泵及电机进行红外检测，发现异常应及时处理。

（4）对于防汛排水系统：

1）每年汛期来临之前，应开展一次防汛物资核对、保养以及补充工作。应对可能积水的地下室、电缆沟、电缆隧道、工业泵房及外冷水房以及场区的排水设施进行全面检查和疏通，做好防进水和排水措施。

2）每年应组织修编换流站防汛应急预案和措施，定期组织防汛演练。

3）换流站各类建筑物为平顶结构时，定期对排水口进行清淤，雨季、大风天气前后增加特巡，以防淤泥、杂物堵塞排水管道。

4）定期进行排污泵、雨水泵启动试验，雨天应密切监视泵坑水位和排污泵、雨水泵运行情况，做好应急排水准备，若排水缓慢，可手动开启全部泵运行或增加应急泵排水，防止水淹泵房和站区设备。

（5）对于照明系统，定期对带有漏电保护功能的空气开关进行测试。

（6）对于SF_6气体含量监测设施，定期对SF_6气体含量监测设施进行维护工作，检查系统运行良好，并进行报警试验。

十四、接地极

（1）巡视接地极在线监测系统，对接地极检测井水位、检测井温湿度、导流电缆入地电流、电抗器温度、电容器、零磁通电流互感器温度、隔离开关温度、总安时数监测数据进行日比对、周分析、月总结。

（2）至少每季度检测1次温升、电流分布和水位，每6年测量1次接地极电阻，每5年或必要时进行局部开挖以检查接地体腐蚀情况，针对发现的问题要及时进行处理。

十五、其他规定

（1）定期对阀厅直流场设备进行红外检测，建立红外图谱档案，进行纵、横向温差比较，便于及时发现隐患并处理。

（2）定期检查线路避雷器，每年雷雨季节前记录避雷器计数器计数。每月对避雷器泄漏电流的指示值和放电计数器的指示数进行分析总结。

（3）户外 GIS 应按照"伸缩节（状态）伸缩量 – 环境温度"曲线定期核查伸缩节伸缩量，每季度至少开展一次，且在温度最高和最低的季节每月核查一次。

（4）对于交直流滤波器，定期对电容器接头进行红外热像检测，发现发热、漏油等情况时及时申请停运处理；定期监视不平衡电流变化，发现不平衡电流增大接近跳闸值时及时申请停运进行检查处理。对于交直流滤波器电容器不平衡电流数据进行日比对、周分析、月总结。每半年对交直流滤波器进行一次紫外检测，检查是否有异常电晕。

（5）定期检查室外控制柜、开关柜设备柜内加热器工作情况，无加热器的室外屏柜应进行加装。定期检查室外端子箱、接线盒锈蚀情况，确认防腐防锈蚀措施有效，锈蚀严重的端子箱、接线盒应及时更换。

（6）对站内主回路设备、接头等通流回路定期进行红外检测，发现过热及时处理。

（7）对于已喷涂防污闪涂料的绝缘子应每年进行憎水性检查，憎水性下降到 3 级时应考虑重新喷涂。

（8）对直流穿墙套管 SF_6 气体压力值进行日比对、周分析、月总结，月总结时结合红外检测数据。

（9）每月开展 1 次备用相换流变在线滤油器启动试验，每季度开展 1 次备用相换流变冷却器启动试验和分接头调档试验，每年开展 1 次冷却器双路电源供电设备电源切换试验。

第三节 定期工作表

直流换流站的定期工作表，可以按照专业分为一次专业定期工作表、二次专业定期工作表、运维专业定期工作表、辅助专业定期工作表等。本节重点讨论运维专业定期工作表，又将运维专业定期工作表分为每日、每周、月度、季度、半年、年度定期工作表，并附加了数据分析表格，即日比对、周分析和月度分析的数据表格，如表 2-6-1～表 2-6-9 所示，仅供参考（其中各类定期工作表的"工作标准"一栏中，若无特别说明，均按照标准作业卡执行）。

表 2-6-1   每日定期工作表

序号	内容及项目	完成时间	工作标准	工作要求
1	设备例行巡检，节假日等特殊情况增加特巡	当值期间	根据值班情况，例行巡视仅要求填写 pms 记录（一次），所填写结束时间与实际填写记录时间不得超过 24 小时。特巡工作开展时填写 pms 记录，并根据特巡开展类型填写设备巡视记录表，巡视类型登记为特殊巡视	pms 记录，特巡应有纸质版记录
2	运行数据日比对	按照日比对表格时间要求	按照日比对工作标准做好趋势比对分析（详见数据分析-日比对表 2-6-2）	电子版记录
3	接收、保存次日值班调控人员计划曲线存档并打印	当值期间	及时标注功率变化时刻，设定好操作提醒	
4	电量抄录及计算，向省调汇报双极直流电量	每日 00:00	核对送电量正确性，双极存在较大偏差时，及时汇报	
5	电压曲线抄录	每日 00:00	记录不同电压等级交流母线电压的最大值与最小值。注意加强监视，避免越限	电子版，监盘也应注意交流母线电压，及时申请低压无功设备投退
6	GIS 局放数值检查	当值期间	局放数据检查	pms 记录
7	换流变中性点接地电流测量，主变中性点、铁芯、夹件接地电流测量	当值期间	特殊工况下开展：双极不平衡运行时	电子版，pms 记录
8	工作日志	每日 11 时前	按日填写，记录当日工作完成情况，与专业月度、周计划符合。各项工作开展细化到具体责任人	电子版，班组建设系统
9	给直流技术中心发送日报	每日 6 时前	全域直流平台日报发送，数据准确	
10	接地极站后台数据检查，并截屏保存	当值期间	每日截图，并做好表计登记工作	电子版

续表

序号	内容及项目	完成时间	工作标准	工作要求
11	对控制保护系统相关告警与事件进行实时监视，对异常告警事件进行分析	当值期间	每日安排专人监盘，对后台报文信息进行监视，对告警信号进行分析	
12	调相机本体转子漏水量跟踪	当值期间	每日对调相机转子进水支座盘根漏水量跟踪并记录一次，异常时通知白班调整	pms 记录
13	调相机重要数据运行记录表打印	当值期间	每日 4 次记录（9、13、19、23 时）（高温大负荷期间不少于每 2 小时一次），DCS 截图由调相机运行人员负责检查数据是否异常，值长负责审核，每月进行装订成册	pms 记录
14	接地开关（地线）装设、拆除记录	当值期间	及时登记操作的接地开关、地线，采用线上线下同步进行（pms 中直流场缺少的以线下为准）	纸质版、pms 记录
15	直流特殊运行方式记录（金属回线、不平衡、GR－MR 转换）	方式转换后	涉及特殊方式运行时，及时更新	电子版
16	发生换相失败预测动作、换相失败动作需记录	当值期间	记录在换相失败预测、换相失败统计表	电子版
17	检查交直流滤波器电容器不平衡电流是否在正常范围内，进行比对	当值期间	每日检查一次	电子版、纸质版
18	检查全域直流平台油色谱有无告警信息，及时汇报	当值期间	每日检查一次	电子版

表 2－6－2　　　　　　　数据分析－日比对

序号	所属设备	项目	工作描述	工作方法	标准	周期	备注
1	换流变运行主数据	油温	同组（YY或 YD）温度比较	通过截图、抄录数据	综合考虑冷却器投入组数，温度偏差不超过 10℃	每天一次	
2	换流变运行主数据	油位	纵向对比	抄录数据	1. 符合设备油温－油位曲线最低要求； 2. 负荷和环温无较大变化时，应保持稳定； 3. 环境温度差别较大时，油位应有明显变化	每天一次	
3	换流变运行主数据	冷却器投入组数	同组（YY或 YD）比较	抄录数据	同组换流变冷却器投入组数差小于等于 1 组	每天一次	
4	换流变运行主数据	换流变阀侧套管压力	纵向对比一个月浮动量	抄录数据	1. 正常范围内； 2. 当温度无明显变化时，纵向对比浮动量不超过 0.1MPa	每天一次	

续表

序号	所属设备	项目	工作描述	工作方法	标准	周期	备注
5	换流变运行主数据	油色谱数据	纵向对比	查看在线监测数据	1. 装置无告警； 2. 数据无越限（乙炔从无到有或不超过0.5ppm，总烃、氢气不超过75ppm）； 3. 日绝对增长量：乙炔不超过0.3ppm 氢气不超过 10ppm 总烃不超过 5ppm	每天四次（22:00、4:00、10:00、16:00）	
6	换流变运行主数据	换流变多参量综合监护	纵向对比	查看在线监测数据	1. 装置无告警； 2. 未超越限值	每天一次	
7	换流变运行主数据	单氢监测	纵向对比	辅助系统监控平台查看单氢监测装置	1. 装置无告警； 2. 数据无越限（氢气不超过75ppm）； 3. 日绝对增长量（氢气不超过10ppm）	每天一次	
8	换流变运行主数据	网侧套管监测	横向对比	辅助系统监控平台查看网侧套管监测装置	1. 装置无告警； 2. 数据无越限（补充放电信号峰值、泄漏电流幅值、介质损耗、等效电容）； 3. 日绝对增长量正常	每天一次	
9	阀冷运行主数据	进出阀温度	纵向对比；横向对比同阀组间	OWS后台	1. 正常范围内； 2. 目前设有报警值、跳闸值，增设预警值预警信号（将预警值比报警值提前2℃）	每天截图一次，每周现场检查一次	
10	阀冷运行主数据	进出阀流量	纵向对比；横向对比同阀组间	OWS后台	1. 正常范围内； 2. 目前设有报警值，增设流量低预警值预警信号（预警值：与前一天比较，流量下降4L/s）	每天截图一次，每周现场检查一次	
11	阀冷运行主数据	电导率	纵向对比；横向对比同阀组间	OWS后台	电导率高无跳闸功能，检查在正常范围内	每天截图一次，每周现场检查一次	
12	阀冷运行主数据	进出阀压力	纵向对比	OWS后台	1. 正常范围内； 2. 目前设有报警值，增设预警值预警信号（进阀压力低预警：极1低进阀压力低于0.58MPa预警，极1高进阀压力低于0.69MPa预警，极2低进阀压力低于0.78MPa预警，极2高进阀压力低于0.89MPa预警；进阀压力高预警：极1低进阀压力高于0.77MPa预警，极1高进阀压力高于0.88MPa预警，极2低进阀压力高于0.98MPa预警，极2高进阀压力高于1.09MPa预警）	每天截图一次，每周现场检查一次	

230

续表

序号	所属设备	项目	工作描述	工作方法	标准	周期	备注
13	阀冷运行主数据	膨胀罐液位	纵向对比	OWS后台	1. 正常范围内； 2. 目前设有报警值、跳闸值，增设预警值预警信号（将预警值比报警值提前5%，即为35%预警）； 3. 与前一周数据纵向对比相差不超过5%	每天截图一次，每周现场检查一次	
14	阀冷运行主数据	缓冲水池液位、工业水池液位	纵向对比	OWS后台	正常范围内（50%～80%）	每天一次	
15	控制保护运行主数据	激光器驱动电流	横向对比	OWS后台	1. 正常范围内； 2. 目前设有报警值、跳闸值，增设预警值预警信号（将预警值比报警值提前20%）	每天一次	
16	控制保护运行主数据	接收数据电平	横向对比	OWS后台	1. 正常范围内； 2. 目前设有报警值、跳闸值，增设预警值预警信号（将预警值比报警值提前20%）	每天一次	
17	交流系统	母线电压		OWS后台	1. 正常范围内； 2. 增设电压越限告警信号（按照值班调控人员规定）	每天一次	
18	交流系统	SF_6气室压力		一体化在线监测	1. 数据均在额定值以上； 2. 低于额定值查看历史趋势	当值期间对比查看一次	
19	交流系统	GIS局放		一体化在线监测	局放无报警	当值期间对比查看一次	
20	交流系统	避雷器泄漏电流		一体化在线监测	泄漏电流正常范围内	当值期间对比查看一次	
21	交流系统	交流滤波器电抗器红外测温	横向对比	交流滤波器电抗器红外测温	1. 系统无告警； 2. 数据正常范围内； 3. 横向对比温差不超过5℃	每天一次	
22	交流系统	交流滤波器围栏内避雷器泄漏电流	横向对比	交流滤波器围栏内避雷器泄漏电流	1. 系统无告警； 2. 数据正常范围内； 3. 横向对比泄漏电流不超过0.1mA	每天一次	

序号	所属设备	项目	工作描述	工作方法	标准	周期	备注
23	智能巡视系统（换流变智能巡视、室外巡检机器人、室内巡检机器人、阀冷轨道机器人）	报警信息	复核告警信息	智能巡检系统	1. 无告警信息； 2. 若有告警需逐条确认，若有误报登记缺陷，原则上一周内消除	换流变每天四次室内机器人当值期间一次室外机器人每周一次阀厅红外测温当值期间一次阀冷轨道机器人当值期间一次	
24	智能巡视系统（换流变智能巡视、室外巡检机器人、室内巡检机器人、阀冷轨道机器人）	巡检报告	检查有无遗漏巡检点位，识别结果是否正确	智能巡检系统	1. 无告警信息、无漏检点位； 2. 若有需逐条确认，若有误报及漏检点登记缺陷，原则上一周内消除； 3. 巡检人员签字确认	换流变每天四次室内机器人当值期间一次室外机器人每周一次阀厅红外测温当值期间一次阀冷轨道机器人当值期间一次	
25	阀厅空调系统	阀厅温湿度、微正压	越限比对	空调控制系统实时数据查看	1. 装置无告警； 2. 数据无越限（温度：5～60℃，湿度：10%～60%，微正压：5～10Pa）	每天一次	
26	小室空调	温湿度	越限比对	现场查看、空调系统后台查看	正常范围内（温度：不超过30℃、湿度：不超过80%）	每天一次	
27	直流场	穿墙套管及测量设备 SF_6 气室压力		一体化在线监测	1. 正常范围内； 2. 当温度无明显变化时，纵向对比浮动量不超过0.1MPa	每天一次	
28	直流场	其他非跳闸设备 SF_6 气室压力		一体化在线监测	1. 数据均在额定值以上； 2. 低于额定值查看历史趋势	当值期间对比查看一次	
29	直流场	避雷器泄漏电流		一体化在线监测	泄漏电流正常范围内	当值期间对比查看一次	

续表

序号	所属设备	项目	工作描述	工作方法	标准	周期	备注
30	电缆沟消防（火探管）	温度、压力	横向对比	电缆沟消防后台查看	1. 装置无告警； 2. 数据无越限（温度：−10～50℃、压力：　）； 3. 横向温度差值不超过±10℃	当值期间对比查看一次	
31	电缆沟消防（超细干粉）	温度	横向对比	电缆沟消防后台查看	1. 装置无告警； 2. 数据无越限（温度：−10～50℃）； 3. 横向温度差值不超过±10℃	当值期间对比查看一次	
32	电缆沟消防（感温电缆）			消防主机查看	装置无告警	当值期间对比查看一次	
33	火灾报警主机	烟感、温感、感温电缆、红外对射、极早期、阀厅紫外、换流变图探、消防水系统信号、水喷雾系统	纵向对比	消防主机查看	装置无告警	当值期间对比查看一次	
34	消防琴台	消防炮水系统、平衡比例混合装置、消防炮视频	纵向对比	消防琴台查看	装置无告警	当值期间对比查看一次	
35	消防自动化系统	消防水池液位、消防水池进水流量、消防管网压力、泡沫罐液位、雨淋阀室、消防泡沫室温湿度	纵向对比	消防自动化系统查看	数据正常范围内	当值期间对比查看一次	
36	一体化电源监视	蓄电池单体电压、直流母线电压、绝缘监察装置	纵向对比	一体化电源监视系统查看	1. 数据正常范围内（母线电压应在标称电压的100%～105%）； 2. 电压差值不超过要求（110V直流系统两极对地电压绝对值差不超过20V或绝缘未降低到15kΩ以下）	当值期间对比查看一次	

续表

序号	所属设备	项目	工作描述	工作方法	标准	周期	备注
37	故障录波系统			故障录波系统查看	故障录波系统与装置通信无异常，装置无告警	每天一次	
38	保信子站			保信子站系统查看	装置通信无异常，装置无告警	每天一次	
39	接地极在线监测系统	温度、入地电流		接地极在线监测系统查看	无异常告警；入地电流横向对比差值不超过 50A	每天一次	
40	图像监控系统	图像显示正常			1. 图像监控主机摄像头画面显示正常； 2. 统一视频监控平台图像监控通信正常	每天一次	

表 2-6-3　　　　　　　　每 周 定 期 工 作 表

序号	内容及项目	完成时间	工作标准	工作要求
1	运行数据周分析	按照周分析表格时间要求	按照周分析工作标准及时间做好趋势比对分析	电子版记录
2	周计划制定	周一	完成本周周工作计划制定	电子版
3	全站一、二次设备红外测温（普测）（迎峰度夏/冬、大负荷、新设备投运、检修结束送电期间要增加检测频次）	周一～周日	按照标准作业卡分区域对全站一、二次设备红外测温，例如某特高压换流站： 周一：调相机区域（含升压变及进线开关）。 周二：500kV 交流场、500kV 交流滤波器场。 周三：220kV、35kV 交流场（含主变、站用变）。 周四：阀厅（含水冷）、直流场。 周五：1000kV 交流场（含换流变）、1000kV 交流滤波器场。 周六：蓄电池（每月第 1、3 周）、10kV 及 400V 站用电设备（每月第 2、4 周）。 周日：阀冷主泵、换流变冷却器、阀厅空调机组 400V 动力电缆测温	
4	缺陷跟踪保留图像（存在缺陷时）	周二	对现场缺陷进行跟踪记录	电子版
5	交流设备全面巡视	周二	每周对全站交流设备进行一次全面巡视，抄录全部表计数据，对设备进行全面检查，完善好全面巡视卡。纸质版，通过移动终端填报 pms 记录	纸质版，pms 记录
6	消防应急职责分工	周二	明确本周三至下周二当值人员消防角色分工	电子版、纸质版
7	防汛应急职责分工（汛期）	周二	汛期，明确本周三至下周二当值人员防汛角色分工	电子版、纸质版
8	油色谱数据核对	周二	全域平台与一体化在线监测油色谱截图进行数据一致性核对	电子版

续表

序号	内容及项目	完成时间	工作标准	工作要求
9	站内塑料袋、塑料薄膜等漂浮物清理（大风天气加强频次）	周三	文明生产，通过现场检查，将现场的漂浮物清理	pms 记录（特巡记录）
10	GIS 在线局放数值检查	周四	抄录后台数据，保留电子版记录	电子版
11	水冷系统数据抄录	周五	记录水冷系统数据，电子版、纸质版，现场抄录数据要与后台数据进行对比，做好数据对比分析	电子版、纸质版
12	水、油系统主泵周期切换后检查	切换时	阀内外冷、调相机水油系统主泵切换后检查泵油杯油位、泵及电机振动情况，系统有无渗漏。（值班记录里记录检查情况）	纸质版
13	油色谱数据核对	周五	全域平台与一体化在线监测油色谱截图进行数据一致性核对	电子版
14	熄灯巡视	周六	每周对阀厅设备进行一次熄灯巡视，第四周开展全站熄灯巡视。（具体开展日期参考 pms 计划周期每 7 天开展一次）	填写 pms 记录与设备巡视记录表
15	滤波器不平衡电流抄录	周日	记录滤波器不平衡电流，电子版、纸质版，现场抄录数据要与后台数据进行对比，做好数据对比分析	电子版、纸质版

表 2 - 6 - 4　　　　　　　　数据分析 - 周分析

序号	所属设备	项目	工作描述	工作方法	标准	周期	备注
1	换流变运行主数据	阀侧套管压力	纵向对比	查看抄录数据	1. 正常范围内； 2. 周绝对增长量标准	每周一次	周一
2	换流变运行主数据	油色谱数据	纵向对比	查看在线监测数据	1. 装置无告警； 2. 数据无越限（乙炔从无到有或 0.5ppm，总烃、氢气 75ppm）； 3. 周绝对增长量（乙炔 0.3ppm 氢气不超过 10ppm 总烃不超过 5ppm）； 4. 周平均增长速率（总烃 10%）	每周一次	周二
3	阀冷运行主数据	进出阀压力	纵向对比	查看抄录数据	1. 正常范围内； 2. 周绝对增长量标准（三套冗余表计不超过 10%）	每周一次，建议三套传感器间对比	周四
4	阀冷运行主数据	膨胀罐液位	纵向对比	查看抄录数据	1. 正常范围内； 2. 周绝对增长量标准（三套冗余表计不超过 10%）	每周一次，建议三套传感器间对比	周四
5	控制保护运行主数据	滤波器不平衡电流		查看抄录数据		每周一次	周三

续表

序号	所属设备	项目	工作描述	工作方法	标准	周期	备注
6	控制保护运行主数据	纯光 CT 光强水平	纵向对比	OWS 后台截图历史曲线	1. 正常范围内（-700mV 闭锁，正常运行时一般大于-500mV，低于-500mV可以继续运行，持续下降年检时处理。）； 2. 周绝对增长量标准（20mV）	每周一次	周五
7	控制保护运行主数据	纯光 CT 光源驱动电流	纵向对比	OWS 后台截图历史曲线	1. 正常范围内（120mA）； 2. 周绝对增长量标准	每周一次	周五
-8	控制保护运行主数据	纯光 CT 光路温度	纵向对比	OWS 后台截图历史曲线	正常范围内（正常运行时低于 65℃）	每周一次	周五
9	阀内冷主循环泵综合监测	振动、泄漏	纵向对比	查看阀内冷主循环泵综合监测实时数据	1. 无告警信息； 2. 数据无越限（标准）； 3. 历史切泵数据纵向对比无明显变化（标准）； 4. 月度曲线增长趋势（振动标准：小于 4.5mm/s）	每周查看切泵数据每月查看历史曲线	每周六、每月24日

表 2-6-5 月 度 定 期 工 作 表

序号	内容及项目	完成时间	工作标准	工作要求
1	运行数据月分析	按照月分析表格时间要求	按照月分析工作标准及时间做好趋势比对分析	电子版
2	换流变分接头动作次数抄录	1 日	记录换流变分接头动作次数，填写记录表	纸质版、电子版
3	消防演习	2 日	与站内消防队共同进行演习，并拍照留存，记录时间、过程等纸质记录	纸质版
4	站外加压泵房检查	4 日	除每月一次外，迎峰度夏、度冬开始前，重大保电节日前都要巡视一次	
5	运维电动车检查维护	4 日	每月对运维电动车进行检查维护，标准作业卡	
6	行吊、电梯检查	5 日	电梯以及设备间、泵房内行吊是否正常	
7	1. 保护屏压板检查核对及打印机检查、核对； 2. 保护装置 GPS 对时校准	2～6 日	根据标准作业卡要求，结合各站实际情况每月月初检查各小室，例如某特高压换流站： 2 日：220kV 继电器室、综继室。 3 日：500kV 1-3 号继电器室。 4 日：1000kV 1-3 号继电器室。 5 日：主辅控楼区域小室。 6 日：调相机区域电子间、励磁小室	纸质版

续表

序号	内容及项目	完成时间	工作标准	工作要求
8	避雷器动作次数及泄漏电流抄录	7~10 日	根据各站实际情况分区域抄录，例如某特高压换流站： 7 日：500kV、220kV、35kV 交流及主变区域。 8 日：换流变、直流场区域、阀厅。 9 日：500kV 第三、四、五大组交流滤波器（含升压变区域）。 10 日：1000kV 交流场、1000kV 第一、二大组交流滤波器。 雷雨后增加 1 次；交、直流滤波器围栏内遇到停电机会进行抄录	电子版、全面巡视卡。
9	消防电动阀和电磁阀的供电和启闭性能进行检测	10 日	对消防电动阀和电磁阀进行启闭检查，并做好记录	纸质版，pms 记录
10	消防器材检查	10 日	对全站消防器材进行检查，并做好记录。标准作业卡，厂家维保卡	纸质版，pms 记录
11	1. 开关动作次数、电机打压次数抄录； 2. GIS 设备气室压力抄录；交、直流开关 SF_6 气体压力抄录	11~16 日	根据各站实际情况分区域抄录，例如某特高压换流站： 11 日：500kV 交流场第 1~5 串区域（含管母气室）。 12 日：500kV 交流场第 6~9 串区域（含管母气室）。 13 日：220kV 交流场区域、35kV 区域。 14 日：500kV 交流滤波器场。 15 日：1000kV 交流滤波器场。 16 日：直流场区域、1000kV 交流场区域	电子版、纸质版。全面巡视卡，pms 记录
12	全站取暖设施检查	15 日	按照标准作业卡，每年 11 月 15 日至次年 3 月 15 日检查	纸质版，pms 记录
13	事故预想	16~18 日	每值各自完成一次事故预想，并填写活动记录	pms 系统
14	变压器铁芯、夹件接地电流测量	16 日	实测换流变、主变、升压变，并与后台监控数据进行比对	电子版、纸质版
15	每月清理阀厅空调外机室外平台，疏通排水管道	16 日	清理碎石，疏通排水管道	
16	排水、通风系统检查，蓄电池室卫生打扫	16 日	检查各蓄电池室空、阀厅通风设备运行良好，检查排水泵正常	纸质版，pms 记录
17	蓄电池电压测量检查记录、母线电压记录	17 日	记录全部蓄电池数据。并在 PMS 记录	纸质版，pms 记录
18	备用换流变压器在线滤油机启动试验	18 日	对在线滤油机进行启动试验，并做好记录	纸质版，pms 记录
19	全站防小动物设施检查（不区分交直流设备区）	18 日	对全站防小动物设施（粘鼠板检查、更换；电子驱鼠器检查；驱鸟器检查）进行检查，并做好记录	纸质版，pms 记录
20	主变、升压变、站用变、换流变套管油位检查（包含充油 CT）	19 日	对套管油位进行拍照，并及时导出保存	纸质版，pms 记录

序号	内容及项目	完成时间	工作标准	工作要求
21	光 CT 后台运行参数抄录	20 日	后台数据抄录，后台截图一次	pms 记录
22	站内水源检查及表计抄录	20 日	按照工作要求抄录水源全部数据，做好记录	纸质版，pms 记录
23	高压带电显示装置维护	21 日		纸质版，pms 记录
24	阀水温度、主水回路流量、电导率、膨胀罐压力等水冷系统数据记录	22 日		电子版、纸质版
25	防汛物资检查，事故油池检查	23 日	5～9 月，每月一次	纸质版，pms 记录
26	安全工器具核对检查	23 日	检查安全工器具完整性及试验日期	纸质版，pms 记录
27	全站设备间温湿度检查	24 日		纸质版，pms 记录
28	接地极站巡视、数据检查抄录	25 日	对接地极站内一次设备进行精确测温，二次屏柜红外普测；检查接地极站安防系统工作情况良好、检查预制舱密封情况良好、空调工作状态正常、灭火器压力合格；测量蓄电池电压、并做好与蓄电池监视模块数据比对；检查各装置测量数据，并与监控后台进行比对；检查各屏柜指示灯指示正确	纸质版，pms 记录
29	直流设备全面巡视	25～30 日	每月对全站直流设备开展一次全面巡视。抄录全部表计数据，对设备进行全面检查，完善好全面巡视卡。例如某特高压换流站： 25 日：500kV 交流滤波器场部分 26 日：1000kV 交流滤波器部分 27 日：换流变部分 28 日：换流阀－水冷部分 29 日：直流场部分（二月份提前至 28 日开展） 30 日：调相机部分（二月份提前至 28 日开展）	纸质版（全面巡视卡），pms 记录

表 2-6-6　　　　　　　　　　数据分析-月度分析

序号	所属设备	项目	工作描述	工作方法	标准	周期	备注
1	换流变运行主数据	铁芯夹件电流	纵向对比	查看抄录数据	正常范围内	每月一次	每月17 日
2	换流变运行主数据	换流变多参量综合监护	纵向对比	查看在线监测数据		每月一次	每月18 日

续表

序号	所属设备	项目	工作描述	工作方法	标准	周期	备注
3	换流变运行主数据	单氢监测	纵向对比	辅助系统监控平台查看单氢监测装置	1. 装置无告警； 2. 数据无越限（氢气75ppm）； 3. 月绝对增长量（氢气不超过10ppm）； 4. 月平均增长速率（总烃30%）	每月一次	每月19日
4	换流变运行主数据	网侧套管监测	横向对比	辅助系统监控平台查看网侧套管监测装置	1. 装置无告警； 2. 数据无越限（补充放电信号峰值、泄漏电流幅值、介质损耗、等效电容）； 3. 月绝对增长量	每月一次	每月20日
5	控制保护运行主数据	激光器驱动电流	纵向对比	OWS后台截图历史曲线	1. 正常范围内（报警值1100mA，正常运行时一般低于900mA）； 2. 周绝对增长量标准（100mA，如果增长后趋于稳定，继续观察运行）	每月一次	每月21日
6	控制保护运行主数据	接收数据电平	纵向对比	OWS后台截图历史曲线	1. 正常范围内（报警值大于500mA，正常运行时）； 2. 周绝对增长量标准（100mV，高温和低温下数据电平都会下降）	每月一次	每月21日
7	控制保护运行主数据	激光器温度	横向对比	OWS后台截图历史曲线	正常范围内（正常运行时低于40℃，若温度较高，建议检查合并单元风扇及屏柜风扇是否正常）	每月一次	每月22日
8	交流系统	SF_6气室压力		一体化在线监测/现场抄录数据	1. 数据均在额定值以上； 2. 低于额定值查看历史趋势	每月一次（每季度前两月抄录后台最后一月现场抄录）	每月15日
9	交流系统	避雷器泄漏电流、动作次数	纵向对比	一体化在线监测/现场抄录数据	1. 系统无告警； 2. 数据正常范围内； 3. 纵向对比泄漏电流无增长（不超过初始值的20%），避雷器未动作	每月一次	每月10日
10	交流系统	交流滤波器围栏内避雷器泄漏电流、动作次数	纵向对比	交流滤波器围栏内避雷器泄漏电流	1. 系统无告警； 2. 数据正常范围内； 3. 纵向对比泄漏电流无增长（不超过初始值的20%）	每月一次	每月10日
11	阀厅空调系统	阀厅温湿度、微正压	越限比对	空调控制系统实时数据查看	1. 装置无告警； 2. 数据无越限（温度：5～60℃，湿度：10～60%，微正压：5～10Pa）； 3. 数据无明显变化趋势	每月一次	每月25日

续表

序号	所属设备	项目	工作描述	工作方法	标准	周期	备注
12	直流场	SF_6气室压力		一体化在线监测	1. 数据均在额定值以上; 2. 低于额定值查看历史趋势	每月一次(每季度前两月抄录后台最后一月现场抄录)	每月16日
13	直流场	避雷器泄漏电流		一体化在线监测	1. 系统无告警; 2. 数据正常范围内; 3. 纵向对比泄漏电流无增长(不超过初始值的20%)	每月一次	每月11日

表 2-6-7　　　　　季 度 定 期 工 作 表

序号	内容及项目	完成时间	工作标准	工作要求
1	组织1次台账检查、更新	每季度第一月1日(1、4、7、10月)	有变化时随时更新	电子版
2	安防设施检查维护	每季度第一月1日(1、4、7、10月)	安防设施应包括安防监控、保卫器械、电子围栏等。标准作业卡	纸质版,pms记录
3	电机、水泵等设备轴承及机械各关节1次注油维护	每季度第一月7日(1、4、7、10月)	标准作业卡	纸质版,pms记录
4	通风系统的备用风机与工作风机轮换试验	每季度第一月16日(1、4、7、10月)	蓄电池设备间及阀厅通风系统等轮换试验,标准作业卡。填写pms维护记录-设备定期试验轮换记录	纸质版,pms记录
5	反事故演习(PMS)	每季度第一月20日(1、4、7、10月)		在pms记录
6	事故照明系统试验	每季度第一月22日(1、4、7、10月)		纸质版,pms记录
7	室内、外照明系统检查维护	每季度第一月22日(1、4、7、10月)		纸质版,pms记录
8	对稳压泵的停泵启泵压力和启泵次数等进行检查和记录运行情况,对柴油机消防水泵的启动电池的电压进行检测,应检查储油箱的储油量,手动启动柴油机消防水泵运行一次	每季度第二月9日(2、5、8、12月)	每季度结合消防维保检测记录一次	纸质版,pms记录
9	主变冷却器电源切换试验、自投功能试验	每季度第二月10日(2、5、8、11月)		纸质版,pms记录

续表

序号	内容及项目	完成时间	工作标准	工作要求
10	备用换流变分接开关试验、冷却器、滤油机启动	每季度第二月10日（2、5、8、11月）		纸质版，pms记录
11	强油风冷变压器冷却系统各组冷却装置工作状态（即工作、辅助、备用状态）试验及轮换	每季度第二月21日（2、5、8、11月）		纸质版，pms记录
12	油色谱在线监测装置维护	每季度第二月10日（2、5、8、11月）		纸质版，pms记录
13	消防设施检查维护	每季度第二月21日（2、5、8、11月）	对站内消防小间、主变消防设施、烟感及感温电缆等设施进行检查维护	纸质版，pms记录
14	工业及生活水系统水泵检查维护、启动试验、泵房卫生打扫	每季度第二月22日（2、5、8、12月）	综合水泵房设备维护、试验、卫生打扫	纸质版，pms记录
15	视频监控系统检查维护并留存标准预置位，检查硬盘录像机状态	每季度第三月1日（3、6、9、12月）		纸质版，pms记录
16	GIS伸缩节伸缩量核查	12日（1、2、4、6、7、8、10、12月）	户外GIS应按照"伸缩节（状态）伸缩量－环境温度"曲线定期核查伸缩节伸缩量，每季度至少开展一次，且在温度最高和最低的季节每月核查一次	纸质版，pms记录
17	漏电保护器试验	每季度第三月8日（3、6、9、12月）		纸质版，pms记录
18	防小动物设施维护（粘鼠板全部更换）	每季度第三月18日（3、6、9、12月）		纸质版，pms记录
19	端子箱、机构箱加热器及照明检查	每季度第三月（3、6、9、12月）19～21日	根据标准作业卡要求分区域检查，例如某特高压换流站： 19日：调相机、500kV交流滤波器场区域。 20日：1000交流场、1000kV交流滤波器场区域。 21日：直流场及换流变区域	纸质版，pms记录
20	火灾自动报警系统功能核对检查试验	每季度第三月（3、6、9、12月）24日		纸质版，pms记录
21	模拟消防水泵自动控制的条件自动启动消防水泵运转一次，且应检查自动巡检记录情况，手动启动消防水泵运转一次，对供电电源、出水流量和压力进行检查	每季度第三月（3、6、9、12月）26日		纸质版，pms记录

序号	内容及项目	完成时间	工作标准	工作要求
22	室内 SF_6 氧量告警仪、防毒器材检查维护	每季度第三月（3、6、9、12月）7日		纸质版，pms记录
23	对消防水泵接合器、消火栓、室外阀门井控制阀进行检查维护	每季度第三月（3、6、9、12月）27日		纸质版，pms记录

表 2-6-8　　　　　　　　每半年定期工作表

序号	内容及项目	完成时间	工作标准	工作要求
1	端子箱、机构箱、动力箱、检修电源箱、汇控柜检查维护	每半年一次（1、7月）19～21日	根据标准作业卡要求分区域检查维护，例如某特高压换流站： 19日：调相机、500kV交流滤波器场区域。 20日：1000交流场、1000kV交流滤波器场区域。 21日：直流场及换流变区域	纸质版，pms记录
2	备品备件检查	每年3月6日、9月6日开展		纸质版，pms记录

表 2-6-9　　　　　　　年度（或以上）定期工作表

序号	内容及项目	完成时间	工作标准	工作要求
1	低压直流系统充电机试验	每年1月4日		纸质版，pms记录
2	UPS系统试验	每年1月4日		纸质版，pms记录
3	防误装置维护（电脑钥匙、锁具、电源灯）（微机防误装置及其附属设备维护、除尘、逻辑校验）	每半年一次（3月14日、9月14日）		纸质版，pms记录
4	接地螺栓及接地标志维护	每年4月19日		纸质版，pms记录
5	电缆沟清扫	每年3月14日		纸质版，pms记录
6	蓄电池内阻测试	每年6月17日		纸质版，pms记录
7	防火封堵检查	每年9月19日		纸质版，pms记录
8	空调、冷却、消防、排水等系统全面检查、维护	每年迎峰度夏前，5月30日		纸质版，pms记录
9	变压器冷却器带电水冲洗	迎峰度夏前（5月30日）、年度检修期间	需要办理工作票	纸质版，pms记录

续表

序号	内容及项目	完成时间	工作标准	工作要求
10	电气设备的取暖、驱潮电热装置检查	每年迎峰度冬前，10 月 30 日		纸质版，pms 记录
11	设备水冲洗系统关闭，管道排水	每年迎峰度冬前，10 月 31 日		纸质版
12	站用电系统备自投功能试验	每年大修期间	保存线下试验记录表	纸质版，pms 记录
13	换流变冷却电源切换功能试验	每年大修期间		纸质版，pms 记录
14	工业及生活水系统管道防腐除锈检查、水池清洗、生活水质检测	每年大修期间		纸质版，pms 记录
15	控保主机负载率检查	每年大修期间		纸质版，pms 记录
16	户内外锁具维护	每年 5 月 15 日		纸质版，pms 记录
17	对阀厅内照明系统维护一次	每年大修期间		纸质版，pms 记录
18	消防空气采样机管道清洗，对空气采样机报警和故障功能进行试验	每年大修期间		纸质版，pms 记录
19	检查消防水池、消防水箱等蓄水设施的结构材料是否完好，发现问题时应及时处理	每年大修期间		纸质版，pms 记录
20	变压器固定自动灭火系统功能检查试验	每年大修期间		纸质版，pms 记录
21	全部防烟、排烟系统进行一次联动试验和性能检测，其联动功能和性能参数应符合原设计要求	每年大修期间		纸质版，pms 记录
22	汛前对污水泵、潜水泵、排水泵、应急发电机进行启动试验，保证处于完好状态	每年汛期前（4 月 25 日）		纸质版，pms 记录
23	组织修编换流站防汛应急预案和措施，定期组织防汛演练	每年汛期前（5 月 10 日）		纸质版，pms 记录
24	蓄电池核对性充放电	每年 12 月 17 日	新投运后每隔两年一次，四年以后每年一次。注明下一次开展日期	纸质版，pms 记录
25	事故油池通畅性检查	每五年开展一次，4 月 20 日	注明下一次开展日期	纸质版，pms 记录
26	接地网开挖检查	每五年开展一次，5 月 20 日	注明下一次开展日期	纸质版，pms 记录
27	接地网引下线检查测试	每年 5 月 27 日	注明下一次开展日期	纸质版，pms 记录

第七章 事 故 处 理

第一节 事故处理一般原则

换流站设备故障及异常的处理，必须严格遵守《电力安全工作规程》《值班调控人员规程》《现场运行规程》《现场设备故障及异常处理规程》，以及各级技术管理部门有关规章制度、安全和反事故措施的规定。

一、设备故障及异常处理的基本原则

（1）迅速限制故障发展，消除故障根源，解除对人身、电网和设备安全的威胁。

（2）调整并恢复正常电网运行方式。

（3）尽可能保持正常设备的运行和对重要用户及站用电的正常供电。

（4）尽快恢复已停电的用户和设备供电。

二、设备故障及异常处理的要求

（1）运行值班负责人是设备故障处理的现场负责人，领导指挥全站人员开展设备故障处理工作。对设备故障处理的正确和迅速负责。运行人员值班期间出现任何设备故障或异常情况时，必须马上报告值班负责人，并服从值班负责人的指挥。值班负责人在组织设备故障处理时，应根据班组内每位值班员的业务水平进行适当分工，分别负责故障现场的设备检查、倒闸操作等工作。设备故障或异常发生时，值班负责人及时通知检修人员对设备故障（异常）进行应急处理。

（2）设备故障及异常处理过程中，运行人员应沉着果断，认真监视表计、信号指示并做好记录，对设备的检查要认真、仔细，正确判断故障的范围及性

质，汇报术语应准确简明。

（3）为了防止设备故障的扩大，在紧急情况下，换流站运行值班人员可不待值班调控人员指令自行进行以下紧急操作，但是事后应立即向相关调控机构值班调控人员值班员汇报：

1）将对人身和设备安全有威胁的设备停电。

2）确保安全情况下，将故障停运已损坏的设备隔离。

3）当厂（站）用电部分或全部停电时，恢复其电源。

4）厂站规程中规定可以不待值班调控人员指令自行处置者。

5）直流输电系统的任何一极发生以下情况时，换流站运行值班人员可以使用该极的手动紧急停运按钮，将发生设备故障的直流系统紧急停运。

a. 换流变压器失火，保护拒动。

b. 阀厅失火，保护拒动。

c. 直流场设备失火，保护拒动。

d. 运行值班人员认为可能会导致电网设备故障或者重大设备损坏的其他情况。

（4）设备故障及异常信息的汇报。

换流站内设备发生故障时，运行人员应立即向上级值班调控人员值班员汇报故障发生时间，故障后厂站内一次设备状态变化情况，厂站内有无设备运行状态（电压、电流、功率）越限、有无需进行紧急控制的设备，周边天气及其他可直接观测现象。

5min 内，汇报保护、安控动作情况，汇报线路故障类型、开关跳闸及开关重合闸动作情况，依据相关规程采取相关处理措施；15min 内，汇报相关一、二次设备检查基本情况，确认保护、安控装置是否全部正确动作，相关开关合闸电阻配备情况，明确是否需要退出重合闸，确认是否具备试送条件；30min 内，汇报站内全部保护动作情况，线路故障测距情况，按值班调控人员要求传送事件记录、故障录波图、故障情况报告、现场照片等材料。

三、设备故障及异常应急处置时的注意事项

1. 事故时保证站用电

站用电是换流站操作、监控、通信的保证，失去站用电，可能导致失去操

作电源、失去通信电源、失去变压器的冷却系统电源，将使得事故处理更困难，若在规定时间内站用电不能恢复，会使事故范围扩大，甚至损坏设备。

事故处理时，应设法保证站用电不失压，事故时尽快恢复站用电。

2. 准确判断事故性质和影响范围

（1）运行人员在处理故障时，应沉着、冷静、果断、有序地将故障现象、断路器动作、表计指示、信号报警、保护及自动装置动作情况、处理过程做好记录，并及时与值班调控人员值班员联系、向值班调控人员值班员汇报。

（2）充分利用保护和自动装置动作提供的信息对故障进行初步判断。结合保护的动作行为和保护本身的工作原理和保护范围，对设备故障的可能范围和性质进行初步判断。

（3）为全面了解保护和自动装置的动作情况，运行人员在记录保护、自动装置等的事件信息时，应依次检查。

（4）为准确分析故障原因，在不影响故障应急处置且不影响系统（设备）停送电的情况下，应尽可能保留故障设备的原状，以便于故障的查找和原因分析。

3. 限制事故的发展和扩大

（1）故障初步判断后，运行人员应对相应设备进行仔细查找和检查，找出故障点和导致故障发生的直接原因。若出现冒火、持续异味、火灾及危及设备、人身安全的情况，应迅速进行处理，防止事故的进一步扩大。

（2）故障应急处置过程中的操作，应注意防止系统解列或非同期并列。

（3）确认故障点后，运行人员应对故障进行有效隔离。然后在值班调控人员的指令下进行恢复送电操作。

（4）注意设备故障后对运行系统（设备）的影响，加强对正常运行设备的监视。防止因故障致使负荷转移后引起其他设备负荷增大而出现过负荷，甚至保护误动的情况发生。

4. 恢复送电防止误操作

（1）恢复送电应在值班调控人员的安排下进行，运行值班人员要根据值班调控人员的要求，考虑方式变化时本站保护、自动装置的投退，适应新方式的要求（如母线保护、失灵保护等）。

（2）恢复送电和调整运行方式时，应特别注意防止非同期并列和带负荷拉隔离开关及带地线合闸等误操作，避免设备故障扩大。

（3）运行人员在恢复送电时要分清故障设备的影响范围，对于经判断无故障的设备，有条不紊地恢复送电；对故障点范围内的设备，先隔离故障，然后恢复送电，防止故障处理过程中的误操作导致故障扩大。

第二节　事故处理

本节主要对换流站内主要设备故障进行分类，对各类故障明确处理原则，对常见的典型故障制定详细的处理步骤，指导换流站运维人员提高设备事故处理水平。

一、换流变压器

（一）故障分类及处理原则

1. 引起直流系统闭锁的故障

（1）故障现象。

1）换流变压器内部绝缘损坏，各相绕组之间发生相间短路，单相绕组或引出线通过外壳发生接地故障。

2）换流变压器套管漏油、漏气致绝缘损坏，发生接地、击穿、爆炸等故障。

3）换流变压器套管 SF_6 气体泄漏，压力已低于跳闸定值。

4）换流变压器外部发生穿越性短路故障，或换流变压器附近有较强烈的振动，例如地震。

5）换流变压器分接开关档位不一致，档位相差较大导致换流变压器运行时零序电流过大跳闸。

6）换流变压器保护取量电流互感器范围内的开关、隔离开关、避雷器、噪声滤波器、导线、支撑绝缘子或悬挂绝缘了等　次设备发生绝缘损坏、接地、爆炸和断线等故障。

7）换流变压器保护所取量电流互感器因漏油、漏气、绝缘受损导致主绝缘击穿，发生接地故障；一次或二次线圈的匝间或层间发生短路；二次回路发生断线故障。

8）换流变压器保护二次回路故障引起的保护误动作。

247

9）换流变压器发生火灾。

（2）处理原则。

1）检查相应极或换流器是否停运，换流变压器进线开关是否跳开，检查运行极或换流器是否过负荷。如果过负荷运行，主控站值班员应不待值班调控人员指令立即将该极输送功率控制到当前电压水平下最大允许功率。

2）向值班调控人员汇报故障发生时间，故障后站内闭锁的直流极或换流器，跳闸的开关，站内其他交直流系统运行情况，以及需要紧急控制的设备，站周边天气及其他可直接观测现象。

3）检查换流变压器保护范围内所有一次设备及其支持绝缘子是否完整，有无闪络放电痕迹；换流变压器及进线断路器、隔离开关、避雷器、支撑绝缘子有无接地短路现象，设备有无异物。重点检查换流变压器有无喷油、漏油、冒烟、着火，瓷套有无闪络、破裂，气体继电器内部有无气体积聚，压力释放阀是否动作或其他明显的故障迹象。

4）若现场有着火情况时，检查消防系统启动正常，若未自动启动，则手动启动；同时检查冷却器电源是否已切除，如不具备自动切除功能，应立即手动切除冷却器电源。配置了换流变本体、油枕排油系统的，根据灭火情况做好本体、油枕排油准备。通知驻站消防人员并拨打 119 火警电话报警并隔离着火设备，灭火时，首先应保证人身安全，注意油箱爆裂情况。

5）检查保护采集电流互感器本身有无异常，是否完整，有无闪络放电痕迹，回路有无断线接地。

6）检查差动保护范围外有无短路故障，故障发生时换流站附近有无剧烈震动。

7）综合设备各部位检查结果和继电保护装置动作信息，分析确认故障设备，若确认保护范围内无故障后，应查明保护是否误动及误动原因。

8）做好故障资料收集工作，将故障发生的事件记录、故障录波图、故障情况报告、现场照片等材料收集好后发送给值班调控人员和相应管理部门。

9）确认故障设备后，应提前布置检修试验工作的安全措施。

2. 需立即停电处理的设备故障

（1）故障现象。

1）换流变压器冒烟着火。

2）换流变压器套管有严重的破损和放电现象。

3）换流变压器声响明显增大，内部有爆裂声。

4）换流变压器储油柜，分接开关储油柜、套管破裂并大量漏油。

5）油色谱在线监测复测值达到乙炔 4 小时增量 2μL/L 或 2 小时增量 1.5μL/L 时。

（2）故障处理原则。

1）换流变压器发生上述故障时，应立即停运相应极或换流器，停运时应防止运行极过负荷，如果过负荷运行，主控站值班员应不待值班调控人员指令立即将该极输送功率控制到当前电压水平下最大允许功率。

2）停运后立即向值班调控人员汇报故障发生时间，故障后站内闭锁的相应极或换流器，跳闸的开关，站内其他交直流系统运行情况。

3）若现场有着火情况时，检查消防系统启动正常，若未自动启动，则手动启动；同时检查冷却器电源是否已切除，如不具备自动切除功能，应立即手动切除冷却器电源。配置了换流变本体、油枕排油系统的，根据灭火情况做好本体、油枕排油准备。通知驻站消防人员并拨打 119 火警电话报警并隔离着火设备，灭火时，首先应保证人身安全，注意油箱爆裂情况。

4）提前布置检修试验工作的安全措施，联系检修人员处理。

5）做好故障资料收集工作，材料收集好后按照值班调控人员和相应管理部门要求传送事件记录、故障录波图、故障情况报告、现场照片等材料。

3. 需申请停电处理的设备故障

（1）故障现象。

1）换流变压器套管有裂纹，并有闪络放电痕迹。

2）换流变压器储油柜、套管油位指示过低。

3）换流变压器储油柜、分接开关储油柜漏油，危及运行。

4）换流变压器阀侧套管 SF_6 压力低。

5）换流变压器正常负载和冷却条件下，油温指示表计无异常时，若换流变压器顶层油温异常并不断上升，必要时应申请将直流系统停运。

6）换流变油色谱在线监测复测值或乙炔周增量、日增量达到 2μL/L；离线检测复测值达到停运值时。

7）换流变压器附近设备着火、爆炸或发生其他情况，对设备运行构成严重威胁时。

8）换流变压器冷却装置因故障全停，超过允许温度和时间。

9）其他根据现场实际认为应紧急停运的情况。

（2）故障处理原则。

1）换流变压器发生上述故障时，应立即向值班调控人员申请将相应极或换流器停运，按照值班调控人员令将故障设备转检修，联系检修人员处理，并提前布置检修试验工作的安全措施。

2）在处理换流变压器套管漏油时，应做好防止火灾发生措施，保证人员的安全。

（二）典型故障处理

1. 换流变压器瓦斯保护动作

（1）瓦斯保护动作检查项目（投跳闸）。

1）检查换流变压器外部情况，检查电流、电压表的指示情况，检查低压直流系统绝缘情况，有无其他保护动作信号。

2）检查换流变压器油色、油位是否正常，上层油温是否有明显升高。

3）检查换流变压器声音有无异常。

4）检查换流变压器油枕、压力释放阀有无喷油、冒油，盘根和塞垫有无变形。

5）检查气体继电器内有无气体，若有应取气体检查分析。

6）若检查其他都无异常，气体继电器内充满油，无气泡上冒，则属误动作。

7）若上述外部检查无明显异常现象，应立即取气体分析，若检查有严重异常，应退出故障换流变压器，不经检查处理并试验合格后的换流变压器，不得投入运行。

8）检查气体继电器内部及触点位置，若检查气体继电器触点在打开位置，瓦斯信号不能复归，则可能是直流系统绝缘不良、多点接地引起的误动；若气体继电器触点在打开位置，瓦斯信号不能复归，直流系统绝缘良好，则可能是二次回路短路引起的误动；若气体继电器触点在打开位置，瓦斯信号能复归，直流系统绝缘良好，则可能是振动过大引起的误动；若气体继电器触点在闭合位置，瓦斯信号不能复归，低压直流系统绝缘良好，则可能是气体继电器本身问题（如浮球进油等故障）引起的误动。

9）若换流变压器油枕中无油、油位低于气体继电器，无其他任何异常现象，则可能是油位过低引起的误动。

（2）重瓦斯保护动作处理。

1）检查系统状态和保护动作情况。

2）检查一次设备外观有无喷油、损坏等明显故障。

3）查看故障录波图、气体在线监测装置，取瓦斯气体及油样，进行化验分析，判明保护是否误动。

4）若确认换流变压器确实有故障或者其他主保护也动作，应将故障换流变压器转检修处理。

5）若确认换流变压器外部和内部无故障，为保护误动，则停用重瓦斯保护，可以恢复换流变压器运行，但其他保护必须投入。

（3）轻瓦斯保护报警处理（投报警）。

1）换流变压器本体轻瓦斯保护报警时，应查看油色谱在线监测装置，取瓦斯气体及油样进行化验分析，根据化验结果处理。

2）如 24h 内连续 2 次轻瓦斯报警，应立即申请停电检查。

2. 换流变压器冷却器故障

（1）现场检查换流变冷却器油泵和风扇运行情况，备用冷却器是否正确投入。

（2）检查冷却器控制柜内故障冷却器电源小开关是否跳开，热继电器是否动作，控制柜内板卡、模块有无故障告警，并检查换流变压器辅助电源是否正常。

（3）若发现电源小开关跳开、热继电器动作，则复归后试合一次，若再次跳开，则进行故障点查找。

（4）如果一路电源消失或故障，备用电源自投不成功，则应检查备用电源是否正常，如正常，应立即手动合上备用电源开关。

（5）如果两路电源均消失或故障，则应立即设法恢复电源供电。

（6）如果发现换流变压器汇控柜内进线电源存在问题，则立即检查上级400V 配电室内相应空开是否跳开。

（7）如果冷却器控制回路异常，应手动强投冷却器，并检查油流指示器及风扇运行情况。

（8）如果换流变压器绕组温度和上层油温持续上升，应立即汇报值班调控人员，申请降低负荷，直至绕组温度和上层油温不再上升。如果冷却器全停故障短时间内无法排除，应立即汇报值班调控人员，申请降低负荷或将换流变压器停运。

（9）冷却器全停的运行时间不应超过换流变压器无冷却器运行时间限值，或者绕组温度和上层油温达到限值时间。

3. 换流变压器火灾故障

（1）立即检查确认换流变压器是否着火，若确实存在火情威胁设备安全，立即对相应极或换流器执行紧急停运指令（"ESOF"指令）。

（2）检查相应极或换流器是否停运，换流变压器是否停电，同时拨打火灾报警电话"119"求援，准确报告单位名称、地址和火灾性质。

（3）检查换流变压器消防系统是否自动启动，若未启动则手动启动，监视消防系统（消防水池水位、补水泵、消防泵）工作正常。

（4）若一极或换流器停运、另一极过负荷运行时，主控站值班员应不待值班调控人员指令立即将该极输送功率控制到当前电压水平下最大允许功率，加强监视，确保另一极的可靠运行，将着火换流变压器转至检修处理。

（5）组织人员现场灭火，安排专人进行监护，防止着火换流变压器的进线跳线和设备断裂伤人。

4. 换流变压器分接开关三相不一致

（1）如果报警时正在进行直流功率升降操作，应申请值班调控人员暂停操作；

（2）现场处理前，应检查电压应力情况，若发现处理过程中可能向上调档启动电压应力保护强制降档功能时，应将该阀组其他换流变压器分接开关切至就地控制方式后，再进行检查处理；

（3）若需进行现场检查，应确认无非电量保护动作信号，油温、油位、油色谱数据等无异常，可通过全自动巡视、工业电视等检查换流变无异常；

（4）现场检查发出报警的异常相分接开关，查看机械档位显示、行程表盘位置，并与相邻正常相及运行人员工作站显示对比；重点检查操作机构外观是否变形、传动杆是否脱落等，如果有以上情况，应立即申请停电处理；

（5）现场人员可申请值班调控人员将控制后台上对应极换流变压器分接开关转为远方手动控制，检查异常相分接开关操作电机电源开关是否跳开，根据检查情况采取处理措施；

（6）如果电机电源开关未跳开：

1）首先尝试远方手动调节异常相的分接开关同步；若调节失败，在确认备用控制系统正常的情况下切换控制系统，再次进行远方手动调节同步；

2）若远方手动调节仍然失败，应调节正常相分接开关，使相间不同步差1档；

3）若调节失败，应通知专业人员检查处理，同时申请值班调控人员将正常相分接开关调节到与故障相同步，调节过程中应注意角度与电压的变化在正常范围内，期间做好直流系统运行状况监视。

（7）如果电机电源开关跳开：

1）调节正常相分接开关，使相间不同步差1档。

2）使用万用表检查升（降）档接触器是否正常复位、时间继电器（中间继电器）是否动作；检查分接开关控制I/O板卡是否异常以及状态信号与现场控制箱是否一致。

3）若检查异常，禁止合上电机电源开关直至故障处理完成。若检查正常，可试合一次电机电源开关，同时应有人监视分接开关是否滑档，一旦发现立即采取紧急措施。

4）如果电机电源开关试合失败，应停止操作并通知专业人员检查处理，同时申请值班调控人员将正常相分接开关调节到与故障相同步，调节过程中应注意角度与电压的变化在正常范围内，期间做好直流系统运行状况监视。

（8）在分接开关控制方式由"手动"切至"自动"前，条件允许时应申请值班调控人员在运行人员工作站远方手动联调操作三相换流变压器分接开关升、降一次，如果远方手动联调操作成功，再将分接开关控制方式切回"自动"。

5. 换流变压器绕组温度/油温高报警

（1）检查绕组温度表/油温表指示值，判明温度是否确实升高；

（2）检查冷却器是否全部投入、运行是否正常，若温度升高是由于冷却器工作不正常造成，应立即排除故障，投入冷却器；

（3）检查换流变压器的负荷情况和环境温度，并与以往相同情况做比较，重点对比同一阀组三相换流变绕组温度/油温趋势。如果由于过负荷引起，则向值班调控人员申请降低直流负荷，直至绕组温度和油温不再上升，做好换流变辅助降温的措施；

（4）如果温度计或测温回路故障，应及时处理；

（5）如果温度持续升高达到报警值，应申请降低直流负荷，必要时申请将换流变压器停运；

（6）必要时，进行油色谱分析。

二、换流阀

（一）故障分类及处理原则

1. 引起直流闭锁的设备故障

（1）故障分类。

1）换流阀短路，如：绝缘材料破损或超标，换流阀着火等。

2）换流阀模块内电气连接松动，如：电容接线不牢固。

3）晶闸管元件故障个数超限，如：晶闸管及其回路元件故障。

4）换流阀控制设备故障（主要指阀厅内设备），如：光纤衰耗过大，晶闸管控制单元与监测板损坏。

5）换流阀辅助设备故障（主要指阀厅内设备），如：内冷水管道、接头漏水。

（2）故障处理。

1）换流阀故障导致直流极或换流器闭锁后，检查直流功率转带情况，若另一极或在运换流器过负荷运行时，主控站值班员应不待值班调控人员指令立即将该极输送功率控制到当前电压水平下最大允许功率。

2）值班负责人立即汇报值班调控人员及相关领导，检查一次设备状态和保护动作情况，根据保护的动作情况和直流闭锁时的现象，综合判明原因后再进行处理。

3）检查换流阀水冷和消防等辅助系统有无明显故障，如漏水、着火等。

4）检查换流阀有无放电痕迹或元件损坏等明显故障。

5）检查换流阀控制设备有无明显故障，如光纤、板卡等故障。

6）检查换流阀保护装置运行情况，查看故障录波图。

7）分析判明保护是否误动。

8）如确认换流阀内部或阀厅内设备故障，则向值班调控人员申请将故障换流阀转检修处理。

9）做好故障资料收集工作，将故障发生的事件记录、故障录波图、故障情况报告、现场照片等材料收集好后发送给值班调控人员和相应管理部门。

10）检查确认换流阀一次设备、控制保护系统以及水冷等辅助设备无故障，确认为控制保护误动，经分管领导同意和值班调控人员批准后，进行不带线路极开路（OLT）试验，试验成功后按照值班调控人员令启动相应极或换流器。

2. 需立即停电处理的设备故障

（1）故障分类。

1）换流阀阀塔着火。

2）换流阀阀塔严重漏水。

3）换流阀设备严重放电。

（2）故障处理。

1）立即将相应极或换流器停运。停运后汇报相应极或换流器停运后，检查直流功率转带情况，若另一极或在运换流器过负荷运行，主控站值班员应不待值班调控人员指令立即将该极输送功率控制到当前电压水平下最大允许功率。

2）停运后立即向值班调控人员汇报故障发生时间，故障后站内闭锁的相应极或换流器，跳闸的开关关直流输送功率情况。

3）将该极或换流器阀厅空调停运，检查阀厅排烟风机确已关闭。

4）向值班调控人员申请将直流极或换流器转检修。

5）运行人员进入阀厅巡视走道前，应佩戴防毒面具、防火服等防火器具。

6）直流极或换流器停运后若火势已熄灭或有明显熄灭趋势，则不宜采取污染阀塔设备的灭火措施；若火势继续蔓延，应及时进行灭火。在保证人身安全和不扩大火情的情况下，必要时可进入阀厅灭火。

7）必要时，拨打119火警电话，请求消防部门协助灭火。

8）确认火势完全扑灭且不会复燃后，方可打开阀厅排烟系统对阀厅进行排烟。

9）阀厅内烟雾散尽后应关闭阀厅排烟系统，防止阀塔设备受潮和灰尘进入。

10）做好隔离、接地措施，联系检修人员处理。

3. 需申请停电处理的设备故障

（1）故障分类。

1）晶闸管元件故障，单阀内冗余晶闸管耗尽时。

2）阻尼回路元件参数值超标。

3）模块内电气元件连接松动。

4）电抗器、电阻、电容等设备或接头发热，达到危急缺陷等级。

5）内冷水回路堵塞，进阀温度升高接近跳闸值。

6）内冷水管道或接头漏水，现场无法封堵。

7）层间绝缘子破损或超标。

8）阀塔设备有轻微放电。

（2）故障处理。

1）发生上述故障后，汇报本单位分管生产领导和值班调控人员批准后，申请停运该直流极或换流器；如停运后直流功率超过当前电压下最大允许功率，先将直流功率降至当前电压下最大允许功率后再停运相应极或换流器。

2）处理过程中如需进入阀厅则向值班调控人员申请将阀厅转至检修状态。

3）根据现场实际情况，做好隔离、接地措施，联系检修人员处理。

（二）典型故障处理

1. 晶闸管故障及保护性触发故障

（1）读取、记录该故障位置信息。

（2）如为单系统报警，评估风险后，可重启该系统阀控装置若报警信号复归，应确保运行人员工作站与现场设备状态一致；如报警信号未复归，则密切监视直流系统运行情况。

（3）如冗余系统报警信息一致，应密切监视直流系统运行情况或根据实际情况申请停运检查处理。

（4）当单阀内冗余晶闸管耗尽时，应及时向值班调控人员申请停运该阀组，做好隔离措施，联系专业人员处理。

2. 阀厅设备着火

（1）立即将直流极或换流器停运。

（2）根据火势情况拨打火灾报警电话"119"，停运阀厅空调，检查阀厅排烟风机确已关闭。

（3）申请将直流系统转检修。

（4）迅速组织人员灭火，进入阀厅要佩戴防毒面具并穿防火服。

（5）确认火已扑灭后，打开阀厅大门和紧急门，开启阀厅空调和排烟风机将阀厅烟雾排尽。

3. VBE 失去一路 110V 直流电源

（1）检查阀控制单元 VBE 柜，尽快恢复该路直流电源。

（2）若该路直流电源不能恢复，则应密切监视直流系统及低压直流的运行情况，防止失去另一路电源。

（3）汇报本单位分管领导及值班调控人员，通知检修人员处理。

4. 阀基电子设备单套（VBE）故障

（1）检查故障阀基电子设备 VBE 屏内相关板卡的信号及阀控的相关报警信息，判断故障位置。

（2）汇报本单位分管领导及值班调控人员，同时加强监视在运阀基电子设备运行情况。

（3）切换至备用系统后正常，密切监视直流系统运行情况，通知检修人员处理。

（4）若无法带电进行处理，应向国调申请将该极或换流器停运，做好安全措施。

5. 阀塔设备漏水

（1）发现漏水后，应采用视频监控、人员现场观察等多种方式观察漏水点，确定水迹来源和泄漏程度。

（2）如确认水迹来源为雨水等外部因素造成，对换流阀运行无影响可对漏水点加强监视。

（3）如阀塔水管轻微漏水，但泄漏程度轻微且泄漏位置不会引起阀设备损坏，应尽快申请停运该直流极或换流器。

（4）如阀塔水管漏水严重，或者发现阀塔已经有放电、灼烧现象时，应立即紧急停运该直流极或换流器，同时汇报值班调控人员。

（5）停运后做好隔离、接地措施，联系专业人员处理。

三、断路器

（一）交流断路器

1. 断路器 SF_6 压力低报警

（1）现场检查断路器 SF_6 压力值，判断是否为误告警。

（2）若现场检查断路器 SF_6 气体压力显示低于正常值，未发现明显的泄漏点，且压力未继续降低，则联系检修对 SF_6 气体真实压力进行检测。

（3）若 SF_6 实际压力低，可带电对断路器补充 SF_6 气体；若实际压力正常，则应检查密度继电器。

（4）若断路器 SF_6 气体压力降低缓慢，则在断路器 SF_6 压力降至分闸闭锁之前，向值班调控人员申请拉开断路器，将断路器隔离，并做好安全措施，联系检修处理。

（5）若断路器 SF_6 气体压力降低迅速，或压力已降至分闸闭锁，此时严禁拉开断路器，应立即断开断路器操作电源，按照值班调控人员令调整运行方式，将断路器隔离，联系检修处理。

2. 断路器不储能或储能不到位

（1）检查储能电机的电源开关位置，若发现跳开可手动试合一次。

（2）检查储能回路有无渗漏，若发现渗漏应及时将开关退出运行进行处理。

（3）检查储能电机的控制回路，有无接错、断路、接触不良等现象。

（4）检查接触器及行程开关，有无接触不良或行程切断过早情况。

（5）检查机构储能部分，有无卡阻、配合不良、零部件破损等现象。

（6）如有上述情况，进行针对性处理。

3. 故障线路断路器跳闸

（1）监视负荷分配、转移情况，检查其他线路运行负荷及潮流是否正常。

（2）检查故障线路一次设备、故障线路保护、故障测距装置和重合闸动作情况，分析判断事故原因，汇报值班调控人员。

（3）线路断路器跳闸，若检查站内相关设备无异常，保护装置正确动作，可按值班调控人员指令对线路强送一次。强送的断路器必须完好，且具有完备的继电保护。

（4）若强送电不成功或线路站内侧一次设备故障时，应将线路转检修进行处理。

（5）多条线路故障时，注意电压、潮流变化；按值班调控人员指令依次对重要和非重要线路逐条处理，进行强送电，正常后逐条恢复送电。

（6）如本线路保护有人工作（线路未停电），应立即终止工作人员在二次回路上的工作，保护现场，查明原因。

（7）线路有带电工作时跳闸，应及时汇报值班调控人员，不得擅自强送电。

4. 断路器合闸闭锁

（1）若电源缺相，应检查有无熔断器熔断、接触不良、端子松动、电源回路接地短路等故障。

（2）若由机构故障引起合闸闭锁，应采取前面所述方法处理，若现场暂时无法消除故障，可断开机构电源后手动将压力打到正常值。

（3）若由 SF_6 压力低引起合闸闭锁、同时分闸闭锁时，按分闸闭锁处理。

5. SF_6 断路器分闸闭锁

（1）断路器分闸闭锁时，应立即断开相应断路器操作电源。

（2）使断路器保持在合闸位置，按值班调控人员指令处理。

（二）直流转换开关

1. 转换电路设备故障

（1）有源自激振荡型直流转换开关充电装置故障。

1）有源自激振荡型直流转换开关充电装置交流电源丢失。

有源自激振荡型直流转换开关的充电装置交流电源开关跳开后，运行人员应立即对跳开的交流电源开关状态进行检查，确认无异常后，可试合一次。如试合不成功，应保持该开关处于分闸状态，并联系检修人员对该故障开关及充电装置进行详细检查。

2）有源自激振荡型直流转换开关充电装置充电电压低。

直流系统正常运行，直流控制系统会启动有源自激振荡型直流转换开关的充电装置对并联电容器进行充电，以保证当直流转换开关分闸时能够可靠完成回路中能量的泄放。如充电装置的充电电压低，可按以下步骤进行处理：

a. 检查充电装置的电源是否丢失，若充电电源故障应尽快恢复。

b. 在控制系统后台对互为冗余备用的直流控制系统中监测到的充电装置输出电压值进行检查，判断互为冗余备用的直流系统是否都出现充电电压异常报警。

c. 现场检查直流转换开关充电装置的运行情况，检查充电控制选择开关的状态位置。如该选择开关的位置为"自动"方式可手动将其控制方式切换为"手动"方式。状态切换完成后检查充电装置输出电压变化情况。如充电电压仍无显著变化，应联系检修人员对充电装置进行详细检查。如充电电压恢复至

"手动"充电方式下的目标值，应联系检修人员对充电装置不能自动充电的原因进行检查、处理。

d. 如直流转换开关充电装置仅能在"手动"充电方式下建立充电电压，可保持"手动"充电方式，联系检修人员处理。

e. 如直流转换开关充电装置在"手动"和"自动"充电方式下都无法建立电压，应向值班调控人员汇报现场设备状况及相关影响，并在系统方式允许时进行充电电压异常的处理工作。

f. 如故障设备为金属回线转换开关（MRTB）和大地回线转换开关（GRTS）中的充电装置，则在当前状况下不宜进行单极直流系统大地——金属回线间的转换操作，以防止在大电流情况下对应直流转换开关转换不成功。

3）有源自激振荡型直流转换开关的转换电路中放电开关故障

直流系统正常运行时，有源自激振荡型直流转换开关转换电路中的放电开关应处于分闸状态。在对应的开断装置分闸时，该放电开关自动合上；在直流转换开关完成分闸全过程后，放电开关再恢复至分闸位置。如果该放电开关在直流转换开关分闸操作结束后仍未断开，可按以下步骤进行处理：

a. 现场检查对应直流转换开关的分合闸状态，核实设备的机械位置指示与电气位置指示一致。

b. 如故障设备为直流中性母线转换开关（NBS）自激振荡回路中的放电开关，应注意检查是否有直流保护动作引起对应极换流变压器进线开关跳闸。发生上述情况时，应同时检查对应直流系统换流变压器进线开关变位情况，并及时将系统方式变化情况和现场设备检查情况汇报值班调控人员。

c. 联系检修人员对直流转换开关自激振荡回路转换电路中的放电开关不能正常分闸的原因进行检查、处理。

（2）转换电路中电抗器故障。

直流转换开关转换电路中所使用电抗器均为空心干式电抗器。

在直流转换开关进行分闸操作时，转换电路中的电抗器若出现外绝缘损坏故障，电抗器将可能出现沿面放电甚至闪络击穿的情况；此外在直流转换开关分闸操作中，还有可能发生电抗器冒烟甚至着火的情况。出现上述故障情况时可按以下步骤进行处理：

1）立即检查所操作的直流转换开关是否完成分闸操作。如直流转换开关在分闸后出现保护动作并再次合闸的情况，此时禁止对该直流转换开关再次进行分闸操作。

2）如直流转换开关在执行分闸操作后保持在分闸状态，在保证人身安全的情况，组织人员对着火设备进行灭火，并将现场情况汇报值班调控人员，申请将故障的直流转换开关隔离。

3）如直流转换开关为合闸状态，应立即将现场情况汇报值班调控人员，申请将运行中的直流系统停电后将故障的直流转换开关隔离，并组织人员对着火的电抗器进行灭火。

4）联系检修人员对故障的电抗器进行更换、检修；电抗器发生闪络击穿故障后还应对振荡回路设备的安装绝缘平台的绝缘情况进行检查。

（3）转换电路中电容器故障。

1）电容器瓷绝缘表面闪络。

电容器瓷绝缘表面因污秽可能引起放电，特别是在直流转换开关进行分闸操作时，如操作后检查发现转换电路中电容器瓷绝缘表面有放电、闪络痕迹，应及时将现场设备检查情况汇报值班调控人员，并申请将相应系统停电后对损坏的电容器进行更换。

2）电容器渗漏油、外壳膨胀（鼓肚）。

a. 当直流转换开关转换电路中的电容器发生渗漏油、外壳膨胀（鼓肚）时，立即汇报值班调控人员，必要时申请停运处理。

b. 如金属回线转换开关（MRTB）和大地回线转换开关（GRTS）转换电路中的电容器发生渗漏油、外壳膨胀（鼓肚），禁止进行单极带负荷条件下的大地—金属回线转换操作，以防止造成直流转换开关损坏。

3）直流转换开关分闸操作中，电容器着火。

a. 立即检查直流转换开关是否完成分闸操作。如直流转换开关在分闸后出现保护动作并再次合闸的情况，此时禁止对该直流转换开关再次进行分闸操作。

b. 如直流转换开关在执行分闸操作后保持在分闸状态，此时应立即组织人员对着火设备进行灭火，并将现场情况汇报值班调控人员，申请将故障的直流转换开关隔离。

c. 如直流转换开关为合闸状态，应立即将现场情况汇报值班调控人员，申请将运行中的直流系统停电后将故障的直流转换开关隔离，并组织人员对着火的电容器进行灭火。

2. 吸能元件故障

直流转换开关自激振荡回路中的吸能元件由多组并联的氧化锌避雷器组成。当直流转换开关处于合闸位置时，氧化锌避雷器组两端的电压差近似为0；而当直流转换开关在运行中进行分闸操作时，其承受了转换过程中的较大能量，容易出现损坏、击穿等故障。

（1）氧化锌避雷器瓷套破裂或出现裂纹。

运行中检查发现氧化锌避雷器的瓷套破裂或有裂纹时，应及时将情况汇报值班调控人员。如故障的氧化锌避雷器安装于金属回线转换开关（MRTB）和大地回线转换开关（GRTS）中时，禁止进行单极直流系统带负荷的大地—金属回线转换操作，以防止造成直流转换开关损坏。

（2）直流转换开关分闸操作中，氧化锌避雷器爆炸。

1）立即检查直流转换开关是否完成分闸操作。如直流转换开关在分闸后出现保护动作并再次合闸的情况，此时禁止对该直流转换开关再次进行分闸操作。

2）如直流转换开关在执行分闸操作后保持在分闸状态，此时应立即组织人员对着火设备进行灭火，并将现场情况汇报值班调控人员，申请将故障的直流转换开关隔离。

3）如直流转换开关为合闸状态，应立即将现场情况汇报值班调控人员，申请将运行中的直流系统停电后将故障的直流转换开关隔离，并组织人员对着火的避雷器进行灭火。

4）联系检修人员对故障的避雷器进行更换，并对氧化锌避雷器组进行试验检查。

3. 直流转换开关绝缘平台故障

直流转换开关的振荡装置和吸能元件都安装在对地绝缘的平台上，如该绝缘平台的绝缘状况受到影响，在直流转换开关操作过程中可能造成安装在该平台上的电抗器、电容器以及氧化锌避雷器的损坏，并影响直流转换开关的正常分合闸操作。

（1）运行中，检查发现绝缘平台上有异物应立即查明异物的状况，判断其是否会对该平台的绝缘及该平台上所安装的设备造成影响。

（2）如该异物对系统运行无影响可维持现状，并在巡视中加强观察。如异物对绝缘平台的对地绝缘以及平台上所安装的设备造成影响，应及时将异物清除。必要时应汇报值班调控人员，申请将相应的直流系统停电后进行处理。

四、交直流滤波器

（一）故障分类及处理原则

1. 引起跳闸的设备故障

（1）故障分类。

1）交流滤波器。交流滤波器进线开关接地故障、交流滤波器过压、交流滤波器过流、支柱绝缘子闪络、电容器内部击穿、电容器爆炸、电容桥臂容值不平衡、电抗器谐波过负荷、电阻谐波过负荷、二次设备故障导致保护误动等。

2）直流滤波器。直流滤波器过负荷、支柱绝缘子闪络、电容器爆炸、电抗器接地故障、二次设备故障导致保护误动等。

（2）故障处理。

1）交流滤波器。

a. 保护动作跳开大组交流滤波器，应尽快查明原因并恢复大组交流滤波器运行。保护动作跳开小组交流滤波器，未查明原因并消除故障时，不允许恢复运行。当造成直流系统功率回降、极闭锁等情况时，应迅速查明原因，恢复足够数量的交流滤波器，尽快恢复直流系统正常运行并将故障交流滤波器转至检修状态。

b. 保护动作跳开（大组、小组）交流滤波器时，应立即汇报值班调控人员，应立即检查直流功率传输情况、有无备用交流滤波器组投入、交流系统电压及相关故障录波启动情况、告警及事件记录等。

c. 应根据现场检查情况、保护及安全自动装置动作情况、故障录波、告警及相关事件记录分析故障原因，尽快清除故障，恢复交流滤波器运行。

2）直流滤波器。

a. 保护动作跳开直流滤波器时应确认直流滤波器高压侧隔离开关已拉开，应立即汇报值班调控人员，并申请将直流滤波器转检修；同时检查直流极运行情况、相关故障录波启动情况、告警及事件记录等。保护动作自动退出直流滤波器，未查明原因并消除故障时，不允许恢复运行。

b. 当出现直流系统闭锁时，应迅速查明原因，若故障点在直流滤波器组极母线侧隔离开关与中性线隔离开关之间，经确认无误向值班调控人员申请将故障直流滤波器隔离并恢复直流系统正常运行。

c. 应根据现场检查情况、保护及安全自动装置动作情况、故障录波、告警及相关事件记录分析故障原因，尽快消除故障，恢复直流滤波器正常运行。

2. 需停运处理的设备故障

（1）故障分类。

1）交/直流滤波器组内设备冒烟、着火。

2）交/直流滤波器套管严重破损并有闪络现象。

（2）故障处理。

1）交流滤波器。

a. 功率升降及系统运行方式转换时，不允许进行手动投退交流滤波器操作。

b. 有备用交流滤波器时，手动投切交流滤波器应遵循"先投后切"的原则进行操作，即将无功控制方式置手动，先投入备用交流滤波器后，再退出故障交流滤波器。

c. 无备用交流滤波器且为绝对最小滤波器组运行时，应先向值班调控人员申请调整直流功以率满足退出交流滤波器后所需绝对最小滤波器组，功率调整后再操作退出故障交流滤波器。

2）直流滤波器。

a. 确认当前运行条件允许退出故障直流滤波器。

b. 立即将故障直流滤波器退出运行，并作好安全措施。将故障直流滤波器转检修时需注意如下几点：① 直流滤波器可以带电投切。② 常规换流站可在直流系统全压或降压运行方式时，带电投退直流滤波器；±800kV 和 ±1100kV 特高压换流站直流滤波器可以在线退出；±800kV 特高压换流站直流滤波器在线投入前，若相应极为双换流器运行，应将该极降压至最低运行电压（70%或 80%额定电压）后带电投入，或停运该极一个换流器，在±400kV 下带电投入，当单换流器运行时，在±400kV 下可带电投入；±1100kV 直流滤波器在线投入前，若相应极为双换流器运行，应停运该极一个换流器，在±550kV 下带电投入，当单换流器运行时，在±550kV 下可带电投入。③ 直流滤波器投退优先采用顺控操作(仅限运行转冷备用)，否则应采用手动投退操作。手动退出直流滤波器时应先拉高压侧隔离开关，后拉低压侧隔离开关。投入时操作顺序与此相反。④ 直流滤波器转检修操作时，极母线侧地刀经延时（延时时间满足本站规程规定的时间）才能合上。

3. 需申请停电处理的设备故障

（1）故障分类。

1）交/直流滤波器套管发生破裂或有闪络放电。

2）交/直流滤波器电容器明显鼓肚膨胀或严重漏油。

3）交/直流滤波器充油式电流互感器严重漏油。

4）交/直流滤波器场内电气元件及主通流回路接头严重发热，温度达到危急等级。

5）交/直流滤波器光电流互感器光纤绝缘子断裂。

6）交/直流滤波器电容器不平衡电流异常急剧升高。

7）交/直流滤波器避雷器爆炸、断裂。

8）交流滤波器不平衡保护Ⅰ、Ⅱ段报警且报警未自动复归（Ⅰ段报警时可视情况申请退出，Ⅱ段报警需在 2 小时内申请退出）。

9）交流滤波器发电阻过负荷保护、L1 电抗过负荷保护、L2 电抗过负荷保护Ⅱ段报警。

10）直流滤波器不平衡保护报警后，应及时向值班调控人员提出停运直流滤波器、降低直流功率或停运直流对应极等申请，值班调控人员视情况进行处理。

11）其他影响交直流滤波器正常运行，可能危及人身、设备安全的异常，需将交直流滤波器停运的情况。

（2）故障处理。

此类故障的处理与立即停电处理的设备故障的处理一致，但需在实施操作前向值班调控人员进行操作申请，经批准后方可执行。

（二）典型故障处理

1. 交流滤波器电容不平衡保护动作

（1）现场检查滤波器电容器有无明显故障。

（2）不平衡保护Ⅰ段告警，如系统条件允许，应申请退出该交流滤波器，在告警消除前加强巡视。

（3）不平衡保护Ⅱ段告警，在备用交流滤波器可用的情况下，应在 2h 内将故障交流滤波器退出运行进行处理；如无备用交流滤波器，应采取降低直流输送功率的方式退出故障交流滤波器。

（4）不平衡保护Ⅲ段跳闸，检查备用滤波器投入正常，并加强监视。

（5）将退出的交流滤波器作好安全措施，联系检修处理。

2. 交流滤波器电阻、电抗谐波过负荷保护告警

（1）现场检查交流滤波器组有无明显故障。

（2）电阻、电抗谐波过负荷Ⅰ段告警，申请手动投入该类型交流滤波器，监视告警信号能否自行消除；若告警信号自动消除，分析该告警是否因系统原因造成；同时应加强报警分析，制定处理措施。

（3）电阻、电抗谐波过负荷Ⅱ段告警，应在本规程规定延时跳闸时间内将故障交流滤波器退出运行进行处理；如无备用交流滤波器，应采取降低直流输送功率的方式退出故障交流滤波器。

（4）电阻、电抗谐波过负荷Ⅲ段跳闸，检查备用交流滤波器投入情况及直流系统运行情况。

（5）将退出的交流滤波器作好安全措施，联系检修处理。

3. 交流滤波器电容器起火

（1）若该交流滤波器保护未动作跳闸：

1）该类型所有交流滤波器均在运行时，将无功控制方式置手动，直接手动切除该组交流滤波器并转至检修状态，并汇报值班调控人员。若切除该交流滤波器后将导致降功率，应向值班调控人员申请先降直流功率。

2）该类型有备用交流滤波器时，将无功控制方式置手动，先投入备用交流滤波器后，再手动切除该组交流滤波器，并汇报值班调控人员申请将该滤波器转至检修状态。

3）迅速对起火的电容器进行灭火处理，通知检修更换故障电容器。

（2）若该交流滤波器保护已动作跳闸：

1）检查该类型备用交流滤波器投入正常，直流系统运行正常。

2）将故障交流滤波器转至检修状态。

3）迅速对起火的电容器进行灭火处理，更换故障电容器。

4. 交流滤波器电抗器起火

（1）无备用交流滤波器且为绝对最小滤波器组运行时，应先向值班调控人员申请调整直流功以率满足退出交流滤波器后所需绝对最小滤波器组，功率调整后再操作退出故障交流滤波器。

（2）该类型有备用交流滤波器时，将无功控制方式置手动，先投入备用交流滤波器后，再手动切除该组交流滤波器，并汇报值班调控人员申请将该滤波器转至检修状态。

（3）保证人员安全的情况下，迅速对起火的电抗器进行灭火处理。

五、调相机

（一）一般要求

（1）被监测数据超出允许值或报警时，运维人员应迅速查找原因，必要时向调度汇报，申请停机。

（2）对于调相机故障处理，单独用目视检查或目前已知的任何一种试验是很难判断调相机实际情况的，应把目视检查、保护动作类型、验证性能试验和经验反馈结合起来，综合分析和判断。调相机故障类型的判断和正确检查处理。

（3）调相机组本身无异常，周围发生威胁调相机组安全运行的情况时，应立即停机。

（4）当调相机由于内部故障保护装置动作跳闸时，除检查调相机外观，还应进行测量定子绕组的绝缘电阻等必要的试验和检查，并对调相机及其有关设备和所有在保护区域内的一切电气回路（包括电缆在内）的状况作详细检查，查明有无烟、火、响声、绝缘烧焦味、放电或烧伤痕迹，以判明调相机有无损伤。此外，应同时对动作的保护装置进行检查，并查问在电网上有无故障。如检查调相机及其回路未见故障，则调相机可重新启动。启动过程中如发现有不正常现象，应立即停机，详细检查并消除故障。

（5）当调相机发生故障（调相机内冒烟、着火、振动超标、威胁人身安全等），需要立即切断调相机时，运维人员应立即紧急停机。

（二）调相机异常运行及处理

（1）对于双水内冷调相机（绕组、铁芯、冷却介质）的温度、温升、温差与正常值有较大偏差时，应立即分析、查找原因：

1）定子线棒层间最高与最低温度的温差达 8℃或定子线棒引水管同层出水温差达 8℃时应报警，应检查定子三相电流是否平衡，定子绕组水路流量与压力是否异常，此时可降低负荷；

2）定子线棒温差达 14℃或定子引水管同层出水温差达 12℃，或任一定子槽内层间测温元件温度超过 90℃时或出水温度超过 85℃时，应立即降负荷，在确认测温元件无误后，为避免发生重大事故，应立即停机，进行反冲洗及有关检查处理。

（2）运行中的调相机，当励磁回路的绝缘电阻突然降低时，应以压缩空气吹净集电环和碳刷，以恢复绝缘电阻。当水内冷调相机由于水质不合格引起绝缘电阻下降时，应换用合格的水。如果绝缘电阻不能恢复，则应对调相机严密监视，尽快安排停机处理。

（3）当调相机的转子绕组发生一点接地时，应立即查明故障点与性质如系稳定性接地，应立即安排停机处理

（4）当转子发生不允许的振动或同无功负荷下转子电流增大达 10%以上时，应立即减少负荷，使振动或转子电流减少到允许的范围，尽快安排停机检查、处理

（5）当调相机定子或转子参数指示之一突然消失时，应按照其余参数的指示监视调相机的运行，同时尽快安排检查是否由于显示装置或其一次、二次回路损坏所致，宜在不改变调相机的运行方式下尽快处理

（6）调相机变压器组的主断路器出现非全相运行时，为避免烧损调相机，其相关保护应及时启动断路器失灵保护，断开与其连接在同一母线上的所有电源

六、测量设备

（一）直流分压器

1. 直流分压器引起直流系统闭锁的故障

（1）故障分类。

1）内部绝缘损坏导致保护动作跳闸。

2）外绝缘严重裂纹、破损，套管闪络，导致保护动作。

3）套管严重漏油、漏气导致保护动作。

4）二次回路故障引起的保护误动作。

5）端子箱、接线盒受潮或进水导致保护动作。

（2）故障处理。

1）检查直流系统是否停运，交流开关是否跳开，检查运行极是否过负荷。如果过负荷运行，主控站值班员应不待值班调控人员指令立即将该极输送功率控制到当前电压水平下最大允许功率。

2）立即向值班调控人员汇报故障发生时间，故障后站内闭锁的直流系统、跳闸的开关、站内其他交直流系统运行情况、需要紧急控制的设备、站周边天气及其他可直接观测现象。

3）检查直流分压器及其支持绝缘子是否完整，有无闪络放电痕迹，避雷器放电记录仪动作情况。

4）检查控制保护系统记录及自动装置动作信息，核对设备动作情况。

5）若现场有着火情况时，将设备转检修后立即组织开展灭火，灭火时，首先应保证人身安全，注意套管爆裂情况；必要时，拨打 119 火警电话，请求消防部门协助灭火。

6）若现场检查一次设备未发现异常，综合直流分压器各部位检查结果和继电保护装置动作信息，分析确认故障设备，若确认保护范围内无故障后，应查明保护是否误动及误动原因。

7）做好故障资料收集工作，材料收集好后按照值班调控人员和相应管理部门要求传送事件记录、故障录波图、故障情况报告、现场照片等材料收集好后发送给值班调控人员和相应管理部门。

8）确认直流分压器确实存在故障后，应提前布置安全措施。

2. 需停运处理的设备故障

（1）故障分类。

1）外绝缘严重裂纹、破损，直流分压器有严重放电，已威胁安全运行时。

2）内部有严重异音、异味、冒烟或着火。

（2）故障处理。

1）立即将故障极紧急停运。停运时应防止运行极过负荷，如果过负荷运行，主控站值班员应不待值班调控人员指令立即将该极输送功率控制到当前电压水平下最大允许功率。

2）立即向值班调控人员汇报：故障发生时间、故障后站内闭锁的直流系统、跳闸的开关、站内其他交直流系统运行情况、需要紧急控制的设备、站周边天气及其他可直接观测现象。根据值班调控人员指令进行故障设备的隔离操作。

3）若现场有着火情况时，将设备转检修后立即组织开展灭火，灭火时，首先应保证人身安全，注意套管爆裂情况；必要时，拨打119火警电话，请求消防部门协助灭火。

4）提前布置检修试验工作的安全措施，联系检修人员处理。

5）做好故障资料收集工作，材料收集好后按照值班调控人员和相应管理部门要求传送事件记录、故障录波图、故障情况报告、现场照片等材料。

3. 申请停电处理的设备故障

设备出现以下现象，且经分析确认危及设备安全运行时应立即向值班调控人员申请停止设备运行。

（1）故障分类。

1）充油式直流分压器严重漏油，看不到油位。

2）SF_6直流分压器严重漏气或气体压力低于厂家规定的最小运行压力值。

3）直流分压器本体或引线端子有严重过热。

4）膨胀器永久性变形或漏油。

5）压力释放装置（防爆片）已冲破。

（2）故障处理。

1）发生上述故障时，应申请将直流系统停运，将故障设备转检修，联系检修人员处理，并提前布置安全措施。

2）在处理充油式套管漏油时，应做好防止火灾发生措施，保证人员的安全。

3）在处理 SF_6 直流分压器严重漏气时，应做好防中毒措施，保证人员的安全。

（二）其他电压互感器

1. 需立即停运处理的故障

（1）电压互感器漏油。

（2）电压互感器绝缘支柱表面放电或破损。

（3）电压互感器内部有异常声响。

（4）电压互感器绝缘支柱爆炸或外部变形。

（5）电压互感器的引线、接头连接处过热熔化。

2. 电磁式电压互感器二次失压可能由以下原因引起

（1）电磁单元变压器一次引线断线或接地。

（2）分压电容器 C2 短路。

（3）同电磁单元中变压器并联的氧化锌避雷器击穿导通。

（4）各分压电容器之间的连接断线。

（5）油箱电磁单元烧坏、进水受潮等其他故障。

3. 电容式电压互感器电容量变化

对运行中的 CVT，二次电压即使仅有稍微变化都应该引起高度注意。停电试验时要将电容元件电容量的测量值与历史数据和不同相间电容量进行比较。若电容量变化较大，就可判明有电容元件击穿或受潮，应立即退出运行，以防止部分良好的串联电容元件因承受过高的电压而引起爆炸事故。

4. 电压互感器二次回路故障

（1）检查电压互感器二次回路，如发现电压回路二次小开关跳开，可试合一次，在试合小开关之前应停用相应保护，若试合不成功，联系检修处理。

（2）检查电压互感器二次回路，如发现二次电压回路有积水、发热、断线等现象，应申请停用相应保护，并断开二次回路小开关。

（3）如引起控制系统动作不正常，则应停运相应的控制系统。

（4）汇报值班调控人员，申请立即停用由于失压而可能误动的保护。

（三）光电流互感器

1. 光电式电流互感器引起直流系统闭锁的故障

（1）故障分类。

1）外绝缘损坏闪络导致保护动作。

2）传感器故障或运行不稳定，导致光电流互感器测量电流不正确，引起保护误动作。

3）二次回路故障引起的保护误动作。

（2）故障处理。

1）检查运行极是否过负荷。如果过负荷运行，主控站值班员应不待值班调控人员指令立即将该极输送功率控制到当前电压水平下最大允许功率。

2）向值班调控人员汇报故障发生时间、故障后站内闭锁的直流系统、跳闸的开关、站内其他交直流系统运行情况、需要紧急控制的设备、站周边天气及其他可直接观测现象。

3）检查光电流互感器保护范围内所有一次设备及其支持绝缘子是否完整，有无闪络放电痕迹，避雷器放电记录仪动作情况。

4）综合各部位检查结果和继电保护装置动作信息，分析确认故障设备，若确认保护范围内无故障后，应查明保护是否误动及误动原因。

5）做好故障资料收集工作，将故障发生的事件记录、故障录波图、故障情况报告、现场照片等材料收集好后发送给值班调控人员和相应管理部门。

6）确认故障设备后，应提前布置安全措施。

2. 需立即停运处理的设备故障

（1）故障分类。

1）外绝缘严重裂纹、破损，支撑绝缘子有严重沿面放电痕迹，已威胁安全运行时。

2）严重异响、异味、冒烟或着火。

（2）故障处理。

1）立即将故障极紧急停运。如果过负荷运行，主控站值班员应不待值班调控人员指令立即将该极输送功率控制到当前电压水平下最大允许功率。

2）立即向值班调控人员汇报，根据值班调控人员指令进行故障设备的隔离和转检修。

3）有起火情况应在保证人员安全的情况下，组织开展灭火，必要时，拨打 119 火警电话，请求消防部门协助灭火。

3. 申请停电处理的设备故障

（1）故障分类。

1）本体内部温度或其连接处温度持续升高。

2）本体有"噼啪"放电声响时。

3）绝缘污秽严重，有污闪可能。

4）支撑绝缘子沿面有轻微放电痕迹，且放电现象有加重趋势，有可能威胁安全运行。

5）光电流互感器二次读数异常波动，经切换系统后异常仍存在。

（2）故障处理。

光电式电流互感器发生上述故障时，应申请将直流系统停运，将故障设备转检修，联系检修人员处理，并提前布置检修试验工作的安全措施。

4. 光电式电流互感器主要故障原因

（1）传感器故障。

1）导致光电式电流互感器测量电流不正确，从而引起保护误动作。

2）导致光电式电流互感器监视数据不正常、光功率测量数据偏大、奇偶检验值高，从而发出告警或引起控制保护主机退出运行。

（2）光纤回路故障。

1）光纤头不清洁、连接不好或光纤回路衰耗大，可能导致光电流互感器发奇偶校验值高报警，控制系统主机退出运行。

2）光纤出现问题后，需要对光纤的接头和光信号传输情况进行检查。使用光纤测试仪的波形分析功能检查回路是否完好，使用光纤显微镜检查接头是否污损。

3）处理的主要手段有清洁处理光纤头、重新制作光纤头和更换备用光纤等。

（3）光接口板故障。

控制系统主机内光接口板故障相对较少，处理时更换光纤接口板，若确认为光接口板的发光装置等元件故障，亦可更换元件处理。光接口板更换的时候安装板卡程序，同时注意部分接口板需修改激光跳线。

（四）零磁通电流互感器

1. 引起直流系统闭锁的故障

（1）故障分类。

1）外绝缘损坏闪络导致保护动作。

2）传感器故障或运行不稳定，导致光电流互感器测量电流不正确，引起保护误动作。

3）二次回路故障引起的保护误动作。

（2）故障处理。

1）检查运行极是否过负荷。如果过负荷运行，主控站值班员应不待值班调控人员指令立即将该极输送功率控制到当前电压水平下最大允许功率。

2）向值班调控人员汇报故障发生时间、故障后站内闭锁的直流系统、跳闸的开关、站内其他交直流系统运行情况、需要紧急控制的设备、站周边天气及其他可直接观测现象。

3）检查零磁通电流互感器保护范围内所有一次设备及其支持绝缘子是否完整，有无闪络放电痕迹，避雷器放电记录仪动作情况。

4）综合各部位检查结果和继电保护装置动作信息，分析确认故障设备，若确认保护范围内无故障后，应查明保护是否误动及误动原因。

5）做好故障资料收集工作，将故障发生的事件记录、故障录波图、故障情况报告、现场照片等材料收集好后发送给值班调控人员和相应管理部门。

6）确认故障设备后，应提前布置检修试验工作的安全措施。

2. 需立即停运处理的故障

（1）故障分类。

1）外绝缘严重裂纹、破损，支撑绝缘子有严重沿面放电痕迹，已威胁安全运行时。

2）严重异响、异味、冒烟或着火。

（2）故障处理。

1）立即将故障极紧急停运。

2）立即向值班调控人员汇报，根据值班调控人员指令进行故障设备的隔离和转检修。

3）有起火情况应在保证人员安全的情况下，组织开展灭火，必要时，拨打 119 火警电话，请求消防部门协助灭火。

3. 需申请停电处理的设备故障

（1）故障分类。

1）本体内部温度或其连接处温度持续升高。

2）本体有"噼啪"放电声响。

3）绝缘污秽严重，有污闪可能。

4）支撑绝缘子沿面有轻微放电痕迹，且放电现象有加重趋势，有可能威胁安全运行。

5）零磁通电流互感器后台二次数据异常波动，经切换系统后异常仍存在。

（2）故障处理。

零磁通电流互感器发生上述故障时，应申请将直流系统停运。如停运后造成运行极过负荷，应先向值班调控人员申请将直流功率控制到当前电压水平下最大允许功率。按照调度令将故障设备转检修，联系检修人员处理，并提前安全措施。

（五）其他电流互感器

1. 需立即停运处理的故障

（1）电流互感器漏油、漏气。

（2）电流互感器绝缘支柱表面放电或破损。

（3）电流互感器内部有异常声响。

（4）电流互感器绝缘支柱爆炸或外部变形。

（5）电流互感器的引线、接头连接处过热熔化。

2. 电流互感器二次开路处理

（1）发现电流互感器二次开路，应先分清故障属哪一组电流回路，开路的相别，对保护有无影响，申请停用可能误动的保护。

（2）尽量减少一次负荷电流，若电流互感器严重损伤，应转移负荷，停电检查处理（若有旁路可采用旁路供电，保证供电的可靠性）。

（3）对照图纸，尽量设法在就近的试验端子上，将电流互感器二次短路，再检查处理开路点，短接时应使用短路专用短接线，短路应妥善可靠，禁止采用熔丝或一般导线缠绕。

（4）注意短接时的现象，若短接时有火花，则说明短接有效，故障点就在短接点以下的回路中，可进一步查找；若短接时无火花，可能是短接无效，故障点可能在短接点以上的回路中，可以逐点向前变换短接点，缩小范围。

（5）在故障范围内，应检查容易发生故障的端子及元件，检查回路有工作时触动过的部位。对检查出的故障，能自行处理的可立即处理，然后投入所退出的保护，若开路点在互感器本体的接线端子上，应停电处理。若是不能自行处理的或不能自行查明的故障，应先将电流互感器二次短路或转移负荷，停电处理。

（6）在短接二次回路时，工作人员一定要坚持操作监护制，一人操作，一人监护。与带电设备保持足够的安全距离。操作人员一定要穿绝缘靴、戴绝缘手套和带绝缘把手的工具。禁止在电流互感器与短路点之间的回路上进行任何工作。

七、直流线路

（一）造成直流线路出现故障的主要原因

1. 雷击

直流输电线路遭受雷击的机理与交流输电线路不同。直流输电线路，两个极线的电压极性是相反的。根据异性相吸，同性相斥的原则，带电云容易向不同极性的直流极线放电。因此对双极直流输电线路，两个极在同一地点同时遭受雷击的概率几乎为零。一般直流线路遭受雷击时间很短，雷击使直流电压瞬时升高后下降，放电电流使直流电流瞬时上升。如果瞬时的电压上升，使直流线路某处绝缘不能承受，将发生直流线路对地闪络放电现象。

2. 对地闪络

当直流线路杆塔的绝缘受污秽、树木、雾雪等环境影响变差时，也会发生对地闪络。直流线路发生对地闪络，如果不采取措施切除直流电流源，则熄弧是非常困难的。

3. 高阻接地

当直流输电线路发生树木碰线等高阻接地短时故障时，直流电压、电流的变化不能被行波等保护监测到，但由于部分直流电流被短路，两端的直流电流将出现差值。

4. 直流线路与交流线路碰线

对于长距离架空线直流输电线路，会与许多不同电压等级的交流线路相交，在长期的运行中，可能发生交直流线路碰线故障。交直流线路碰线，在直流线路电流中会出现工频交流分量。

5. 直流线路断线

当发生直流线路倒塔等严重故障时，可能会将伴随着直流线路的断线。直流线路断线将造成直流系统开路，直流电流下降到零，整流器电压上升到最大限值。

（二）直流线路再启动

在直流线路保护启动故障清除程序后，尝试进行再启动以恢复功率传输

（相似于交流线路中的重合闸），如果重启不成功就会导致直流闭锁。在绝缘出现问题时（如：绝缘子污染），为维持电压应力在较低水平，应采取降压再启动。

直流线路故障保护只在整流站有效。当检测到故障时，向电流控制器发出移相指令，使整流器进入逆变状态运行，整流站和逆变站都促使直流线路快速放电，并防止整流器提供故障电流。在一定的去游离时间之后，进行再启动尝试，如果故障已经清除，再启动逻辑将监测直流电压的建立，并继续再启动，恢复传输功率。再启动的次数可以设定，当再启动次数达到规定次数而未成功，则再启动逻辑动作跳闸，闭锁直流系统，跳开直流系统进线开关，同时发出"直流线路再启动逻辑跳闸"告警。

如短时间内频繁（三次或三次以上）全压再启动成功，应及时向值班调控人员汇报并申请调整直流电压和送电功率，可降压至对应的最低允许电压方式运行。

（三）直流线路故障跳闸处理

（1）检查相应极是否闭锁，阀组重启逻辑是否重启，若重启成功，则极内高端换流器恢复运行。阀组重启不成功，则相应极闭锁，换流变进线断路器是否跳开。

（2）检查运行极、交流系统、交流滤波器运行情况。如果运行极过负荷运行，主控站值班员应不待值班调控人员指令立即将该极输送功率控制到当前电压水平下最大允许功率。

（3）检查站内故障极母线上设备、平波电抗器和换流阀有无异常。

（4）现场检查直流保护装置的动作情况，复归信号并打印故障报告。

（5）向值班调控人员汇报保护、安控动作情况，线路再启动及阀组重启情况、开关跳闸及直流闭锁情况，一、二次设备检查基本情况，线路故障测距情况，确认保护、安控装置是否全部正确动作，确认是否具备试送条件。

（6）确认站内设备无异常，按值班调度人员指令进行带线路 OLT 试验，试验成功后方可恢复直流送电；若试验不成功，按调度令将线路转检修。

八、直流控制保护系统

（一）引起直流系统闭锁的故障

1. 故障分类

（1）两套直流控制系统因板卡、继电器、控制主机、输入输出回路、电源回路等设备原因均检测到紧急故障。

（2）冗余设计的直流保护系统（包括：控制和保护一体化设计、采用"启动+动作"设计、采用"三取二"逻辑设计）因板卡、继电器、保护主机、保护测量回路、通信回路、跳闸出口回路、电源回路等设备原因出现无保护正常运行的情况，导致两套直流控制系统均检测到紧急故障。

（3）直流控制保护系统存在未治理隐患。

1）直流控制保护设备设计时未充分考虑冗余配置、出口判断逻辑、输入输出及电源回路独立性要求，运行过程中因单一元件故障造成运行直流系统闭锁。

2）直流控制保护系统校验功能、监视功能不完善，当出现故障后未及时退出故障控制、保护系统，造成运行直流系统闭锁。

3）直流控制系统故障切换逻辑设计不合理，当运行控制系统出现紧急故障时未严格按照故障等级自动切换造成运行直流系统闭锁。

4）直流控制保护系统 LAN 网存在物理环网，出现网络风暴造成运行直流系统闭锁。

5）直流控制系统与阀内水冷系统、换流变压器控制系统等采取智能子系统连接的系统未采用交叉连接，单一智能子系统故障造成运行直流系统闭锁。

6）直流保护跳闸回路采用常闭接点，回路中任一端子松动或者直流电源丢失都会导致继电器失磁，造成运行直流系统闭锁。

7）直流控制系统紧急故障判断逻辑中，交流侧失压会导致直流系统闭锁，而其判据采量为换流变压器进线电压互感器二次电压，未考虑该电压互感器本身故障而保护误动的情况，比如当换流变压器进线电压互感器空开节点异常而导致直流控保系统误判交流侧失压从而造成直流系统闭锁。

（4）直流保护逻辑、定值不合理，保护校核不及时。

1）直流保护取量选择不合理或未充分考虑保护范围，导致故障时保护拒动或停运范围扩大。

2）直流保护设计时未充分考虑直流系统各种可能的运行工况及不同运行工况之间转换的情况，在特殊运行工况或运行方式转换时直流保护误动作。

3）当系统参数发生变化、直流系统部分设备改造、一次接线方式发生变化时，未校核保护定值及控制参数造成保护误动作。

4）在快速的差动保护中未使用相同暂态特性的电流互感器，遇到系统冲击时导致差动保护动作。

5）交流滤波器保护设计不合理，引起无功控制"绝对最小滤波器"不满足要求造成双极直流系统闭锁。

6）直流滤波器不平衡保护投入跳闸和切换系统功能，导致极控系统频繁切换造成直流系统闭锁。

7）双极中性母线差动保护逻辑设计不合理，保护动作后闭合站内临时接地开关导致站内接地过流保护动作闭锁直流系统。

8）后备直流过流保护逻辑设计不合理，慢速段动作后未进行直流功率回降直接闭锁直流系统。

9）直流电压突变量保护逻辑设计不合理，不能躲过另一极线路故障及再启动的扰动引起保护误动。

10）直流保护使用开关和隔离开关辅助接点位置状态量作为选择计算方法和定值的判据时，未同时采用分、合闸两个辅助接点位置作为状态判据，因单一接点松动或外部电源故障导致保护误动。

（5）现场运维管理不到位。

1）一极运行另一极检修时，在检修过程中误合中性母线隔离开关、接地开关、误挂接地线，引起运行极保护动作造成直流闭锁。

2）在直流控制保护屏柜门打开的情况下使用无线通信设备，因电磁干扰引起板卡工作异常造成运行直流系统闭锁。

3）在进行直流系统功率调整操作时，误整定功率定值造成运行直流系统闭锁。

4）误碰运行极或换流器"紧急停运"按钮造成运行直流系统闭锁。

5）交流滤波器手动投切时采用"先切后投"的方式，导致无功控制不满足绝对最小滤波器条件造成双极直流系统闭锁。

6）在投入直流保护跳闸连接片前，未对应对连接片两端电压、两端对地电压分别进行测量、放电，造成运行极或换流器闭锁。

7）单套直流控制保护系统故障处理完毕后，未认真检查确认该系统是否存在保护动作闭锁、开关跳闸、紧急故障等异常信号即将系统由"试验"状态恢复至"运行"状态，造成运行极或换流器闭锁。

8）单极故障后开展检修及注流试验时未采取防范措施，导致直流保护动作闭锁另一运行极。

9）直流滤波器故障后开展检修及注流试验时未采取防范措施，导致极母线差动保护动作闭锁直流。

10）直流控制保护软件修改后未进行厂内仿真试验及现场验证，因软件错误造成运行直流系统闭锁。

11）直流控制保护系统二次安全防护管理不当发生感染病毒事件，造成运行直流系统闭锁。

12）未经批准随意修改控制保护定值、参数或进行软件"置位"操作，造成运行直流系统闭锁。

13）测量运行跳闸出口继电器电压时，误采用"万用表"电流档导致跳闸出口。

14）进行交流继电保护、安全自动装置校验时二次安全措施不到位，造成运行直流系统闭锁。

2. 故障处理

（1）检查另一极直流系统运行正常，如果运行极过负荷运行，主控站值班员应不待值班调控人员指令立即将该极输送功率控制到当前电压水平下最大允许功率。

（2）检查事件记录、现场设备情况，做好现场故障信息收集，分析故障录波，判断故障原因及故障位置。

（3）确认设备故障后，应充分考虑检修设备与运行极之间的联系，组织制定防止运行极闭锁的安全隔离措施和技术措施。故障处理完毕后，将直流极或换流器恢复运行前，应逐套检查确认直流控制保护系统不存在保护动作、极或换流器闭锁、开关跳闸、紧急故障、严重故障等异常信号。

（4）发现直流控制保护系统存在未治理隐患时，应积极采取措施治理。

（5）若现场直流保护逻辑、定值不合理，保护校核不及时，应及时对直流保护逻辑、定值进行修改，对保护进行校核。

（6）若现场运维管理不到位，应严肃对责任人员考核，采取防范措施。

（二）需申请停运处理的设备故障

1. 故障分类

（1）直流控制系统因板卡、继电器、控制主机、输入输出回路、电源回路等设备故障后带电无法处理或处理相关故障时会对另一运行极造成影响。

（2）直流保护系统因板卡、继电器、保护主机、保护测量回路、通信回路、跳闸出口回路、电源回路等设备故障后带电无法处理或处理相关故障时会对另一运行极造成影响。

2. 故障处理

（1）将故障情况汇报值班调控人员，说明原因后申请将直流系统停运，如停运后造成运行极过负荷，应先向值班调控人员申请将直流功率控制到当前电压水平下最大允许功率。

（2）直流极或换流器停运检修前，应充分考虑检修设备与运行极之间的联系，组织制定防止运行极或换流器闭锁的安全隔离措施和技术措施。

（3）故障处理完毕后，将直流系统恢复运行前，应逐套检查确认直流控制保护系统不存在保护动作、极或换流器闭锁、开关跳闸、紧急故障、严重故障、轻微故障等异常信号。

（三）慢速类控制保护和单套保护故障

1. 故障分类

（1）换流变饱和保护、直流滤波器电容器接地保护、换相失败保护、电压应力保护、换流变过励磁保护、换流阀结温保护（ABB 技术路线换流阀）、大角度监视功能（ABB 技术路线换流阀）、阀冷温度保护告警和动作。

（2）直流保护单套动作或告警。

2. 故障处理

（1）换流变饱和保护处理原则。

1）双极平衡运行时，若分接开关档位不一致则同步分接开关档位，必要时将分接开关打至手动，并调节分接开关同步；检查故障录波后若发现触发脉冲不对称，则切换控制系统；

2）双极不平衡运行时，应立即申请极平衡或调整直流功率，降低接地极电流；

3）单极大地回线方式运行时，应申请转换为金属回线运行，若不具备条件则申请降低直流功率，并密切监视换流变网侧中性点电流，若降至最小功率运行后，饱和保护告警仍未复归，可停运直流处理。

（2）直流滤波器电容器接地保护处理原则。

1）当滤波器首端电流小于刀闸断弧定值时，若该滤波器非两站该极唯一直流滤波器且切除后不会导致直流闭锁，应申请手动切除该组直流滤波器；若该直流滤波器为两站该极唯一直流滤波器或切除后将导致直流闭锁，应申请停运该极处理。

2）当滤波器首端电流大于刀闸断弧定值时应申请停运该极处理。

（3）换相失败保护处理原则。

1）对于主用控制系统交流电压测量畸变引起的换相失败，应及时切换控制系统，检查电压互感器相应二次回路以及主用控制系统测量板卡；

2）对于换流阀触发异常引起的换相失败，应及时切换控制系统，检查触发回路板卡、光纤等。

（4）电压应力保护处理原则。

1）对于交流电压测量异常引起的保护告警，检查冗余控制保护系统网侧电压是否一致，不一致时应及时切换并保持电压测量正常的控制系统运行，检查电压互感器相应二次回路情况。

2）对于换流变分接开关引起的保护告警，检查该极换流变分接开关档位是否一致，若分接开关档位就地显示一致，仅软件中档位数值跳变，应及时切换控制系统，检查分接开关信号回路；

3）若出现分接开关频繁升降，应将分接开关切至手动控制方式，将分接开关调节至频繁升降过程中的最低档位，并将该极、阀组换流变分接开关档位调至一致。

（5）换流变过励磁保护处理原则。

过励磁保护告警后，应立即汇报调度，建议调整交流系统电压或频率。

（6）换流阀结温保护处理原则。

1）当主用控制系统结温保护告警，应对比主备控制系统结温保护中直流电流、内冷水进阀温度等参数，如主备控制系统一致，应视情况主动申请回降直流功率（按照每次速降当前功率10%考虑），并使用红外测温仪对阀塔设备开展专项巡视，确认设备运行温度。

2）如对比主备控制系统直流电流、内冷水进阀温度等参数后，确定主用控制系统测量存在异常，应及时切换控制系统，开展故障处理。

（7）大角度监视功能处理原则。

1）主用控制系统大角度监视保护禁升分接开关或强降分接开关时，若为主用控制系统中交流电压、直流电流、分接开关档位、触发角等参数异常，则切换主用系统，并开展故障处理；

2）若主备系统结温保护中交流电压、直流电流、分接开关档位、触发角、内冷水进出阀温度等参数均一致，应视情况将分接开关切至手动，并下调分接开关，同时暂停功率升降。

（8）阀冷温度保护处理原则。

1）通过控制面板检查各温度传感器测量值是否一致，判断温度传感器是否故障，若故障，应及时退出故障温度传感器；

2）若温度传感器均正常，检查喷淋泵、冷却塔阀门、冷却塔风扇或外风冷风扇是否运行正常，如有异常及时采取切换喷淋泵、投入冗余冷却能力、平衡水池加冰等措施，必要时申请降低直流功率。

（9）直流保护单套动作或告警处理原则。

1）通过软件运行参数或故障录波对比三套保护中的电压、电流等参数信息，比较其变化量是否一致，分析是否为保护装置故障或测量异常，只有该测点电压、电流等参数异常时，可判断为测量设备故障。

2）若为单套装置故障或测量异常，按规程退出该套装置开展故障处理。

3）若其他两套保护电压、电流等参数也存在同样变化趋势（但未达到告警或动作定值），则符合直流测量设备公共部分故障特征；若其他测点电压、电流量也存在相应变化，则可能为一次设备发生故障，上述故障无法在线处理时，可停运直流，进一步分析故障原因。

九、阀控系统

（一）引起直流系统闭锁的故障

1. 故障分类

（1）两套阀控系统因板卡、继电器、与直流控制系统通信回路、与换流阀触发及回检回路、电源回路等设备原因均检测到紧急故障。

（2）直流控制系统与阀控系统采用不同厂家设备，运行期间因接口工作异常，导致两套极控系统（阀组控制系统）均检测到紧急故障，造成运行极或换流器闭锁。

（3）阀控系统存在未治理隐患。

1）阀控系统单套系统接口单元故障、外部信号丢失时执行极或换流器闭锁出口前，未启动极控系统（阀组控制系统）切换，造成运行极或换流器闭锁。

2）两套阀控系统的跳闸信号回路存在共用部分，因单一元件故障造成运行极或换流器闭锁。

3）极控系统（阀组控制系统）与阀控系统接口间未采用屏蔽电缆连接，受到干扰造成运行极或换流器闭锁。

4）阀控系统不具备完善的自检功能，当处理器故障或测量输入异常时未提前退出运行，执行阀控系统本身的系统切换，导致误发跳闸命令。

5）阀控系统相关板卡及模块、回路不具备完善的自检报警功能，当另一套阀控系统、直流极控系统（阀组控制系统）出现故障后造成运行极或换流器闭锁。

6）阀控系统要求执行直流闭锁出口回路采用单一出口继电器实现，单一继电器故障导致误闭锁。

7）阀解锁、充电的条件信号如 CB_ON（换流变压器进线开关就绪）、RFE（允许换流变压器充电）、RFO（允许阀解锁）设计不合理，在阀解锁正常运行时丢失直接闭锁换流阀。

8）阀控系统未采用阻燃光纤和全绝缘光缆槽，因光纤放电造成运行直流系统闭锁。

（4）现场运维管理不到位。

1）现场换流阀单阀内晶闸管故障、回检信号丢失、BOD 动作数量接近跳闸值前未及时申请停运，当故障进一步发展后导致保护动作跳闸，造成运行极或换流器闭锁。

2）阀控屏柜顶部未安装挡水隔板或采取其他防潮、防水措施，阀控盘柜因凝露、漏雨顺着屏柜顶部光纤流入阀控屏柜导致阀控设备故障，造成运行极或换流器闭锁。

3）阀控屏柜因通风、散热、湿度控制不到位，导致阀控设备故障，造成运行极或换流器闭锁。

4）软件修改涉及换流阀的触发和保护等功能时未进行厂家仿真试验及现场验证，因软件错误造成运行极或换流器闭锁。

5）在运行极阀控系统（阀组控制系统）缺陷处理时，现场防控措施不到位，造成运行极或换流器闭锁。

2. 故障处理

（1）检查另一极直流系统运行正常，如果运行极过负荷运行，主控站值班员应不待值班调控人员指令立即将该极输送功率控制到当前电压水平下最大允许功率。

（2）检查事件记录、现场设备情况，做好现场故障信息收集，分析故障录波，判断故障原因及故障位置。

（3）确认设备故障后，应充分考虑检修设备与运行极之间的联系，组织制定防止运行极闭锁的安全隔离措施和技术措施。

（4）故障处理完毕后，将直流系统恢复运行前，应对换流阀进行触发试验检测阀控系统、光纤回路、晶闸管触发板、晶闸管均正常，逐套检查确认直流控制保护系统、阀控系统不存在保护动作、极或换流器闭锁、开关跳闸、紧急故障、严重故障、轻微故障等异常信号。

（5）阀控系统若存在未治理隐患时，在治理前应采取应对措施，防止隐患造成极或换流器闭锁。

（6）若现场运维管理不到位，应避免设备室温湿度超出控制范围、巡视不到位等情况，积极采取防范措施。

（二）需立即停电处理的设备故障

1. 故障分类

阀控柜内板卡、换流阀触发及汇报光纤、晶闸管触发板着火，应立即停运直流系统。

2. 故障处理

（1）通过"紧急停运"按钮将故障极或换流器停运，如果运行极过负荷运行，主控站值班员应不待值班调控人员指令立即将该极输送功率控制到当前电压水平下最大允许功率，将故障情况汇报值班调控人员，申请将故障极阀厅转至检修状态。

（2）关闭故障极阀厅空调系统、拨打 119 火警电话。

（3）阀组转至检修后，佩戴防毒面具或正压式呼吸器进入阀厅灭火，灭火现场做好安全措施、正确使用灭火设施。

（4）火势扑灭后打开阀厅排烟窗，对着火原因进行分析和处理。

（5）故障处理完毕后，将直流极或换流器恢复运行前，应对换流阀进行触发试验检测阀控系统、光纤回路、晶闸管触发板、晶闸管均正常，逐套检查确认直流控制保护系统、阀控系统不存在保护动作、极或换流器闭锁、开关跳闸、紧急故障、严重故障、轻微故障等异常信号。

（三）需申请停电处理的设备故障

1. 故障分类

（1）阀控系统触发板卡、光接收板卡、背板等故障后带电无法处理。

（2）阀控系统光纤放电严重危及直流系统稳定运行。

（3）现场换流阀单阀内晶闸管故障、回检信号丢失、保护触发故障数量已接近跳闸值。

2. 故障处理

（1）将故障情况汇报值班调控人员，如停运后造成运行极过负荷，应先向值班调控人员申请将直流功率控制到当前电压水平下最大允许功率。

（2）直流极或换流器检修前，应充分考虑检修设备与运行极之间的联系，防止工作中造成运行极闭锁。

（3）故障处理完毕后，将直流系统恢复运行前，应对换流阀进行触发试验检测阀控系统、光纤回路、晶闸管触发板、晶闸管均正常，逐套检查确认直流控制保护系统、阀控系统不存在保护动作、极或换流器闭锁、开关跳闸、紧急故障、严重故障、轻微故障等异常信号。

十、SCADA 系统故障分析

（一）两套服务器故障

当 SCADA 系统中两套服务器同时故障后，将导致无法通过运行人员工作站（后台监视界面）获取当前设备运行状态，严重时甚至导致直流系统闭锁、运行设备跳闸等。当发生两套服务器故障时，可按照以下处理步骤开展现场处置工作：

（1）如直流系统已经停运，需重点做好以下工作：

1）立即对直流场、换流变压器进线和交流滤波器场设备的状态进行全面检查、确认，并将现场状况汇报值班调控人员。

2）同时联系检修人员对两套服务器同时故障的情况进行检查，并尽快恢复一套服务器至运行状态，以满足现场运行监视和操作的需要。

3）在任一套服务器系统故障未完成处理前，如需对系统或设备进行操作，只能通过极控备用控制（BUC）和交流就地控制（LOC）功能完成操作，或通过设备的就地操作来实现。

（2）如直流系统和交流系统设备继续维持运行状态，应立即向值班调控人员申请将直流系统的主控站转移到对站，并申请在故障处理完成前维持当前系统运行方式。在此期间须同时做好以下工作：

1）安排人员对交流场、直流场、交流滤波器场和站用电系统一、二次设备的运行状态进行现场检查，并驻点跟踪观察设备状况。

2）安排人员对换流阀水冷却系统设备的运行情况进行全面认真检查，并对水温、水流量等进行跟踪。

3）现场如配置有极控备用控制（BUC）和交流就地控制（LOC）功能时，可通过极控备用控制（BUC）和交流就地控制（LOC）完成前述设备运行状况的监视工作。

4）联系检修人员对两套服务器同时故障的情况进行检查，并尽快恢复一套服务器至运行状态，以满足现场运行监视和操作的需要。

（二）单套服务器故障

当 SCADA 系统中任一套服务器故障后，将可能导致运行人员工作站（后台监视界面）上无法及时获取当前设备运行状态，或故障时系统数据不更新。当发生一套服务器故障时，可按照以下处理步骤开展现场处置工作。

（1）现场检查服务器运行状态，如故障服务器为运行系统，检查系统是否自动切换至备用系统运行正常。如没有切换成功，须立即手动将故障服务器切至备用后对故障的服务器进行一次重启。

（2）如故障服务器为备用系统，再确认运行系统无任何异常情况后，可对备用系统进行一次重启。

（3）如故障服务器在重启后不能恢复正常，应联系检修人员进行处理。

（三）服务器磁盘阵列故障

服务器磁盘阵列故障后不会对系统运行造成影响，但会影响到运行数据的存储和对历史数据的调阅。为防止服务器磁盘阵列故障后给现场运行工作带来不便，运维单位需定期对服务器中的运行数据、事件列表、故障录波等信息进行备份。当发生磁盘阵列故障后，应及时采取措施消除。例如，当磁盘空间不足时，应将已备份过的历史数据清除；当磁盘阵列中部分磁盘损坏时，应及时更换故障的磁盘。

十一、阀水冷系统

（一）阀冷系统引起直流系统闭锁或功率回降的故障

1. 故障分类

（1）内水冷管道泄漏导致微分泄漏保护动作。

（2）膨胀罐水位低导致水位保护动作。

（3）阀进水温度高跳闸。

（4）主泵故障导致流量低跳闸。

（5）控制系统故障导致保护误动。

（6）二次回路故障导致保护误动。

2. 故障处理

（1）检查直流极或换流器是否停运，检查运行极是否过负荷。如果过负荷运行，主控站值班员应不待值班调控人员指令立即将该极输送功率控制到当前电压水平下最大允许功率。

（2）向值班调控人员汇报故障发生时间，故障后站内闭锁的直流系统、跳闸的开关、站内其他交直流系统运行情况、需要紧急控制的设备。

（3）检查内水冷保护动作情况，若为泄漏保护和水位保护动作，检查 OWS 上内水冷膨胀罐水位是否在正常范围（如 32%至 87%），检查内水冷房膨胀罐水位有无明显下降，检查内水冷主水回路有无明显漏水现象，若确实存在漏水现象，立即将漏水点隔离。

（4）若为温度保护动作，立即检查故障前工况，确认冷却塔风机有无正确投入，运行是否正常，检查温度测量回路是否正常。

（5）检查主泵有无明显故障，故障前有无切换，切换过程是否正常。

（6）综合阀冷各部位检查结果和保护动作信息，分析确认故障设备，若确认相关设备无故障后，应查明保护是否误动及误动原因。

（7）做好故障资料收集工作，将故障发生的事件记录、故障录波图、故障情况报告、现场照片等材料收集好后发送给值班调控人员和相应管理部门。

（8）确认阀冷设备确实存在故障后，应提前布置安全措施。

（二）需停运处理的设备故障

1. 立即停电处理的设备故障

（1）故障分类。

1）阀塔水冷管道漏水，且导致阀塔设备放电、冒烟、异响，严重威胁塔内设备。

2）内水冷设备起火，无法进行有效控制，威胁设备安全运行。

（2）故障处理。

1）应立即将直流极或换流器停运，停运时应防止运行极过负荷，如果过负荷运行，主控站值班员应不待值班调控人员指令立即将该极输送功率控制到当前电压水平下最大允许功率。

2）向值班调控人员汇报故障情况、故障后站内闭锁的直流系统、跳闸的开关、站内其他交直流系统运行情况以及需要紧急控制的设备。

3）立即将主循环泵停运，防止运行泵继续向漏水点提供压力。必要时关闭相关阀门，将漏水点隔离。

4）提前布置安全措施，联系检修人员处理。

5）做好故障资料收集工作，将故障发生的事件记录、故障录波图、故障情况报告、现场照片等材料收集好后发送给值班调控人员和相应管理部门。

2. 申请停电处理的设备故障

（1）故障分类。

1）阀塔水冷管道轻微漏水。

2）内水冷管道漏水且无法隔离。

3）冷却塔故障无法恢复，内水冷温度无法控制，即将达到跳闸值。

（2）故障处理。

1）阀冷设备发生上述故障时，应申请将直流极或换流器停运，将故障设备隔离，联系检修人员处理，并提前布置安全措施。

2）如检查发现阀厅内管道漏水应将相应阀组转至检修后再行处理。

十二、消防系统

（一）引起直流闭锁的设备故障

1. 故障分类

（1）阀厅消防系统探测器同时故障报最高等级火警，如：极早期烟雾探测和紫外探测。

（2）阀厅消防系统跳闸回路故障。

2. 故障处理

（1）阀厅消防系统发跳闸信号后，通过工业电视及检查现场阀厅内有无火情。

（2）检查相应极或换流器闭锁及负荷转移情况，如果过负荷运行，主控站值班员应不待值班调控人员指令立即将该极输送功率控制到当前电压水平下最大允许功率。

（3）检查阀厅消防系统接口装置、跳闸出口装置以及现场采集装置是否有异常。

（4）若确认阀厅消防探测器或跳闸出口回路有故障，故障处理后向值班调控人员申请恢复阀组运行。

（5）若确认阀厅内设备发生火情，应及时向值班调控人员申请将阀组转检修，阀组转检修后组织开展灭火，必要时拨打119火警电话。

（二）需停运处理的设备故障

1. 故障分类

（1）阀厅消防系统火灾探测器故障。

2. 故障处理

（1）阀厅消防系统发出火灾探测器故障报警，现场检查无火情后对报警进行复归。

（2）若无法复归，确认探测器故障，可暂时对故障探测器进行屏蔽。

（3）若处理故障探测器需将阀组停电，应汇报值班调控人员和本单位分管领导，根据会商情况确定待下次停电处理或立即请停电处理。